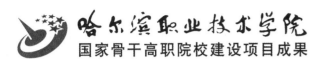

哈尔滨职业技术学院
国家骨干高职院校建设项目成果

给排水与环境工程技术专业

污水处理

WUSHUI CHULI

易津湘 主编

U0317041

中国铁道出版社
CHINA RAILWAY PUBLISHING HOUSE

内 容 简 介

本书依据高职高专给排水与环境工程技术专业人才培养目标和定位要求,按照污水处理工作过程为导向构建的学习情境编写而成。本书主要内容包括污水处理厂构筑物设计和污水处理厂(站)设计与运行管理两个学习情境。其中,学习情境一包括水污染调研与分析、污水处理设计、污泥处理设计三个工作任务;学习情境二包括污水处理厂(站)设计和污水处理厂(站)运行管理两个工作任务。

本书侧重培养学生的实践能力,满足企业对学生知识、技能及素质等方面的要求,适合作为高职高专给排水与环境工程技术专业教材,也可供相关工程技术人员参考使用。

图书在版编目(CIP)数据

污水处理/易津湘主编. —北京:中国铁道出版社,2016.3

国家骨干高职院校建设项目成果. 给排水与环境工程技术专业

ISBN 978-7-113-21443-2

Ⅰ.①污… Ⅱ.①易… Ⅲ.①污水处理—高等职业教育—教材

Ⅳ.①X703

中国版本图书馆 CIP 数据核字(2016)第 023822 号

书　　名:**污水处理**	
作　　者:易津湘　主编	
策　　划:左婷婷	读者热线:(010)63550836
责任编辑:邢斯思　徐盼欣	
封面设计:刘　颖	
封面制作:白　雪	
责任校对:王　杰	
责任印制:郭向伟	

出版发行:中国铁道出版社(100054,北京市西城区右安门西街 8 号)

网　　址:http://www.51eds.com

印　　刷:中国铁道出版社印刷厂

版　　次:2016 年 3 月第 1 版　　2016 年 3 月第 1 次印刷

开　　本:880 mm×1 230 mm　1/16　印张:13.75　字数:350 千

书　　号:ISBN 978-7-113-21443-2

定　　价:48.00 元

哈尔滨职业技术学院给排水与环境技术专业及专业群教材编审委员会

主　　任：王长文　哈尔滨职业技术学院
副 主 任：刘　敏　哈尔滨职业技术学院
　　　　　孙百鸣　哈尔滨职业技术学院
　　　　　李晓琳　哈尔滨职业技术学院
　　　　　鲁明杰　哈西新区房地产开发公司
委　　员：夏　暎　哈尔滨职业技术学院
　　　　　雍丽英　哈尔滨职业技术学院
　　　　　王天成　哈尔滨职业技术学院
　　　　　马利耕　哈尔滨职业技术学院
　　　　　鲁春梅　哈尔滨职业技术学院
　　　　　梁　新　哈尔滨职业技术学院
　　　　　马效民　哈尔滨职业技术学院
　　　　　卢　爽　哈尔滨职业技术学院
　　　　　易津湘　哈尔滨职业技术学院
　　　　　王艳玉　哈尔滨职业技术学院
　　　　　王文宇　哈尔滨五建工程有限责任公司
　　　　　王　喆　哈尔滨城市规划设计院
　　　　　刘欣铠　哈尔滨市建源市政工程规划设计有限责任公司
　　　　　程利双　哈尔滨建成工程建设监理公司
　　　　　王银滨　哈尔滨市市政公用工程建设监理有限公司

本 书 编 写 组

主　　编：易津湘（哈尔滨职业技术学院）

副 主 编：林　卓（哈尔滨职业技术学院）

参　　编：马晓民（哈尔滨职业技术学院）

　　　　　赵光楠（哈尔滨职业技术学院）

主　　审：李晓琳（哈尔滨职业技术学院）

　　　　　王银滨（市政公用工程建设监理有限公司）

前 言
FOREWORD

"污水处理"是高职院校给排水与环境工程技术专业的核心课程。本书遵循科学的认知规律,根据职业岗位对学生知识、能力、素质的要求和高职院校学生的特点,以及学历证书和职业资格证书嵌入式的设计要求来架构课程内容体系,创设学习情境,确定工作任务。通过完成工作任务,实现对学生自学能力、创新精神和实践技能等职业能力素质的培养。

本书按照高职院校教学改革课程改革的要求,本着工学结合、任务驱动、教学做一体化教学原则,通过引入行业标准,在广泛征求企业专家意见的基础上编写而成。本书力求突出以下几点:

(1)根据就业岗位的人才需求,确定课程教学目标。强化教材的针对性和实用性。

(2)依据专业岗位群对职业能力的需要确定教材的知识、技能点和素质要点,注重高职教材的科学性和先进性。

(3)结合污水处理工程、工作任务和相关理论知识,构建基于工作过程的课程内容。本书注重与"技能考核接轨",引入"污废水运营工"等技能考核工种的内容和要求,使课堂教学与技能考试相结合,实现高职培养技术人才的目标。

本书共设两个学习情境,包括五个学习型工作任务。学习情境一是污水处理厂构筑物设计,其中包括三个工作任务;学习情境二是污水处理厂(站)设计与运行管理,其中包括两个工作任务。这五个工作任务全部采用任务单、资讯单、信息单、计划单、决策单、实施单、作业单、检查单、评价单、教学反馈单等十种工作单的形式进行编写。

本书由哈尔滨职业技术学院易津湘副教授担任主编,由哈尔滨职业技术学院林卓讲师担任副主编,建筑工程学院院长李晓琳教授及哈尔滨市市政公用工程建设监理有限公司王银滨高级工程师担任主审。具体编写分工如下:易津湘编写工作任务2、工作任务3和工作任务4,林卓编写工作任务1,赵光楠和马效民编写工作任务5,最后由易津湘统稿、定稿。本书在编写过程中,得到了哈尔滨职业技术学院院长刘敏教授、教务处长孙百鸣教授的大力支持和悉心帮助,在此表示感谢。

由于编者水平有限,加之时间仓促,书中难免存在疏漏和不妥之处,恳请广大读者不吝赐教,多提宝贵意见,以便我们不断改进和完善。

编 者

2015 年 4 月

目 录
CONTENTS

学习情境 一

污水处理厂构筑物设计

学习指南

🔍 学习目标

学生在教师的讲解和引导下,明确工作任务的目标和污水处理厂方案设计实施中的关键因素,通过学习污水处理的基本知识,熟悉污水处理排放指标,掌握污水处理的基本原理和工艺流程,明确污水处理厂设计内容和设计步骤,能够借助设计文件及资料选定污水处理厂的各构筑物的类型,通过合理选定设计参数而进行设计计算。要求学生在学习过程中锻炼职业素质,养成"严谨认真、吃苦耐劳、诚实守信"的工作作风。

🛒 工作任务

(1)水污染调研与分析。

(2)污水处理设计。

(3)污泥处理设计。

⬇ 学习情境描述

以水污染调研与分析、污水处理设计和污泥处理设计等三个真实的工作任务为载体,使学生通过设计掌握作为技术员、质检员、监理员等应具备的污水处理基本知识,掌握污水处理的设计方法,从而胜任这些工作岗位。学习的内容与组织是根据设计要求,选择污水处理的工艺流程;查找资料、网络搜索、观看视频;确定各构筑物的类型;通过设计手册查找设计资料和有关的设计参数;

进行各构筑物设计计算;绘制污水处理和污泥处理的平面图和高程图。

工作任务1 水污染调研与分析

任 务 单

课　　程	污水处理		
学习情境一	污水处理厂构筑物设计	学　时	48
工作任务1	水污染调研与分析	学　时	6
布 置 任 务			
任务目标	1. 掌握常用的污水处理方法； 2. 城市水污染的现状； 3. 收集和整理水污染及污水处理相关资料； 4. 学会查找有关污水处理的标准； 5. 会编制污水处理现状分析调查报告。		
任务描述	编制污水处理现状分析调查报告工作如下： 1. 阐述污水的性质、污染指标、水处理指标及污水处理方法； 2. 查找资料、网络搜索、观看视频和录像； 3. 收集和整理资料； 4. 完成污水处理现状分析调查报告。		

学时安排	布置任务与资讯	计划	决策	实施	检查	评价
	1 学时	0.5 学时	0.5 学时	3 学时	0.5 学时	0.5 学时

提供资料	1.《污水处理》校本教材； 2.《排水工程》,张自杰 ,中国建筑工业出版社； 3.《水污染控制工程》,高廷耀,高等教育出版社； 4.《污水处理》课程课件； 5. 水污染及污水处理视频； 6. 水污染及污水处理图片。
对学生的要求	1. 小组讨论污水的性质、污染指标及污染的危害； 2. 小组学习污水处理标准及污水处理方法； 3. 查找资料、网络搜索、观看视频和录像，完成资讯； 4. 独立完成污水处理现状分析调查报告； 5. 实施结束后进行小组互评,教师评价； 6. 具有一定的自学能力、协调能力和语言表达能力； 7. 具有团队合作精神,以小组的形式完成工作任务； 8. 严格遵守课堂纪律和工作纪律,不迟到、不早退,不旷课； 9. 积极参与小组工作任务讨论,严禁抄袭。

资 讯 单

课　　程	污水处理		
学习情境一	污水处理厂构筑物设计	学　　时	48
工作任务1	水污染调研与分析	学　　时	6
资讯方式	在图书馆、专业杂志、教材、互联网及信息单上查询问题;咨询任课教师	学　　时	1
资讯问题	1. 污水的来源及分类如何? 2. 污水的特点及特征如何? 3. 污水的性质如何? 4. 污水的污染指标及主要特征如何? 5. 城市水如何被污染? 6. 城市水污染的程度如何? 7. 城市污染的水有什么危害? 8. 水污染如何控制? 9. 污染的水如何处理? 10. 污水处理的方法有哪些? 11. 污水的排放标准如何划分? 主要依据是什么?		
资讯引导	1. 信息单; 2.《排水工程》,张自杰 ,中国建筑工业出版社; 3.《水污染控制工程》,高廷耀,高等教育出版社; 4.《城镇污水处理厂污染物排放标准》(GB 18918—2002)。		

信 息 单

1.1　水体污染及污水的分类

　　水体污染是排入水体的污染物质总量超过了水体本身的自净能力,主要是由于人类生活、生产造成的。其主要污染源为工矿企业生产过程产生的废水,城镇居民生活区的生活污水与农业生产过程中产生有机农药污水也对水体产生污染。生活污水是指人类在日常生活中使用过的,并被生活废弃物所污染的水;工业废水是在工矿企业生产过程中使用过的并被生产原料等废料所污染的水。当工业废水污染较轻时,即在生产过程中没有直接参与生产工艺,没有被生产原料严重污染,如只是水温有所上升,这种污水通常称为生产废水,相反,污染严重的水称为生产污水。初期的降水由于冲刷了地表的各种污染物,污染也很大,应做净化处理。生活污水和工业废水的混合污水,称为城市污水。

　　污水经净化处理后最后的出路为排放水体、灌溉农田和重复利用。排放水体是污水的自然归宿。当污水排入水体后,水体本身具有一定的稀释与净化能力,污染物浓度能得以降低,但也是造成水体污染的重要原因。灌溉农田可以节约水资源,但必须符合灌溉的有关规定,如果用污染超标水灌溉,一则不利于农作物生长,二则污染了地下水或地表水。因此,农业灌溉用水也是水体受到污染的原因之一。

1.1.1　天然水体的类型及杂质的特征

1. 天然水体的类型

　　天然水体按水源的种类可分为地表水和地下水两种,地表水是指经地表径流的江河水及湖泊、水库及海洋水;地下水根据其埋藏条件可为上层滞水、潜水、承压水。

2. 天然水中的杂质及其特征

　　天然地表水体的水质和水量受人类活动影响较大,几乎各种污染物质都可以通过不同途径流入地表水,且向下游汇集。

　　水是一种很好的溶剂,它不但可以溶解全部的可溶物质,而且一些不溶的悬浮物、胶体和一些生物等均可以存在于水体中,因此,自然界中的各种水源都含有不同成分的杂质。按杂质颗粒的尺寸大小可分为悬浮物、胶体和溶解物质三类。以悬浮物形式存在的主要有石灰、石英、石膏及黏土和某些植物;呈胶体状态的有黏土、硅和铁的化合物,以及微生物生命活动的产物,即腐殖质和蛋白质;溶解物质包括碱金属、碱土金属及一些重金属的盐类,还含有一些溶解气体,如氧气、氮气和二氧化碳等。除此之外,还含有大量的有机物质。

1.1.2　水体污染源与污染物

1. 水体污染源与污染类型

（1）水体污染源

　　造成水体污染的因素很多,具体归纳为以下几个方面。

　　①工业污染源。造成地面水和地下水污染的主要来源是工业污染。在工业生产过程中要消耗大量新鲜水,排出大量废水,其中夹带许多原料、中间产品或成品,例如重金属、有毒化学品、酸碱、有机物、油类、悬浮物、放射性物质等。不同工业、不同产品、不同工艺过程及不同原材料等排出的废水水质、水量差异很大。因此,工业废水具有面广、量大、成分复杂、毒性大、不易净化、难处理的特点。这些工业污染物如不加妥善处理就大量排入水体,必然对水体造成严重的污染。对人体造成的危害也是十分巨大的。

　　②生活污染源。人们在生活过程中排出大量的污水,如厨房污水、粪便污水、洗涤污水等。生活污水中含有大量的有机物(占70%)、病原菌、寄生虫卵等,排入水体或渗入地下将造成严重污染。

③其他污染源。雨、雪水淋洗大气中的有毒污染物、冲刷地面污染物后进入水体;农田施用的农药、化肥以及牲畜粪便等农村污水流失到水体中均造成水体的严重污染。此类污水具有面广、分散、难于收集和难于治理的特点。

（2）污染类型

目前人们关注的水污染类型主要有以下几种（见图1.1和图1.2）。

图1.1　水污染

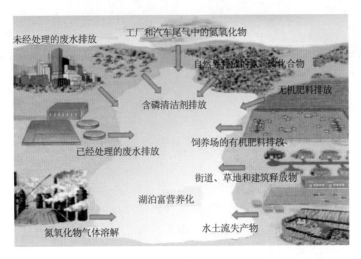

图1.2　水污染类型

①病原体污染。生活污水、畜禽饲养场污水及制革、洗毛、屠宰业和医院等排出的废水,常含有各种病原体,传播疾病。

②耗氧物质污染。生活污水、食品加工厂和造纸等工业废水中,含有碳水化合物、蛋白质、油脂、木质素等有机物质,可以通过微生物的生物化学作用而分解,在其分解过程中需要消耗氧气,因而被称为耗氧污染物。如果分解在厌氧条件下进行则使水变黑,产生恶臭物质硫化氢等。

③植物营养物质污染。生活污水和某些工业废水、农业退水及含洗涤剂的污水等,它们经常含有一定量的氮、磷等植物营养物质,水体中含有大量的营养物质,将会引起水体富营养化。

④石油污染。海上石油运输和船舶事故、石油化学工业、海底石油开采、大气中石油烃等的沉降都会使水体(主要是海洋)遭受石油的污染。石油一经排入水体,便浮在水体表面,形成光滑的油膜。油膜覆盖水体表面,阻止氧气进入水体,从而降低水体自净能力。

⑤热污染。工矿企业(电厂等)向水体排放高温废水,使水体温度升高,从而影响了水生生物的生存和水资源的利用。氧气在水中的溶解度随水温的升高而减小。而且,水温升高加速耗氧反应,最终导致水体

缺氧或水质恶化。

⑥放射性污染。核动力工厂的冷却水、放射性废物的渗漏等都可能造成地下水或地面水的放射性污染。它们浓度很低,但可在生物体内积累,严重时可引起遗传变异或癌症。

⑦有毒化学物质污染。主要是重金属和难分解的有机物质的污染。如矿山废水及冶炼排放的废水中含汞、镉、铬、镍、钴、钡等重金属及人工合成的高分子有机化合物,它们不易消除,可在人体内富集或有致癌等多种危害。

⑧酸、碱、盐污染。生活污水、工矿废水、废气、废渣及海水倒灌都可以产生酸、碱、盐污染,造成酸雨、土壤酸化、水矿化度增高等多种危害。

2. 水体中主要污染物的性质及危害

如前所述,污染水体的物质极其复杂,来源甚广,而且各类污染物质之间又相互牵连、相互影响,它们对水质的影响是多方面的(见图 1.3 和图 1.4)。现介绍几种主要污染物及其影响。

图 1.3　水体污染 1　　　　　　　　　　　　　　图 1.4　水体污染 2

(1)固体物质

固体物质包括悬浮固体和溶解固体。

水体受悬浮固体污染后,浊度增加,大大地降低光的穿透能力,妨碍了水的自净作用。其危害主要表现在以下几个方面:

①悬浮固体可能堵塞鱼鳃,导致鱼类窒息死亡。

②水体中微生物对有机悬浮固体的代谢作用,会消耗水体中的溶解氧。

③悬浮固体中的可沉固体沉积于河底,造成底泥积累与腐化,使水体水质恶化。

④水中的悬浮固体是一些其他污染物的载体,随水漂流迁移。

水体受溶解固体污染后,使溶解性无机盐浓度增加,如作为给水水源,水味涩口,甚至引起腹泻,危害人体健康,故饮用水的溶解固体含量应不高于 500 mg/L。工业锅炉用水要求更加严格。农田灌溉用水,要求不宜超过 1 000 mg/L,否则会引起土壤板结。

(2)耗氧污染物

①耗氧污染物的概念。水环境中有机污染物的种类繁多,按其对环境质量的影响和污染危害,可粗略分为两大类:一类为耗氧有机物;另一类为有毒有机物。耗氧有机物指动、植物残体和生活污水及某些工业废水中所含的碳水化合物、蛋白质、脂肪和木质素等易被微生物分解的有机化合物,它们在微生物的作用下最终分解为简单的无机物质、二氧化碳和水等。其分解过程中要消耗水中的溶解氧,使水质恶化,故又称之为耗氧有机物(污染物)。有毒有机污染物指酚、多环芳烃和各种人工合成的具有累积性生物毒性的有机化合物,如多氯联苯、农药等,石油污染物亦可属此类。

②耗氧污染物分解与溶解氧平衡。有机物是水体的重要污染物质。溶解氧(DO)含量是使水体中生态系统保持自然平衡的主要因素之一。溶解氧完全消失或其含量低于某一限值时,就会影响这一生态系统的平衡,甚至能使其遭到完全破坏。水体中溶解氧含量是分析水体环境容量的主要指标。

③耗氧污染物对鱼类的危害。耗氧污染物对水体的危害主要在于对渔业水产资源的破坏方面。水中含有充足的溶解氧是保证鱼类生长、繁殖的必要条件之一,只有极少数的鱼类,如鳝鱼、泥鳅等,在必要时可利用空气中的氧,绝大部分鱼类只能用鳃从水中溶解氧呼吸,维持生命活动。一旦水中溶解氧下降,各种鱼类就要产生不同的反应。当溶解氧不能满足这些鱼类的要求时,它们将力图游离这个缺氧地区,而当溶解氧降至 1 mg/L 时,大部分的鱼类就要窒息而死。

在被耗氧有机物严重污染的水体中,有经济价值的渔产资源遭到破坏,而另一方面,许多适应污水环境的某些生物却得到繁殖。

(3)植物营养物质

氮和磷是重要的植物营养物质,随污水进入水体后,会发生一系列的转化过程。

含氮化合物在水体中的转化分两步进行,这两步转化反应都是在微生物作用下进行的。第一步是有机氮转化为无机氮中的氨氮,也称为氨化过程;第二步是氨化过程产生的 NH_3 转化成亚硝酸盐和硝酸盐,也称为硝化过程。

含磷化合物在水体中的转化水体中,所有的无机磷几乎都是以磷酸盐形式存在的,包括以下几种。

正磷酸盐:PO_4^{3-}、HPO_4^{2-}、$H_2PO_4^-$;

聚合磷酸盐:$P_2O_7^{4-}$、$P_3O_{10}^{5-}$。

而有机磷则多以葡萄糖 – 6 – 磷酸、2 – 磷酸 – 甘油酸等形式存在。

水体中的可溶性磷很容易与 Ca^{2+}、Fe^{3+}、Al^{3+} 等离子生成难溶性沉淀物而沉积于水体底泥中。沉积物中的磷,通过湍流扩散作用再度释放到上层水体中去。或者当沉积物中的可溶性磷大大超过水中的磷的浓度时,则可能再次释放到水层中去。

富营养化这一术语是指营养物质富集的过程及其所引起的后果。富营养化是世界上普遍发生的一种水污染现象(见图1.5和图1.6)。富营养化作为一个自然过程,它是湖泊分类与演化方面的一个概念。富营养化就是水体衰老的一种表现。在自然界物质的正常循环过程中,即湖泊演化过程中,逐渐积累起来的淤泥、有机质使得湖泊演变成沼泽地,然后由沼泽地变为平地。所有湖泊都要经过一个衰老退化过程。

图 1.5 水体富营养化 1

图 1.6 水体富营养化 2

水体的富营养化现象,不仅发生在湖泊水库中,也发生在河口、海湾等缓流水体中,在水流急速的河流中发生较少。

人类活动的影响大大加速了水体(缓流水体)富营养化过程。这种情况下的富营养化亦称为人为富营养化。这是由于生活污水、工业废水尤其是农业径流所携带的植物所需要的氮、磷等营养物质大量进入湖泊、河口、海湾等缓流水体,导致藻类及其他浮游生物急剧和过量地生长,藻类死亡后其分解作用大大降低了水体中溶解氧的含量而形成厌氧条件,使水质恶化,鱼类及其他生物大量死亡。而且,水中藻类的优势种属也往往由硅藻、绿藻转为蓝藻,这种藻类不适宜作饵料,其分解产物往往具有毒性,并给水体带来不良气味。

人为富营养化过程严重地降低了水质,使其很难达到娱乐用水、城市用水及工农业用水的标准,使水体的可用率大大下降。

(4)氰化物

水体中的氰化物主要来源于工业企业排放的含氰废水,如电镀废水、煤气洗涤废水、化工厂的含氰废水及选矿废水等。在常见的电镀液配方中,镀锌液中含 NaCN 80～120 g/L,镀铜液含 NaCN 12～18 g/L,镀银液含 NaCN 40～60 g/L。当电镀后漂洗镀件时,含氰物随漂洗水排出。焦炉和高炉的煤气洗涤废水中碳与氨或甲烷与氨化合生成氰化物。在生产氰化物的废水中及用氰化物抑制剂的选矿废水中都含有高浓度的氰。

(5)氯化物

人们使用的有机物有上千种,其中污染广泛的是多氯联苯和有机氯。

多氯联苯是一氯联苯、二氯联苯、三氯联苯等的通称。多氯联苯微溶于水,大部分以浑浊状态存在或吸附于微粒物质上,它具有脂溶性,能大量溶解于水面的油膜中。它的相对密度大于1,故除少量溶解于油膜中外,大部分会逐渐沉积水底。由于多氯联苯化学性质稳定,不易氧化、水解,并难于生化分解,所以多氯联苯可长期存在于水中。

多氯联苯的毒性与它的成分有关,含氯原子越多的组分,越易在人体脂肪组织和器官中蓄积。其毒性表现为:影响皮肤、神经、肝脏、破坏钙的代谢,导致骨骼、牙齿的损害,并有恶性、慢性致癌和遗传变异的可能性。

有机氯农药是疏水性亲油物质,能够为胶体颗粒和油粒所吸附并随其在水中扩散。水生生物对有机氯农药有很强的富集能力,通过食物链,有机氯农药进入人体,累积在脂肪含量高的组织中,达到一定浓度后,即显示出对人体的毒害作用。

有机氯农药的污染是世界性的,从水体中的浮游生物到鱼类,从家禽、家畜到野生动物体内,几乎都可以测出有机氯农药。

(6)病原微生物污染及危害

污水会带给水体大量有机物,造成细菌存活的环境,同时带入大量病原菌、寄生虫卵和病毒等。病原菌污染的特点是数量多、分布广、存活时间长、繁殖速度快、随水流传播疾病。由于卫生保健事业的发展,传染病虽已得到有效控制,但对人类的潜在威胁仍然存在,必须高度重视病原菌的污染,特别是在传染病流行的时期。

污水的危害如图 1.7 至图 1.11 所示。

图 1.7 危害人体健康

图 1.8 影响工农业生产

图 1.9 影响景观环境

图 1.10 影响渔业资源

图 1.11 破坏生态平衡

1.2　城市污水的性质与污染指标

污水中的污染物质复杂多样,根据对环境造成的危害及污染物质的不同,其性质和特征主要表现在物理性质、化学性质和生物性质等方面,下面分别介绍。

1. 污水的物理性质及其指标

表征水的物理性质的指标有嗅和味、色度、浑浊度、水温和固体含量等。

(1)嗅和味

嗅和味是一项感官性状指标。天然水是无色无味的。水体受到污染后产生气味,影响了水环境。嗅和味主要来源于水体自净过程的水生动植物及微生物的繁殖和衰亡及工业废水中的各种杂质。生活污水的嗅和味主要由有机物腐败产生的气体造成,主要来源于还原性硫和氮的化合物,工业废水的嗅和味主要由挥发性化合物造成。目前,测定水的嗅与味只能靠人体的感官进行。

(2)色度

色度是表现在水体呈现的不同颜色。纯净水无色透明,天然水中含有黄腐酸呈黄褐色,含有藻类的水呈绿色或褐色,生活污水的颜色一般呈灰色。较清洁的地表水色度一般为15~25度,湖泊水可达60度以上。饮用水色度不超过15度。工业废水的色度由于工矿企业的不同而差异很大,如印染、造纸等生产污水色度很高,使人感官不悦。

(3)浑浊度

浑浊度表示水中含有悬浮及胶体状态的杂质物质。浑浊度主要来自于生活污水与工业废水的排放。

(4)水温

污水的水温对污水的物理性质、化学性质、生物性质气体的溶解度、微生物的活动及pH值、硫酸盐的饱和度等有直接影响。许多工业排出的废水温度较高;生活污水的年平均温度相差不大,一般在10~20℃之间。水温升高影响水生生物的生存,水中的溶解氧随水温的升高而减小;另一方面,水温升高加速了污水中好氧微生物的耗氧速度,导致水体处于缺氧和无氧状态,使水质恶化。城市污水的水温与城市排水管网的体制及生产污水所占的比例有关。一般来讲,污水生物处理的温度范围在5~40℃。

(5)固体含量

一般天然水源的地下水水质的悬浮物较少,但由于水流经岩层时溶解了各种可溶的矿物质,所以其含盐量高于地表水(海水及咸水湖除外),故其硬度高于地表水,我国地下水总硬度平均为60~300 mg/L,有的地区可高达700 mg/L。地表水主要以江河水为主,其水中的悬浮物和胶体杂质较多,浊度高于地下水,但其含盐量和硬度较低。水中所有残渣的总和为总固体(TS),总固体量主要是有机物、无机物及生物体三种组成。亦可按其存在形态分为悬浮物、胶体和溶解物。显然,总固体包括溶解物质(DS)和悬浮固体物质(SS)。悬浮固体是由有机物和无机物组成,根据其挥发性能,悬浮固体又可分为挥发性悬浮固体(VSS)和非挥发性悬浮固体(NVSS)。挥发性悬浮固体主要是污水中的有机质,而非挥发性固体为无机质。生活污水中挥发性悬浮固体约占70%。溶解固体的浓度与成分对污水处理效果有直接影响,悬浮固体含量较高能使管道系统产生淤积和堵塞现象,也可使污水泵站的设备损坏。如果不处理直接排入受纳水体,能造成水生动物窒息,破坏生态。

2. 污水的化学性质及其指标

(1)有机物指标

城市污水中含有大量的有机物,其主要是碳水化合物、蛋白质、脂肪等物质。由于有机物种类极其复杂,因此难于逐一定量。但上述有机物都有被氧化的共性,即在氧化分解中需要消耗大量的氧,所以可以用氧化过程消耗的氧量作为有机物的指标。所以在实际工作中经常采用生物化学需氧量(BOD)、化学需氧量(COD)、总有机碳(TOC)、总需氧量(TOD)等指标来反映污水中有机物的含量。

①生物化学需氧量(Bio-Chemical Oxygen Demand,BOD)。生物化学需氧量也称生化需氧量。在一定条件下,即水温为 20 ℃,由于好氧微生物的生活活动,将有机物氧化成无机物(主要是水、二氧化碳和氨)所消耗的溶解氧量,称为生物化学需氧量,单位为 mg/L。污水中的有机物分解一般分为两个阶段进行。在第一阶段,主要是将有机物氧化分解为无机的水、二氧化碳和氨,也称为碳氧化阶段;第二阶段,主要是氨被转化为亚硝酸盐韧硝酸盐,此阶段也称硝化阶段。生活污水中的有机物需要 20 天左右才能完成第一阶段过程,即测定第一阶段的生化专氧量至少需要 20 天时间,而要想完成两个阶段的氧化分解需要 100 天以上,所以在实际工作中要想测得准确的数值需要时间太长,有一定难度,故工程实际中常用 5 天生化需氧量(BDD₅)作为可生物降解有机物的综合浓度指标。五天的生化需氧量(BOD_5)约占总生化需氧量(BOD_u)的 70% ~ 80%,测得 BOD_5 后,基本能折算出 BOD 的总量。

②化学需氧量(Chemical Oxygen Demand,COD)。在污水中的有机物按被微生物降解的难易程度可分为两类:易于被生物降解的有机物和难于被生物降解的有机物。易于被微生物降解的有机物,在温度一定、有氧的条件下,可以用生物化学需氧量(BOD)测定出其含量,而难于被微生物降解的有机物,不能直接用生物化学需氧量表现出来,所以 BOD 不能准确地反映污水中有机污染物质的含量。

化学需氧量(COD)是用化学氧化剂氧化污水中的有机污染物质,氧化成 CO_2 和 H_2O,测定其消耗的氧化剂的用量,单位为 mg/L。常用的氧化剂有两种,即重铬酸钾和高锰酸钾。重铬酸钾的氧化性略高于高锰酸钾。以重铬酸钾做氧化剂时,测得的值称 COD_{cr} 或 COD;用高锰酸钾作氧化剂测得的值为 COD_{Mn} 或 OC。

显然,化学需氧量(COD)能反映出易于被微生物降解的有机物,同时又能反映出难于被微生物降解的有机物,能较精确地表示污水中有机物的含量。污水中难于被生物降解的有机物量越多,越不宜采用生物处理方法。所以,BOD_5/COD 的比值是可以用来判别污水是否可以生化处理的标志。一般认为比值大于 0.3 的污水,基本能采用生物处理方法。据统计,城市污水 BOD_5/COD 的比值一般为 0.4 ~ 0.65 之间。

COD 的测试需要时间较短,一般需几个小时即可测得,较测得 BOD 方便。所以,在实际工程中,要同时测试 BOD_5 与 COD 两项指标作为污水处理领域的重要指标。

③总有机碳(Total Organic Carbon,TOC)。TOC 的测定原理为:将一定数量的水样,经过酸化后,注入含氧量已知的氧气流中,再通过铂作为触媒的燃烧管,在 900 ℃ 高温下燃烧,把有机物所含的碳氧化成二氧化碳,用红外线气体分析仪记录二氧化碳的数量,折算成含碳量即为总有机碳,单位为 mg/L。

④总需氧量(Total Oxygen Demand,TOD)。有机物的主要组成元素为碳、氢、氧、氮、硫等。将其氧化后,分别产生 CO_2、H_2O、NO_2 和 SO_2 等物质,所消耗的氧量称为总需氧量,单位为 mg/L。TOD 和 TOC 都是通过燃烧化学反应,测定原理相同,但有机物数量表示方法不同,TOC 是用含碳量表示,TOD 是用消耗的氧量表示。水质条件较稳定的污水,其测得的 BOD_5、COD、TOD 和 TOC 之间,数值上有下列排序:$TOD > COD_{cr} > BOD_u > BOD_5 > TOC$。

五者之间有一定的相关关系。生活污水 BOD_5/COD 为 0.4 ~ 0.65,BOD_5/TOC 比值为 1.0 ~ 1.6。工业废水上述两个比值取决于工业废水的性质。

(2)无机物指标

无机物指标主要包括氮、磷、无机盐类和重金属离子及酸碱度等。

①污水中的氮磷物质。污水中的氮、磷为植物的营养物质,对高等植物的生长,氮、磷是宝贵物质,而对天然水体中的藻类,虽然是生长物质,但会使藻类大量生长和繁殖,使水体产生富营养化现象。

②无机盐类。污水中的无机盐类,主要指污水中的硫酸盐、氯化物和氰化物等。

③重金属离子。污水中重金属离子主要有汞、镉、铅、铬、锌、铜、镍、锡等。

④酸碱污染物。水中的酸碱度以 pH 值反映其含量,微生物生长要求酸碱度为中性偏碱为最佳,当 pH 值超出 6 ~ 9 的范围时,将对人畜造成危害。

3. 污水的生物性质及其指标

污水中生物污染物是指污水中能产生致病的微生物,以细菌和病毒为主。污水生物性质检测指标为大肠菌群数、大肠杆菌指数、病毒及细菌总数。大肠菌群数是每升水样中含有的大肠菌群数目,单位为个/升。

1.3 水体污染与自净

1.3.1 天然水的杂质及其水体污染

水极易与各种物质混杂,溶解能力又较强,因此在自然循环中,任何天然水体都不同程度地含有多种多样的杂质,其中包括地球上各种化学过程和生物过程的产物,人类在生产、生活活动中形成的各种废弃物等。天然水中这些物质的固有含量就构成了这一水体的水质本底。因而天然水不是化学上的纯水,而是含有许多溶解性和非溶解性物质所组成的极其复杂的综合体。因而在评价水体污染情况时,不能只根据水体中某些成分的存在与否和含量的多寡而下结论,还要摸清本底。天然水中所含各种物质按溶质粒径的大小分为三类:悬浮物、胶体和溶解物。

表1.1指出天然水中通常可能含有的杂质及其对工业使用和人类健康的主要影响。

表1.1 天然水中的杂质

悬浮物质及胶体物质	细菌——有致病的细菌和对人身体有害的细菌		
	藻类及原生动物——嗅和味、色度和浑浊度		
	泥砂、黏土——浑浊度		
	溶胶——如硅酸胶体等		
	高分子化合物——如腐殖质体等		
	其他不溶性物质		
溶解物质	盐类	钙镁	重碳酸盐——碱度、硬度
			碳酸盐——碱度、硬度
			硫酸盐——硬度
			氯化物——硬度、腐蚀锅炉
		钠	重碳酸盐——碱度、软水作用
			碳酸盐——碱度、软水作用
			硫酸盐——锅炉内汽水共腾
			氯化物——味
			氟化物——致病
	铁盐、锰盐——味、色、硬度、腐蚀金属		
	气体	氧——腐蚀金属	
		二氧化碳——腐蚀金属、酸度	
		硫化氢——臭味、酸度	
		氮	
	其他溶解性物质		

一般说来,地面水较浑浊,细菌较多,硬度较低,而地下水则较清,细菌较少,特别是深层井水,细菌更少,但硬度较高。

水体污染是指排入水体的污染物在数量上超过了该物质在水体中的本底含量和水体环境容量,从而导致水体的物理、化学及微生物特性发生变化,破坏了水中固有的生态系统,破坏了水体的功能及其在经济发展和人民生活中的作用。

水污染的发生取决于污染物、污染源及承受水体三方面的特征及其相互作用和关系。水污染可分为自然污染和人为污染两大类。所谓人为污染,是指人类在生产和生活中产生的"三废"对水体的污染。其中,工业废水是造成水体污染的主要污染源。人类活动造成的水质(淡水)污染首先从住宅区开始,并因人口增长而急剧增加。化学物质从地方到地区乃至全球,污染影响的范围不断扩大。

1.3.2 水体自净作用

污染物随污水排入水体后,经物理、化学和生物等方面的作用,使污染物的浓度或总量减少,经过一段时间后,受污染的水体将恢复到受污染前的状态,这一现象称为水体的自净作用。水体的自净能力是有限的,影响水体自净的因素主要有:河流、湖泊、海洋等水体的地形和水文条件;水中微生物的种类和数量;水温和复氧状况;污染物的性质和浓度等。

水体自净的机制可以分为以下几类。

1. 物理过程

物理过程指污染物质由于稀释、混合、沉淀等作用而使水体污染物质浓度降低的过程。稀释、混合在概念上很简单,而在机理上却是复杂的。稀释除与分子扩散有关外,还受湍流扩散作用的影响。混合作用与温度、水团流量和搅动情况有关。通过沉降过程可降低水中不溶性悬浮物的浓度,由于同时发生的吸附作用,还能消除一部分可溶性污染物。

2. 化学及物理化学过程

化学及物理化学过程指污染物质通过氧化、还原、吸附、凝聚、中和等反应使其浓度降低的过程。水体中含有大量的铝硅酸盐类物质和一些腐殖酸等胶体、悬浮颗粒。这些物质的表面大多含有电荷,当电荷相异时,会出现吸附和凝聚现象,沉淀到水底,达到净化目的。水中的某些金属离子,在水中溶解氧的氧化下,如铁、锰可生成难溶物 $Fe(OH)_3$ 等而沉淀至水底。

3. 生物化学过程

排入水体中的污染物质经稀释和扩散后,其污染物的浓度已降低,但总量并没减少。水中的好氧微生物,在有溶解氧的情况下,可以氧化分解水中的有机物,最后的产物为 H_2O、CO_2、NH_3 等无机物质,这一过程能使水体得到净化,同时,污染物质的量得以降低。由于水中微生物的代谢活动,污染物中的有机物质被分解氧化并转化为无害、稳定的无机物,从而使其浓度降低。

以河流的生化自净为例,当河流接纳有机废水后,河水的溶解氧含量就会发生变化,其变化情况如下。

受污染前,河水中的溶解氧一般是饱和的或略缺氧。在受到污染之后,开始时,河水中有机物大量增加,好氧分解剧烈,消耗大量溶解氧,同时河流又从水面上获得氧气(复氧),不过这时耗氧速度大于复氧速度,河水中的溶解氧迅速下降。随着有机物被分解而减少,耗氧速度减慢,在最缺氧点,耗氧速度等于复氧速度。接着耗氧速度小于复氧速度,河水的溶解氧逐渐回升。最后,河水溶解氧恢复或接近饱和状态。河流 BOD 与 DO 变化曲线如图 1.12 所示,这条曲线被称为氧垂曲线。

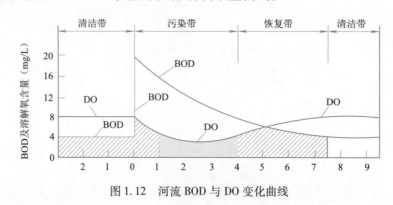

图 1.12 河流 BOD 与 DO 变化曲线

当有机物污染程度超过河流的自净能力时,河流将出现无氧河段。这时开始厌氧分解,产生硫化氢、甲烷等,使河水变黑,并有臭气产生。河流的氧垂曲线会发生中断现象。氧垂曲线反映了两点:

(1)废水排入河流后溶解氧的变化情况,间接表示河流的自净过程。

(2)最缺氧点距离受污点的位置及其溶解氧含量。

在微生物(细菌)分解有机物的同时,水体中水生生物群落结构也随水质的自净发生变化,所以亦可用生物群落判断水体自净状况和指标。

1.4　污水处理技术概论

1.4.1　污水排放标准

天然水体是人类宝贵的资源,为了保障天然水体不受污染,必须严格限制污水排放,并在排放前要进行无害化处理,以保证对天然水体水质不造成污染,因此当污水需要排入水体时,应处理到允许排入水体的程度。为此而制定了污水的各种排放标准。

排放标准分为两类:

第一类:一般排放标准。其中《城镇污水处理厂污染物排放标准》(GB 18918—2002)可作为规划、设计、管理与监测的依据。

第二类:行业排放标准。这些行业标准可作为规划、设计、管理与监测的依据。

1.4.2　污水处理工艺流程

1. 污水处理的目的和方法及分类

污水处理的目的是将受污染的水在排放水体前处理到允许排入水体的程度。污水处理技术可分为物理处理法、化学处理法和生物处理法三类。

(1)物理处理法

物理处理法是利用物理作用分离污水中的悬浮固体物质,常用方法有筛滤、沉淀、气浮、过滤及反渗透等。

(2)化学处理法

化学处理法是利用化学反应的作用,分离回收污水中的悬浮物、胶体及溶解物质,主要有混凝、中和、氧化还原、电解、汽提、离子交换、电渗析和吸附。

(3)生物处理法

生物处理法是利用微生物,氧化分解污水中呈胶体状和溶解状的有机污染物,转化成稳定的低分子的无害物质。根据微生物的特征,生物处理方法可分为好氧生物法和厌氧生物法两类。前者多用于城市污水处理,分为活性污泥法和生物膜法,厌氧处理现主要用于高浓度有机污水和污泥,但也可用于城市污水等低浓度有机污水。

2. 城市污水处理的级别

城市污水根据其处理程度可划分为一级处理、二级处理和三级处理。

(1)城市污水一级处理

一级处理是对污水中悬浮的无机颗粒和有机颗粒、油脂等污染物质的去除,一般由沉砂池、初沉池完成处理过程。经过一级处理后有机物(BOD)可以去除30%左右,达不到排放标准。一级处理主要由沉淀、筛滤等物理过程完成,通常亦称为物理处理法。一级处理属于二级处理的预处理。

(2)城市污水二级处理

二级处理主要去除污水中呈胶体状和溶解状态的有机污染物质。由于这些污染物颗粒较小或成真溶液状态,用一级处理法无法去除。二级处理采用生物处理法,利用微生物(好氧或厌氧微生物)去降解污染物质。通过二级处理BOD可去除90%以上,基本能达到排放标准。

(3)城市污水的三级处理

污水三级处理和深度处理既有相同之处,又不完全一致。三级处理是在一、二级处理后,进一步处理难于被微生物降解的有机物以及氮和磷等无机物。主要有生物脱氮除磷、砂滤法、吸附法、离子交换法、混凝沉淀法以及电渗析等方法。深度处理一般以污水的回收、再利用为目的,在一级或二级处理之后增加处理工艺。

3. 污水处理工艺流程

要想确定合理的处理流程,要根据污水的水质及水量、受纳水体的具体条件以及回收其中的有用物质的可能性和经济性等多方面考虑。一般通过实验确定污水性质,进行经济技术比较,最后确定工艺流程。

扫一扫

(1)城市污水处理流程

每个城市污水的性质虽然不完全相同,但大都以有机物为主,处理方法如图1.13所示。

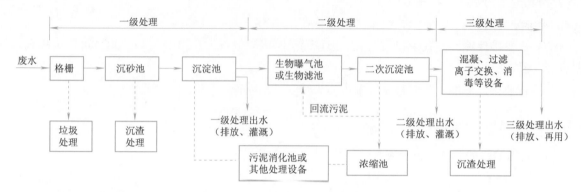

图 1.13　城市污水典型处理流程

(2)工业废水处理流程

对工业废水处理一般采用的处理流程为:污水→澄清→回收有毒物质处理→再用或排放。具体工艺流程应根据具体情况而定。

1.4.3　污水的排放

(1)城市污水处理后的效果如表1.2所示。

表 1.2　城市污水处理后的效果

处理等级	处理方法	悬浮物		BOD_5		氮		磷	
		去除率(%)	出水浓度	去除率(%)	出水浓度	去除率(%)	出水浓度	去除率(%)	出水浓度
一级	沉淀	50~60	90~110	25~30	140~150				
二级	活性污泥法或生物膜	85~90	20~30	85~90	20~30	50	15~20	30	3~5

(2)污水的出路,如图1.14至图1.17所示。

图 1.14　排放水体

图 1.15　灌溉农田

图 1.16 水产养殖

图 1.17 重复利用

计 划 单

课　　程	污水处理		
学习情境一	污水处理厂构筑物设计	学　　时	48
工作任务1	水污染调研与分析	学　　时	6
计划方式	小组讨论、团结协作共同制订计划		
序　　号	实施步骤		使用资源
1			
2			
3			
4			
5			
6			
7			
8			
9			
制订计划说明			

计划评价	班　　级		第　　组	组长签字	
	教师签字			日　　期	
	评语：				

决 策 单

课 程	污水处理		
学习情境一	污水处理厂构筑物设计	学 时	48
工作任务1	水污染调研与分析	学 时	6

	方案讨论				
	组号	方案合理性	实施可操作性	安全性	综合评价
方案对比	1				
	2				
	3				
	4				
	5				
	6				
	7				
	8				
	9				
	10				
方案评价	评语：				

班 级		组长签字		教师签字		月 日

实 施 单

课　程	污水处理		
学习情境一	污水处理厂构筑物设计	学　时	48
工作任务1	水污染调研与分析	学　时	6
实施方式	小组成员合作;动手实践		
序　号	实施步骤	使用资源	
1			
2			
3			
4			
5			
6			
7			
8			
9			
10			
11			
12			

实施说明:

班　级		第　组	组长签字	
教师签字			日　期	
评　语				

作 业 单

课　程	污水处理		
学习情境一	污水处理厂构筑物设计	学　时	48
工作任务1	水污染调研与分析	学　时	6
实施方式	小组每个成员收集资料撰写水污染现状分析调查报告		

班　级		第　组		组长签字	
教师签字				日　期	
评　语					

 检 查 单

课　程	污水处理		
学习情境一	污水处理厂构筑物设计	学　时	48
工作任务1	水污染调研与分析	学　时	6
序号	检查项目	检查标准	学生自查	教师检查
1	咨询问题			
2	学习态度			
3	小组讨论			
4	小组展示			
5	工作过程			
6	团结同学			
7	爱护公物			
8	相互配合			

	班　级		第　　组	组长签字	
	教师签字			日　期	
检查评价	评语：				

评 价 单

课 程	污水处理				
学习情境一	污水处理厂构筑物设计			学 时	48
工作任务1	水污染调研与分析			学 时	6
评价类别	项 目	子项目	个人评价	组内互评	教师评价
专业能力	资讯（10%）	搜集信息（5%）			
		引导问题回答（5%）			
		计划（5%）			
		实施（20%）			
		检查（10%）			
		过程（5%）			
		结果（10%）			
社会能力		团结协作（10%）			
		敬业精神（10%）			
方法能力		计划能力（10%）			
		决策能力（10%）			
评价评语	班 级		姓 名		学 号		总 评	
	教师签字		第 组	组长签字		日 期	
	评语：						

工作任务 2　污水处理设计

任 务 单

课　　程	污水处理		
学习情境一	污水处理厂构筑物设计	学　　时	48
工作任务2	污水处理设计	学　　时	30
布置任务			
任务目标	1. 熟悉沉淀的基本理论及分类； 2. 能够分析沉淀的类型； 3. 熟悉活性污泥法、生物膜法和自然生物处理基本原理； 4. 熟悉各构筑物类型、特点及构造； 5. 清楚活性污泥法的运行方式； 6. 清楚活性污泥法的工艺流程； 7. 学会选择格栅、沉砂池、沉淀池和曝气池类型； 8. 学会选用格栅、沉砂池、沉淀池和曝气池设计参数； 9. 能够进行各构筑物的设计计算； 10. 能够分析自然生物处理主要特征及控制条件； 11. 学习新工艺、新技术的方法去除悬浮物、脱氮除磷技术； 12. 看懂各构筑物的施工图。		
任务描述	设计某城镇污水处理设计，工作如下： 1. 根据设计要求，选择污水处理的工艺流程； 2. 查找资料、网络搜索、观看视频； 3. 确定各构筑物的类型； 4. 通过利用设计手册，查找设计资料和有关的设计参数； 5. 进行各构筑物设计计算； 6. 绘制污水处理的平面图和高程图。		
学时安排	布置任务与资讯	计划	决策	实施	检查	评价		

6 学时	2 学时	2 学时	16 学时	2 学时	2 学时

提供资料	1.《污水处理》校本教材； 2.《排水工程》，张自然，中国建筑工业出版社； 3.《水污染控制工程》，高廷耀，高等教育出版社； 4.《污水处理》课程课件； 5. 污水处理图片； 6. 污水处理各构筑物结构图； 7. 污水处理厂视频。
对学生的要求	1. 小组讨论污水处理的工艺流程； 2. 查找资料、网络搜索、观看视频和录像，完成资讯； 3. 小组学习污水物理处理和生物处理的原理； 4. 学会正确选择各构筑物的设计参数； 5. 学会正确选用各构筑物的类型； 6. 独立设计计算各构筑物； 7. 具有一定的自学能力、协调能力和语言表达能力； 8. 具有团队合作精神，以小组的形式完成工作任务； 9. 实施结束后进行小组互评，教师评价； 10. 积极参与小组工作任务讨论，严禁抄袭。

资 讯 单

课 程	污水处理		
学习情境一	污水处理厂构筑物设计	学 时	48
工作任务2	污水处理设计	学 时	30
资讯方式	在图书馆、专业杂志、教材、互联网及信息单上查询问题;咨询任课教师	学 时	6
资讯问题	1. 城市污水处理典型处理流程如何？		
	2. 沉淀的基本理论及分类如何？		
	3. 格栅的选择及设计如何？		
	4. 完成沉淀过程的主要构筑物有哪些？		
	5. 沉砂池、沉淀池应如何选择及设计？		
	6. 什么是活性污泥？活性污泥的组成及作用如何？活性污泥性能指标有哪些？		
	7. 活性污泥法净化过程与机理如何？活性污泥法系统的构造及基本流程如何？		
	8. 活性污泥法的运行方式如何选择？		
	9. 活性污泥法处理系统的工艺设计是怎样的？		
	10. 如何进行曝气池的选择及设计？		
	11. 生物膜法净化污水的基本原理及特征是怎样的？		
	12. 生物膜法与活性污泥法的主要区别有哪些？		
	13. 生物膜处理法的反应器有哪些？		
	14. 稳定塘是如何分类的？净化机理是什么？有哪些类型？各有什么特点？		
	15. 什么是污水土地处理系统？污水土地处理污水有哪些优缺点？		
	16. 污水的深度处理的对象与目标是什么？		
	17. 活性污泥处理法新进展如何？		
	18. 脱氮除磷的基本原理是什么？		
	19. 自然生物处理的原理、主要特征、控制条件是什么？		
资讯引导	1. 信息单； 2.《排水工程》,张自杰,中国建筑工业出版社； 3.《水处理工程》,符九龙,中国建筑工业出版社； 4.《给排水设计手册》第五册； 5.《污水处理》校本教材。		

信 息 单

2.1 污水的物理处理

2.1.1 格栅

格栅是后续处理构筑物或水泵机组的保护性处理设备,是由一组平行的金属栅条制成的金属框架,斜置(与水平夹角一般为45°~75°)或直立在水渠、泵站集水井的进口处或水处理厂的端部(见图2.1和图2.2),用以拦截较粗大的悬浮物或漂浮杂质,如木屑、碎皮、纤维、毛发、果皮、蔬菜、塑料制品等,以便减轻后续处理设施的处理负荷,并使之正常运行。被拦截的物质叫栅渣。栅渣的含水率约为70%~80%,容重约为750 kg/m³。经过压榨,可将含水率降至40%以下,便于运输和处置。

图2.1 格栅1

图2.2 格栅2

1. 格栅类型

平面格栅由框架与栅条组成,如图2.3和图2.4所示。图2.3所示A型为栅条布置框架的外侧,适用于机械或人工清渣;图2.4所示B型为栅条布置在框架的内侧,在栅条的顶部设有起吊架,可将格栅吊起,进行人工清渣。

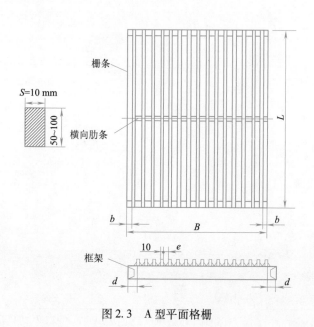

图2.3 A型平面格栅   图2.4 B型平面格栅

平面格栅的基本参数与尺寸包括宽度 B、长度 L、栅条间距 e（指间隙净宽）、栅条至外框的距离 b，可视污水处理厂（站）的具体条件选用。格栅的基本参数与尺寸如表 2.1 所示。

平面格栅的框架采用型钢焊接。当格栅的长度 $L>1\ 000$ mm 时，框架应增加横向肋条。栅条用 A_3 钢制作。机械清除栅渣时，栅条的直线度偏差不应超过长度的 $1/1\ 000$，且不大于 2 mm。

表 2.1　平面格栅的基本参数及尺寸　　　　　　　　　　　　单位:mm

名　　称	数　　　值
格栅宽度 B	600,800,1 000,1 200,1 400,1 600,1 800,2 000,2 200,2 400,2 600,2 800,3 000,3 200,3 400,3 600,3 800,4 000,用移动除渣机时，$B>4\ 000$
格栅长度 L	600,800,1 000,1 200,…,以 200 为一级增长，上限值决定于水深
栅条间距 e	10,15,20,25,30,40,50,60,80,100
栅条至外边框距离 b	b 值按下式计算：$$b=\frac{B-10n-(n-1)e}{2};b\le d$$　　　　式中:B——格栅宽度　　n——栅条根数　　e——栅条间距　　d——框架周边宽度

平面格栅型号表示方法,例如:

$$PGA-B\times L-e$$

PGA——平面格栅 A 型;

　B——格栅宽度,mm;

　L——格栅长度,mm;

　e——栅条间距,mm。

扫一扫

平面格栅的安装方式如图 2.5 所示;安装效果如图 2.6 所示;A 型平面格栅安装尺寸如表 2.2 所示。

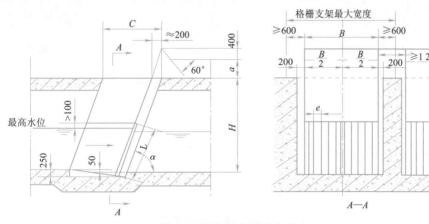

图 2.5　平面格栅安装方式

图 2.6　平面格栅安装效果

表2.2　A型平面格栅安装尺寸　　　　　　　　　　　　　　　　　　　　　　单位:mm

池深 H	800,1 000,1 200,1 400,1 600,1 800,2 000,2 400,2 800,3 200,3 600,4 000,4 400,4 800,5 200,5 600,6 000		
格栅倾斜角 α	60°,75°,90°		
清除高度 a	0	800,1 000	1 200,1 600,2 000,2 400
运输装置	水槽	容器、传送带、运输车	汽车
开口尺寸 c	≥1 600		

按栅条的净间距,格栅可分为粗格栅(50~100 mm)、中格栅(10~40 mm)、细格栅(3~10 mm)三种。由于格栅是物理处理主要构筑物,对新建污水处理厂一般采用粗、中两道格栅,甚至采用粗、中、细三道格栅。

2. 栅渣的清除方法

栅渣清除可分为人工清渣和机械清渣两种。人工清渣一般适用于小型污水处理厂(站)。为便于工人清渣,避免栅渣重新掉落水中,格栅安装角度一般在30°~45°,机械格栅的倾斜角度较人工格栅的大,通常采用60°~70°有履带式和抓斗式格栅。履带式机械格栅如图2.7所示。抓斗式机械格栅如图2.8所示。

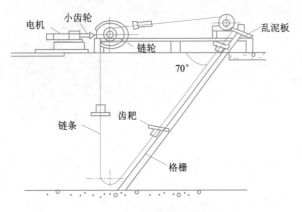

图2.7　履带式机械格栅

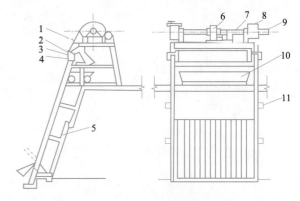

图2.8　抓斗式机械格栅

1—钢丝绳;2—刮泥机;3—刮泥接触器;4—齿耙;5—格栅;6—减速箱;
7—电动机;8—卷扬机构;9—行车传动装置;10—垃圾车;11—支座

3. 格栅的选择

格栅的选择包括栅条断面的选择、栅条间距的确定、栅渣清除方法的选择等。格栅栅条的断面形状有正方形、圆形、矩形和带半圆的矩形等,圆形断面栅条的水力条件好,水流阻力小,但刚度差,一般多采用矩形的栅条。格栅栅条的断面形状,可参照表2.3选用。

表2.3　栅条的各种断面形状和尺寸

栅条断面形式	尺寸(mm)	栅条断面形式	尺寸(mm)
正方形	20 20 20 / 20	矩形	10 10 10 / 50
圆形	10 10 10	带半圆的矩形	10 10 10 / 50

格栅栅条间隙决定于所用水泵型号,当采用 PWA 型水泵时,可按表2.4选用。栅条间距也可以按污水种类选定,对城市污水,一般采用16~25 mm 的间距。

表 2.4 格栅栅条间距与栅渣数量

栅条间距(mm)	栅渣污物量[L/(d·人)]	水泵型号
≤20	4 ~ 6	$2\frac{1}{2}$PWA
≤40	2.7	4PWA
≤70	0.8	6PWA
≤90	0.5	8PWA

栅渣的清除方法视截留栅渣量多少而定。在大型污水处理厂或泵站前的大型格栅,栅渣量大于 0.2 m³/d,为了减轻工人劳动强度一般采用机械清渣。

格栅截留的栅渣数量因栅条间距、污水种类不同而异。生活污水处理用格栅的栅渣截留量是按人口计算的。表 2.4 列举的是格栅栅条间距与生活污水栅渣污物量。

格栅上需要设置工作台,其高度应高出格栅前设计最高水位 0.5 m,工作台上应有安全和冲洗设施,当格栅宽度较大时,要做成多块拼合,以减少单块重量,便于起吊安装和维修。

4. 格栅的设计

图 2.9 为格栅计算图。格栅的设计包括尺寸计算、水力计算、栅渣量计算及清渣机械的选用等。

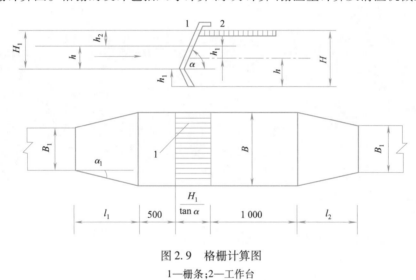

图 2.9 格栅计算图
1—栅条;2—工作台

(1)栅槽宽度

$$B = S(n-1) + en \tag{2.1}$$

$$n = \frac{Q_{max}\sqrt{\sin\alpha}}{ehv} \tag{2.2}$$

式中:B——栅槽宽度,m;

　　S——栅条宽度,m;

　　e——栅条间距,即栅条净距,m;

　　n——格栅间隙数,即栅条孔隙数;

Q_{max}——最大设计流量,m³/s;

　　α——格栅倾角,°;

　　h——栅前水深,m;

　　v——过栅流速,m/s;一般情况为 0.6 ~ 1.0 m/s,最小不宜小于 0.45 m/s;$\sqrt{\sin\alpha}$ 为经验系数。

(2)过栅的水头损失

$$h_1 = kh_0 \tag{2.3}$$

$$h_0 = \zeta \frac{v^2}{2g} \sin\alpha \tag{2.4}$$

式中：h_1——过栅水头损失，m；

h_0——计算水头损失，m；

g——重力加速度，m/s²，$g = 9.81$ m/s²；

k——考虑污物堵塞，格栅阻力增大系数，一般取 3；

v——过栅流速，m/s。

ζ——阻力系数，与栅条断面形状有关，$\zeta = \beta \left(\frac{s}{e}\right)^{\frac{4}{3}}$，矩形断面时，$\beta = 2.42$。为避免造成栅前涌水，将栅后槽底下降 h_1 作为补偿。

（3）栅槽总高度

$$H = h + h_1 + h_2 \tag{2.5}$$

式中：H——栅槽总高度，m；

h——栅前水深，m；

h_1——过栅水头损失，m；

h_2——栅前渠道超高，取 0.5 m。

（4）栅槽总长度

$$L = l_1 + l_2 + 1.0 + 0.5 + \frac{H_1}{\tan\alpha} \tag{2.6}$$

$$l_1 = \frac{B - B_1}{2\tan\alpha_1} \tag{2.7}$$

$$l_2 = \frac{l_1}{2} \tag{2.8}$$

$$H_1 = h + h_2 \tag{2.9}$$

式中：H_1——栅前槽高，即栅后总高，m；

l_1——进水渠道渐宽部分长度，m；

l_2——栅槽与出水渠连接渠的渐缩长度，m；

B_1——进水渠道宽度，m；

α_1——进水渠道展开角。一般 20°。

（5）栅渣量

$$W = \frac{Q_{max} \times W_1 \times 86\,400}{K_{总} \times 1\,000} \tag{2.10}$$

式中：W——栅渣量，m³/d；

W_1——单位栅渣量，m³/10³m³ 污水，与栅条间距有关，取 0.1 ~ 0.01，粗格栅用小值，细格栅用大值，中格栅用中值；

$K_{总}$——生活污水流量总变化系数，见表 2.5。

表 2.5 生活污水流量总变化系数

平均日流量(L/s)	4	6	10	15	25	40	70	120	200	400	750	1 600
$K_{总}$	2.3	2.2	2.1	2.0	1.89	1.80	1.69	1.59	1.51	1.40	1.30	1.20

5. 格栅设计要点

（1）水泵置格栅，栅条间隙应根据水泵要求来确定。

（2）处理筑物前置格栅和筛网，栅条间隙根据污水种类、流量、代表性杂物种类和大小来确定。一般应符合下列要求：最大间隙 50 ~ 100 mm；机械格栅 5 ~ 25 mm；筛网 0.1 ~ 2 mm。

（3）在大型污水处理厂（站），一般应设置两道格栅，一道筛网。第一道为粗格栅（间隙40～100 mm）；第二道为中格栅或细格栅（4～10 mm）；第三道为筛网（小于4 mm）。

（4）过栅流速，污水在栅前渠道内的流速应控制在0.4～0.8 m/s，经过格栅的流速应控制在0.6～1.0 m/s。过栅水头损失与过栅流速相关，一般应控制在0.08～0.15 m之间。过网流速参照格栅确定，过网水头损失较大，可控制在0.5～2 m之间。

（5）格栅有效过水面积按流速0.6～1.0 m/s计算，但总宽度不小于进水管渠宽度的1.2倍，与筛网串联使用时取1.8倍，格栅倾角45°～75°，筛网倾角45°～55°。单台格栅的工作宽度不超过4.0 m，超过时应设置多台格栅，台数不少于2台，如为1台，应设人工清栅格栅备用。

（6）格栅（网）间必须设置工作台，台面应高出栅前最高水位0.50 m，台上应设有安全和冲洗设施。工作台两侧过道宽度不小0.70 m。台正面宽度：人工清渣不小于1.20 m，机械清渣不小于1.50 m。

（7）机械格栅（网）一般应设置通风良好的格栅间，以保护动力设备。大中型机械格栅间应安装吊运设备，便于设备检修和栅渣的日常清除。

6. 注意事项

格栅的安设及操作管理中，应注意如下事项。

（1）使水流通过格栅时，水流横断面积不减少，应及时清除格栅上截留的污物。

（2）为了防止栅前产生壅水现象，把格栅后渠底降低一定高度，应不小于h_1，h_1为水流通过格栅的水头损失。

（3）间歇式操作的机械格栅，其运行方式可用定时控制操作，或按格栅前后渠道的水位差的随动装置来控制格栅的工作程度。有时也采用上述两种方式相结合的运行方式。

【例2.1】 已知某城市的最大设计污水量$Q_{max} = 0.2$ m³/s，$K_z = 1.5$，计算格栅各部分尺寸。

【解】 格栅计算草图见图2.9。设前水深$h = 0.4$ m，过栅流速取0.9 m/s，用中格栅，栅条间距$e = 20$ mm，格栅安装倾角$\alpha = 60°$。

（1）栅条的间隙数

$$n = \frac{Q_{max}\sqrt{\sin\alpha}}{ehv} = \frac{0.2\sqrt{\sin60°}}{0.02 \times 0.4 \times 0.9} \approx 26$$

（2）栅槽宽度

取栅条宽度$S = 0.01$ m

$$B = S(n-1) + en = 0.01(26-1) + 0.02 \times 26 = 0.8 \text{ m}$$

（3）进水渠道渐宽部分长度

若进水渠宽$B_1 = 0.65$ m，渐宽部分展开角$\alpha_1 = 20°$，此时进水渠道内的流速为0.77 m/s，则

$$l_1 = \frac{B - B_1}{2\tan\alpha_1} = \frac{0.8 - 0.65}{2\tan20°} \approx 0.22 \text{ m}$$

（4）栅槽与出水渠道连接的渐缩部分长度

$$l_2 = \frac{l_1}{2} = \frac{0.22}{2} = 0.11 \text{ m}$$

（5）过栅的水头损失

因栅条为矩形截面，取$k = 3$，并将已知数据代入式（2.3）及式（2.4）得

$$h_1 = 2.42\left(\frac{0.11}{0.02}\right)^{4/3}\frac{0.9^2}{2 \times 9.81}\sin60° \times 3 = 0.097 \text{ m}$$

（6）栅槽总高度

取栅前渠道超高$h_2 = 0.3$ m，栅前槽高$H_1 = h + h_2 = 0.7$ m，则

$$H = h + h_1 + h_2 = 0.4 + 0.097 + 0.3 = 0.8 \text{ m}$$

（7）栅槽总长度

$$L = l_1 + l_2 + 1.0 + 0.5 + \frac{H_1}{\tan\alpha_1} = 0.22 + 0.11 + 1.0 + 0.5\frac{0.8}{\tan60°} = 2.24 \text{ m}$$

（8）每日栅渣量

用式(2.10)，取 $W_1 = 0.07$ m³/(10^3 m³污水)

$$W = \frac{Q_{max} \times W_1 \times 86\ 400}{K_z \times 1\ 000} = \frac{0.2 \times 0.07 \times 86\ 400}{1.5 \times 1\ 000} = 0.8\ \text{m}^3/\text{d}$$

采用机械清渣。

2.1.2 沉淀的基本理论

1. 概述

水中悬浮颗粒依靠重力作用从水中分离出来的过程称为沉淀。原水投加混凝剂后，经过混合反应，水中胶体杂质凝聚成较大的颗粒，进一步在沉淀池中去除。水中悬浮物的去除，可通过水和颗粒的密度差，在重力作用下进行分离，密度大于水的颗粒将下沉，小于水的则上浮。

2. 作用

沉淀使水中悬浮物质(主要是可沉固体)在重力作用下下沉，从而与水分离，使水质得到澄清。这种方法简单易行，分离效果良好，是水处理的重要工艺，在每一种水处理过程中几乎都不可缺少。在各种水处理系统中，沉淀的作用有所不同，大致如下：

（1）作为化学处理与生物处理的预处理；

（2）用于化学处理或生物处理后，分离化学沉淀物、分离活性污泥或生物膜；

（3）污泥的浓缩脱水；

（4）灌溉农田前作灌前处理。

3. 沉淀的类型

按照水中悬浮颗粒的浓度、性质及其絮凝性能的不同，沉淀现象可分为以下几种类型。

（1）自由沉淀

这个过程中只受到颗粒自身在水中的重力和水流阻力的作用。悬浮颗粒的浓度低，在沉淀过程中互不黏合，不改变颗粒的形状、尺寸及密度。自由沉淀多表现在沉砂池、初沉池初期。

（2）絮凝沉淀

在沉淀过程中能发生凝聚或絮凝作用、浓度低的悬浮颗粒的沉淀，由于絮凝作用颗粒质量增加，沉降速度加快，沉速随深度而增加。经过化学混凝的水中颗粒的沉淀即属于絮凝沉淀。颗粒在沉淀过程中，其尺寸、质量及沉速均随深度增加而增大。絮凝沉淀表现在初沉池后期、生物膜法二沉池、活性污泥法二沉池初期。

（3）拥挤沉淀

拥挤沉淀又称成层沉淀。颗粒在水中的浓度较大，在下沉过程中彼此干扰，在清水与浑水之间形成明显的交界面，并逐渐向下移动。其沉降的实质就是界面下降的过程。拥挤沉淀表现在活性污泥法二沉池的后期、浓缩池上部。

（4）压缩沉淀

一般发生在高浓度的悬浮颗粒的沉降过程中，颗粒相互接触并部分地受到压缩物支撑，下层颗粒间隙中的液体被挤出界面，固体颗粒群被浓缩。浓缩池中污泥的浓缩过程属此类型。

4. 悬浮颗粒在静水中的自由沉淀

（1）三种假设

①水中沉降颗粒为球形，其大小、形状、质量在沉降过程中均不发生变化；

②颗粒之间距离无穷大，沉降过程互不干扰；

③水处于静止状态，且为稀悬浮液。

（2）理论推导

基于以上假设，静水中的悬浮颗粒仅受到重力和水的浮力这两个力的作用。由于颗粒的密度大于水的密度，重力对其的作用大于浮力的作用，因此开始时颗粒沿重力方向以某一加速度下沉，同时受到水对运动颗粒所产生的摩擦阻力作用,随着颗粒沉降速度的增加,水流阻力不断增大。颗粒在水中的净重为定值,当颗粒的沉降速度增加到一定值后,颗粒所受重力、浮力和水的阻力三者达到平衡,如颗粒的加速度为零,此时的颗粒开始以匀速下沉。并自此开始作匀速下沉运动。

以 F_1、F_2、F_3 分别表示颗粒的重力、浮力和下沉过程中受到的水流阻力(见图2.10),则

$$F_1 = \frac{1}{6}\pi d^3 \rho_s g$$

$$F_3 = \lambda \rho_1 A \frac{u^2}{2}$$

$$F_2 = \frac{1}{6}\pi d^3 \rho_1 g$$

图 2.10 自由沉淀
受力分析

式中:d——球形颗粒直径;

ρ_s、ρ_1——分别为颗粒、水的密度;

g——重力加速度,m/s^2;

u——颗粒沉降速度;

λ——阻力系数,是雷诺数 $Re = \rho u d/\mu$,和颗粒形状的函数,其中 μ 为水的动力黏滞系数。对于层流,$\lambda = 24/Re$;则

$$A = \frac{1}{4}\pi d^2$$

式中:A——颗粒的投影面积。

自由沉淀可用牛顿第二定律表述为

$$m\frac{du}{dt} = F_1 - F_2 - F_3 = \frac{1}{6}\pi d^3(\rho_s - \rho_1)g - \lambda \rho_1 A \frac{u^2}{2}$$

自由沉降达到平衡状态时,$\frac{du}{dt} = 0$,整理后得沉速公式

$$u = \sqrt{\frac{4gd(\rho_s - \rho_1)}{3\lambda \rho}}$$

在 $Re < 1$ 的范围内,呈层流状态,将相应的阻力系数代入上式,得斯笃克斯公式

$$u = \frac{gd^2(\rho_s - \rho_1)}{18\mu} \tag{2.11}$$

式中:u——颗粒沉降速度,m/s;

ρ_s、ρ_1——分别为颗粒、水的密度,g/cm^3;

g——重力加速度,m/s^2;

d——与颗粒等体积的圆球直径,cm;

μ——水的动力黏滞系数,与水温有关,$g/(cm \cdot s)$。

由上式可见,颗粒与水的密度差是影响颗粒分离的一个主要因素。若 $\rho_s - \rho_1 > 0$ 表示颗粒下沉,则 u 为下沉速度;$\rho_s - \rho_1 = 0$,表示颗粒既不下沉也不上浮,颗粒处于悬浮状态;$\rho_s - \rho_1 < 0$,u 为负值表示颗粒比水轻,从而上浮,此时 u 为上浮速度。

此外,d 与 μ 对沉速也有重要影响,特别是 d,增大 d 或降低 μ,均有助于提高沉降速度。

5. 沉降曲线

污水中的悬浮物实际上是大小、形状及密度都不相同的颗粒群,其沉淀特性也因污水性质不同而异。因此,通常要通过沉淀实验来判定其沉淀性能,并根据所要求的沉降效率来取得沉降时间和沉降速度这两个基本的设计参数。按照实验结果所绘制的各参数之间的相互关系的曲线统称为沉降曲线。对于不同类型的沉淀,其沉降曲线的绘制方法是不同的。图2.11所示为自由沉淀型的沉降曲线。其中,图2.11(a)为沉降效率 E 与沉降时间 t 之间的关系曲线;图2.11(b)为沉降效率与沉降速度 u 之间的关系曲线。

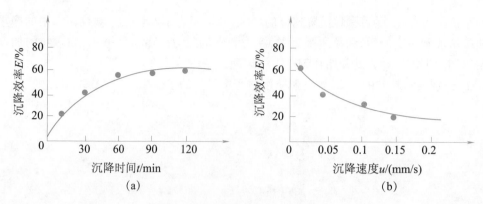

图 2.11　自由沉淀型的沉降曲线

若经污水中悬浮物浓度为 C_0 经 t 时间沉降后,水样中残留浓度为 C,则沉降效率为

$$E = \frac{C_0 - C}{C_0} \times 100\%$$

6. 理想沉淀池沉淀基础

为了分析沉淀的普遍规律及其分离效果,提出一种理想沉淀池的模式。理想沉淀池由流入区、沉降区、流出区和污泥区四部分组成。对于理想沉淀池沉淀,作如下假定:一是从入口到出口,池内污水按水平方向流动,颗粒水平分布均匀,水平流速为等速流动;二是悬浮颗粒沿整个水深均匀分布,处于自由沉淀状态,颗粒的水平分速等于水平流速,沉降速度固定不变;三是颗粒沉到池底即认为被去除。按照上述条件,悬浮颗粒在沉淀池内的运动轨迹是一系列倾斜的直线。设 u_0 为某一指定颗粒的沉降速度,又称 u_0 为指定颗粒最小沉降速度,它的含义是:在给定的沉降时间 t 内,位于进水口水面上的这种颗粒正好沉到池底。如图 2.12 所示,当颗粒的沉降速度 $u \geqslant u_0$ 时,可沉于池底部(如 AD 线);当沉速 $u < u_0$ 时,不能一概而论,其中一部分靠近水面,可被水带出(如 AE 线),而另一部分因接近池底,而能沉于池底。

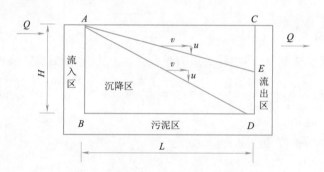

图 2.12　理想沉淀池示意图

在理想沉淀池中,可得到下列各项关系式:

$$L = vH/u_0$$
$$t = L/v = H/u_0$$
$$V = Qt = HBL$$
$$q_0 = Q/A = u_0 \qquad\qquad (2.12)$$

式中:L——池长,m;

　　　H——沉降区有效水深,m;

　　　B——池宽,m;

　　　v——污水的水平流速,m/s;

　　　V——沉淀池容积,m³;

　　　t——污水在沉淀池内停留时间,s;

　　　Q——进水流量,m³/s;

u_0——沉降速度，m/s；

A——沉降区平面面积，m^2；

q_0——表面负荷率或过滤率，$m^3/(m^2 \cdot s)$。

通常称沉淀池进水流量与沉淀池平面面积的比值为沉淀池表面负荷率，又称过滤率（溢流率）。表面负荷率表示在单位时间内通过沉淀池单位面积的流量，单位为 $m^3/(m^2 \cdot s)$ 或 $m^3/(m^2 \cdot h)$，其数值等于截流沉速。

扫一扫

2.1.3　沉砂池

沉砂池的功能是去除比重较大的无机颗粒，如泥砂、煤渣等，以免这些杂质影响后续处理构筑物的正常运行。沉砂池去除砂粒比重 2.65 g/cm^3，粒径 0.2 mm 以上。沉砂池一般设于泵站、倒虹管或初次沉淀池前，用来减轻机械、管道的磨损，以及减轻沉淀池负荷，改善污泥处理条件。

沉砂池（见图 2.13 和图 2.14）的工作以重力分离为基础（一般属于自由沉淀型），就是把沉砂池内的水流速度控制到只能使相对密度的无机颗粒沉淀，而有机颗粒可随水流出的程度根据室外排水设计规范规定，城市污水处理厂应设置沉砂池。池数或分格数应不少于 2 格，按并联设计。城市污水的沉砂量按 0.03 L/m^3 计算，沉砂的含水率约60%，密度为 1 500 kg/m^3。沉砂池的贮砂斗容积不应大于 2 d 的沉砂量，采用重力排砂时，砂斗的斗壁与水平面的夹角不应小于 55°。沉砂池一般采用机械排砂的方法，同时设置贮砂池或晒砂场。人工排砂时排砂管直径不小于 200 mm。沉砂池的超高不小于 0.3 m。

图 2.13　沉砂池 1

图 2.14　沉砂池 2

常用的沉砂池有平流沉砂池和曝气沉砂池，分别如图 2.15 和图 2.16 所示。

图 2.15　平流式沉砂池

图 2.16　曝气沉砂池

1. 平流沉砂池

（1）基本构造

平流沉砂池工艺布置如图 2.17 所示。

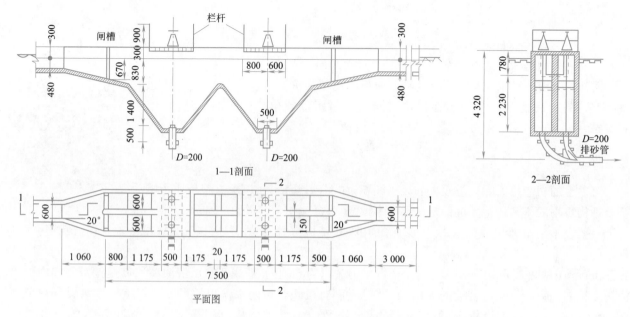

图 2.17　平流沉砂池工艺布置图

平流沉砂池由入流渠、出流渠、闸板、水流部分、沉砂斗相排砂管组成。沉砂池的水流部分实际上是一个加宽了的明渠,两端设有闸板,以控制水流。池的底部设有两个贮砂斗,下接排砂管,开启贮砂斗的闸阀将砂排出。平流沉砂池工作稳定,构造简单,截留无机颗粒效果较好,排砂方便。但平流沉砂池沉砂中约夹杂有 15% 的有机物,使沉砂的后续处理增加难度。若采用曝气沉砂池,则可以克服这个缺点。

（2）排砂方式

平流沉砂池常用的排砂方式有重力排砂与机械排砂两种。图 2.18 所示为重力排砂方式,在砂斗下部加底阀,排砂管直径 200 mm。旁通管将贮砂罐的上清液挤回到沉砂池,所以排砂的含水率低,排砂量容易计算,但沉砂池需要高架或挖小车通道才能满足要求。

图 2.19 所示为机械排砂法的一种单口泵吸式排砂机。沉砂池为平底,砂泵 2、真空泵 5、吸砂管 7、旋流分离器 6,均安装在行走桁架 1 上。桁架沿池长方向往返行走排砂,经旋流分离器分离的水又回流到沉砂池。沉砂可用小车、皮带输送器等运至晒砂场或贮砂池。这种排砂方法自动化程度高,排砂含水率低,工作条件好,池高较低。机械排砂法还有链板刮砂法、抓斗排砂法等。中、大型污水处理厂应采用机械排砂法。

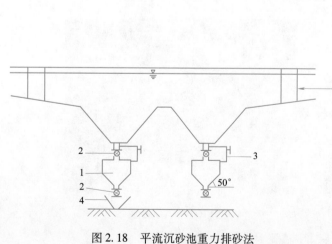

图 2.18　平流沉砂池重力排砂法
1—钢制贮砂罐；2—碟阀；3—旁通水管；4—运砂小车

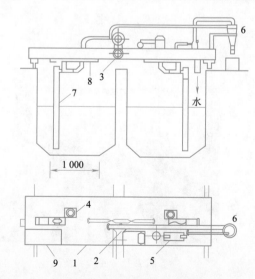

图 2.19　单口泵吸式排砂机
1—桁架；2—砂泵；3—桁架行走装置；4—回转装置；5—真空泵；
6—旋流分离器；7—吸砂管；8—齿轮；9—操作台

（3）设计参数

平流沉砂池的设计参数，按照去除砂粒粒径大于 0.2 mm、比重为 2.65 确定。

①设计流量。当污水自流入池时，按最大设计流量计算；当污水用泵抽升入池时，按工作水泵的最大组合流量计算；合流制系统，按降雨时的设计流量计算。

②沉砂池座或分格数不少于两个，按并联设计，当污水量较少时，可考虑一个工作，一个备用。

③水平流速。应基本保证无机颗粒沉淀去除，而有机物不能下沉。最大流速为 0.3 m/s，最小流速为 0.15 m/s。

④停留时间。最大设计流量时，污水在池停留时间一般不少于 30 s，一般为 30 ~ 60 s。

⑤有效水深。设计有效水深不大于 1.2 m，一般采用 0.25 ~ 1.0 m，每格池宽不宜小于 0.6 m。

⑥沉砂量。生活污水按 0.01 ~ 0.02 L/（人·d）计；城市污水按 1.5 ~ 3.0 m³/（10^5 m³污水）计，沉砂含水率约为 60%，容重 1.5 t/m³，贮砂斗的容积按 2 d 的沉砂量计，斗壁倾角为 55° ~ 60°。

⑦沉砂池超高不宜小于 0.3 m。

⑧沉砂池高度。采用重力排砂，设池底坡度 0.06，坡向坡斗。

（4）设计计算

①沉砂池水流部分的长度：

$$L = vt \tag{2.13}$$

式中：L——水流部分长度，m；

　　　v——最大流速，m/s；

　　　t——最大设计流量的停留时间，s。

②水流断面积：

$$A = Q_{max}/v \tag{2.14}$$

式中：A——水流断面面积，m²；

　　Q_{max}——最大设计流量，m³/s。

③池总宽度：

$$B = A/h_2 \tag{2.15}$$

式中：B——池总宽度，m；

　　　h_2——设计有效水深，m。

④沉砂斗容积：

$$V = \frac{Q_{max}x_1 T \times 86\ 400}{K_Z \times 10^5} \tag{2.16}$$

　　或
$$V = N x_2 T \tag{2.17}$$

式中：V——沉砂斗容积，m³；

　　x_1——城市污水沉砂量，m³/（10^5 m³污水）；

　　x_2——生活污水沉砂量，L/（cap·d）；

　　　T——清除沉砂的时间间隔，d；

　　K_Z——流量总变化系数；

　　N——沉砂池服务人口数，cap。

⑤沉砂池总高度：

$$H = h_1 + h_2 + h_3 \tag{2.18}$$

式中：H——沉砂池总高度，m；

　　　h_1——超高，m；

　　　h_2——设计有效水深，m；

　　　h_3——沉砂室高度，m。

⑥验算：

按最小流量 Q_{min} 时，池内的最小流速 v_{min} 为

$$v_{min} = \frac{Q_{min}}{n\omega} \qquad (2.19)$$

式中：v_{min}——最小流速，若 $Q_{min} \geq 0.15$ m/s，则设计合格；

$\quad n$——最小流量时工作的沉砂池数；

$\quad \omega$——工作的沉砂池的水流断面面积，m^2。

平流沉砂具有结构简单、处理效果较好等优点。其主要缺点是沉砂中约夹杂有 15% 的有机物，使沉砂的后续处理增加难度。采用曝气沉砂池可以克服这个缺点。

2. 曝气沉砂池

曝气沉砂池外观如图 2.20 和图 2.21 所示。

图 2.20 曝气沉砂池 1

图 2.21 曝气沉砂池 2

（1）基本构造

图 2.22 所示为曝气沉砂池的断面图。池表面呈矩形，曝气装置设在集砂槽侧池壁的整个长度上，距池底 0.6~0.9 m，池底一侧有 0.1~0.5 的坡度坡向另一侧的集砂槽。压缩空气经空气管和空气扩散装置释放到水中，上升的气流使池内水流作旋流运动，无机颗粒之间的互相碰撞与摩擦机会增加，把表面附着的有机物淘洗下来。由于旋流产生的离心力，把密度较大的无机物颗粒甩向外层而下沉，相对密度较轻的有机物始终处于悬浮状态，当旋至水流中心部位时随水带走。沉砂中的有机物含量低于 10%。

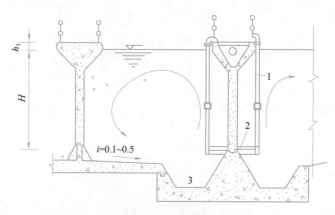

图 2.22 曝气沉砂池断面图

1—压缩空气管；2—空气扩散板；3—集砂槽

曝气沉砂池与普通曝气沉砂池相比具有下列优点：

①沉砂池中有机物含量低，不易腐败；

②由于预曝气的作用，可脱臭，有利于后续处理。

（2）设计参数

①最大设计流量时的停留时间为 1~3 min；

②有效水深 2 ~ 3 m,宽深比 1.0 ~ 2,长宽比 5;

③最大旋流速度为 0.25 ~ 0.30 m/s,水平前进流速为 0.06 ~ 0.12 m,/s;

④曝气装置,采用压缩空气竖管连接穿孔管,孔径 2.5 ~ 6.0 mm,曝气量 0.1 ~ 0.2 $m^3/(m^3$污水$)$ 或 3 ~ 5 $m^3/(m^2 \cdot h)$。

(3)设计计算

①沉砂池总有效容积:

$$V = Q_{max}T \times 60 \tag{2.20}$$

式中:V——沉砂池总有效容积,m^3;

　　　Q_{max}——最大设计流量,m^3/s;

　　　T——最大设计流量的停留时间,s。

②池断面面积:

$$A = Q_{max}/v \tag{2.21}$$

式中:A——池断面面积,m^2;

　　　v——最大设计流量时水平前进流速,mm/s。

③池总宽度:

$$B = A/h_2 \tag{2.22}$$

式中:B——池总宽度,m;

　　　h_2——设计有效水深,m。

④池的长度:

$$L = V/A \tag{2.23}$$

式中:L——池的长度,m;

⑤曝气量:

$$q = DQ_{max} \times 3\ 600 \tag{2.24}$$

式中:q——所需曝气量,m^3/h;

　　　D——每 m^3 污水所需曝气量,$m^3/(m^3$污水$)$。

扫一扫

2.1.4　沉淀池

沉淀池的功能是去除悬浮物质,一般设于絮凝池后或污水生物处理构筑物前后。

1. 沉淀池的类型与选择

作为依靠重力作用进行固液分离的装置,可以分为两类:一类是沉淀有机固体为主的装置,通称为沉淀池;另一类则以沉淀无机固体为主的装置,通称为沉砂池。

(1)沉淀池的分类

①按沉淀池的水流方向不同,可分为平流式沉淀池、竖流式沉淀池、辐流式沉淀池,如图 2.23 所示。

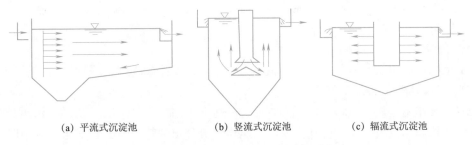

(a) 平流式沉淀池　　　　　(b) 竖流式沉淀池　　　　　(c) 辐流式沉淀池

图 2.23　按水流方向不同划分的沉淀池

平流式沉淀池:被处理水从池的一端流入,按水平方向在池内向前流动,从另一端溢出。池表面呈矩形,在进口处底部设有污泥斗。

竖流式沉淀池:表面多为圆形,也有方形、多角形。水从池中央下部进入,由下向上流动,沉淀后上清液由池面和池边溢出。

辐流式沉淀池:池表面呈圆形或方形,水从池中心进入,沉淀后从池的四周溢出,池内水流呈水平方向流动,但流速是变化的。

②按工艺布置不同,可分为初次沉淀池、二次沉淀池。

初次沉淀池:设置在沉砂池之后,某些生物处理构筑物之前,主要去除有机固体颗粒,可降低生物处理构筑物的有机负荷。

二次沉淀池:设置在生物处理构筑物之后。用于沉淀生物处理构筑物出水中的微生物固体,与生物处理构筑物共同构成处理系统。

③按截流颗粒沉降距离不同,可分为一般沉淀池、浅层沉淀池。斜板或斜管沉淀池的沉降距离仅为30~200 mm,是典型的浅层沉淀池。斜板沉淀池中的水流方向可以布置成同向流(水流与污泥方向相同)、异向流(水流与污泥方向相反)、侧向流(水流与污泥方向垂直),如图2.24所示。

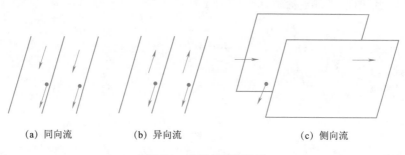

(a) 同向流　　　　(b) 异向流　　　　(c) 侧向流

图2.24　斜板斜管沉淀池

(2)沉淀池的选用

选用沉淀池时一般应考虑以下几个方面的因素。

①地形、地质条件。不同类型沉淀池选用时会受到地形、地质条件限制,例如平流式沉淀池一般布置在场地平坦、地质条件较好的地方。沉淀池一般占生产构筑物总面积的25%~40%。当占地面积受限时,平流式沉淀池的选用就会受到限制。

②气候条件。寒冷地区冬季时,沉淀池的水面会形成冰盖,影响处理和排泥机械运行,将面积较大的沉淀池建于室内进行保温会提高造价,因此选用平面面积较小的沉淀池为宜。

③水质、水量。原水的浊度、含砂量、砂粒组成、水质变化直接影响沉淀效果。例如,斜管沉淀池积泥区相对较小,原水浊度高时会增加排泥困难。根据技术经济分析,不同的沉淀池常有其不同的适用范围。例如,平流式沉淀池的长度仅取决于停留时间和水平流速,而与处理规模无关,水量增大时仅增加池宽即可,单位水量的造价指标随处理规模的增加而减小,所以平流式沉淀池适于水量较大的场合。

④运行费用。不同的原水水质对不同类型沉淀池的混凝剂消耗也不同;排泥方式的不同会影响排泥水浓度和厂内自用水的耗水率;斜板、斜管沉淀池板材需要定期更新等,会增加日常维护费用。

2. 平流式沉淀池

(1)基本构造

平流式沉淀池构造简单,为一矩形水池,由流入装置、流出装置、沉淀区、缓冲层、污泥区及排泥装置等组成,如图2.25所示,其外观如图2.26所示。

①流入装置。其作用是使水流均匀地分布在整个进水断面上,并尽量减少扰动。污水处理中,沉淀池入口一般设置配水槽和挡流板,目的是消能,使污水能均匀地分布到整个池子的宽度上,如图2.27所示。挡流板入水深小于0.25 m,高出水面0.15~0.2 m,距流入槽0.5~1.0 m,如图2.28所示。

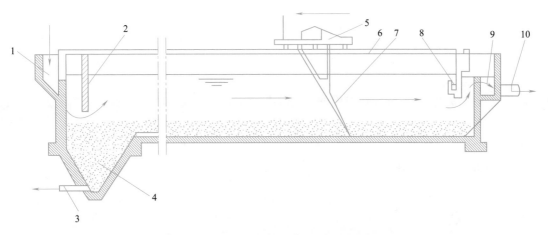

图 2.25　设有行车式刮泥机的平流式沉淀池

1—进水槽;2—挡流板;3—排泥管;4—泥斗;5—刮泥行车;6—刮渣板;7—刮泥板;8—浮渣槽;9—出水槽,10—出水管

图 2.26　平流式沉淀池

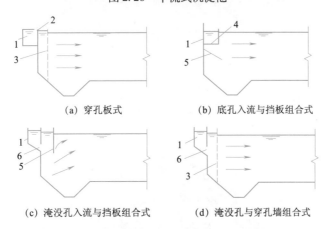

(a) 穿孔板式　　　　　　　(b) 底孔入流与挡板组合式

(c) 淹没孔入流与挡板组合式　　(d) 淹没孔与穿孔墙组合式

图 2.27　平流沉淀池入口的整流措施

1—进水槽;2—溢流堰;3—有孔整流墙壁;4—底孔;5—挡流板;6—潜孔

图 2.28　流入装置

②流出装置。流出装置一般由流出槽与挡板组成,如图 2.29(a)所示,其外观如图 2.30 所示。流出槽设自由溢流堰、锯齿形堰或孔口出流等,溢流堰要求严格水平,既可保证水流均匀,又可控制沉淀池水位。出流装置常采用自由堰形式,堰前设挡板,挡板入水深 0.3 ~ 0.4 m,距溢流堰 0.25 ~ 0.5 m。也可采用潜孔出流以阻止浮渣,或设浮渣收集排除装置。孔口出流流速为 0.6 ~ 0.7 m/s,孔径 20 ~ 30 mm,孔口在水面下 12 ~ 15 cm。堰口最大负荷:初次沉淀池不宜大于 10 m³/(h·m),二次沉淀池不宜大于 7 m³/(h·m),混凝沉淀池不宜大于 20 m³/(h·m)。

为了减少负荷,改善出水水质,可以增加出水堰长。目前采用较多的方法是指形槽出水,即在池宽方向均匀设置若干条出水槽,以增加出水堰长度和减小单位堰宽的出水负荷。常用增加堰长的办法如图 2.29(b)所示。

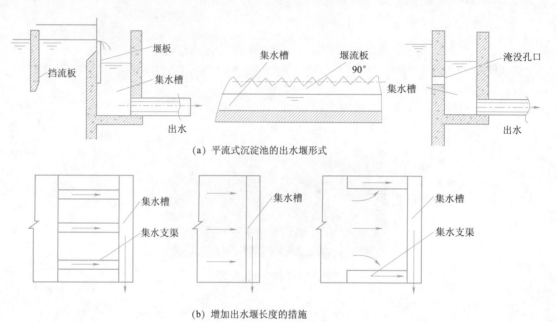

(a) 平流式沉淀池的出水堰形式

(b) 增加出水堰长度的措施

图 2.29 流出装置的形式

图 2.30 流出装置

③沉淀区。平流式沉淀池的沉淀区在进水挡板和出水挡板之间,长度一般为 30 ~ 50 m。深度从水面到缓冲层上缘,一般不大于 3 m。沉淀区宽度一般为 3 ~ 5 m。

④缓冲层。为避免已沉污泥被水流搅起以及缓冲冲击负荷,在沉淀区下面设有 0.5 m 左右的缓冲层。平流式沉淀池的缓冲层高度与排泥形式有关。重力排泥时缓冲层的高度为 0.5 m,机械排泥时缓冲层的上缘高出刮泥板 0.3 m。

⑤污泥区。污泥区的作用是贮存、浓缩和排除污泥。排泥方法一般有静水压力排和机械排泥。

沉淀池内的可沉固体多沉于池的前部,故污泥斗一般设在池的前部。池底的坡度必须保证污泥顺底坡流入污泥斗中,坡度的大小与排泥形式有关。污泥斗的上底可为正方形,边长同池宽;也可以设计成长条形,其一边条同池宽。下底通常为 400 mm×400 mm 的正方形,泥斗斜面与底面夹角不小于 60°。污泥斗中的污泥可采用静力排泥方法。

静力排泥是依靠池内静水压力(初沉池为 1.5~2.0 m,二沉池为 0.9~1.2 m),将污泥通过污泥管排出池外。排泥装置由排泥管和泥斗组成,如图 2.31 所示。排泥管管径为 200 mm,池底坡度为 0.01~0.02。为减少池深,可采用多斗排泥,每个斗都有独立的排泥管,如图 2.32 所示,也可采用穿孔管排泥。

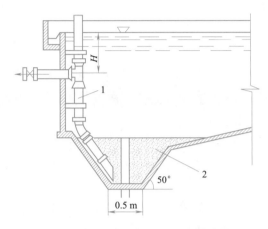

图 2.31　沉淀池静水压力排泥
1—排泥管;2—泥斗

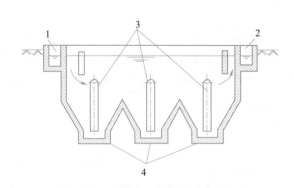

图 2.32　多斗式平流沉淀池
1—进水槽;2—出水槽;3—排泥管;4—污泥斗

目前平流式沉淀池一般采用机械排泥。机械排泥是利用机械装置,通过排泥泵或虹吸将池底积泥排至池外。机械排泥装置有链带式刮泥机、行车式刮泥机、泵吸式排泥和虹吸式排泥装置等。图 2.25 所示为设有行车式刮泥机的平流式沉淀池。工作时,桥式行车刮泥机沿池壁的轨道移动,刮泥机将污泥推入贮泥斗中,不用时,将刮泥设备提出水外,以免腐蚀。图 2.33 所示为设有链带式刮泥机的平流式沉淀池。工作时,链带缓缓地沿与水流方向相反的方向滑动。刮泥板嵌于链带上,滑动时将污泥推入贮泥斗中。当刮泥板滑动封水面时,又将浮渣推到出口,从那儿集中清除。链带式刮泥机的各种机件都在水下,容易腐蚀,养护较为困难。

当不设存泥区时,可采用吸泥机,使集泥与排泥同时完成。常用的吸泥机有多口式和单口扫描式,且又分为虹吸和泵吸两种。图 2.34 所示为多口虹吸式吸泥装置。刮板 1、吸口 2、吸泥管 3、排泥管 4 成排地安装在桁架上,在行进过程中,利用沉淀池水位所能形成的虹吸水头,将池底积泥吸出并排入排泥沟。

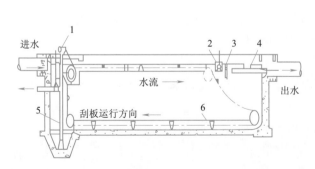

图 2.33　设有链带式刮泥机的平流式沉淀池
1—集渣器驱动;2—浮渣槽;3—挡板;4—可调节的出水槽;
5—排泥管;6—刮板

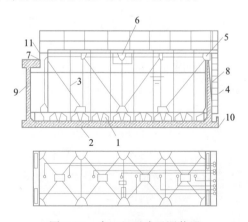

图 2.34　多口虹吸式吸泥装置
1—刮泥板;2—吸口;3—吸泥管;4—排泥管;
5—桁架;6—电机和传动机构;7—轨道;8—梯子;
9—沉淀池壁;10—排泥沟;11—滚轮

（2）平流式沉淀池的特点

优点：①有效沉降区大；②沉淀效果好；③造价较低；④对污水流量适应性强；

缺点：①占地面积大；②排泥较困难。

（3）设计参数

①平流式沉淀池的沉降区有效水深一般为 2~3 m；

②污水在池中停留时间为 1~2 h；

③表面负荷为 1~3 m³/(m²·h)；

④水平流速一般不大于 5 mm/s；

⑤长宽比不小于 4:1，长深比为(8~12):1。

（4）设计计算

平流式沉淀池的设计内容包括流入装置、流出装置、沉淀区、污泥区、排泥和排浮渣设备选择等。沉淀区设计沉淀区尺寸常按表面负荷或停留时间和水平流速计算。

沉淀区设计：

①沉淀区有效水深 h_2：

$$h_2 = q \cdot t \tag{2.25}$$

式中：q——表面负荷，即要求去除的颗粒沉速，一般通过试验取得。如果没有资料时，初次沉淀池要采用 1.5~3.0 m³/(m²·h)，二次沉淀池可采用 1~2 m³/(m²·h)；

t——停留时间，一般取 1~3 h；

h_2——沉淀池有效水深，一般为 2.0~4.0 m。

②沉淀区有效容积 V_1：

$$V_1 = A \cdot h_2 \tag{2.26}$$

或

$$V_1 = Q_{max} \cdot t \tag{2.27}$$

式中：A——沉淀区总面积，m²，$A = Q_{max}/q$；

Q_{max}——最大设计流量，m³/h。

③沉淀区长度 L：

$$L = 3.6vt \tag{2.28}$$

式中：v——最大设计流量时的水平流速。污水处理中，一般不大于 5 mm/s。

④沉淀区总宽 B：

$$B = A/L \tag{2.29}$$

⑤沉淀池座数或分格数 n：

$$n = B/b \tag{2.30}$$

式中：b——每座或每格宽度，m；当采用机械刮泥时，与刮泥机标准跨度有关。

沉淀区长度一般采用 30~50 m，长宽比不小于 4:1，长深比为(8~12):1。

污泥区设计：

污泥区容积应根据每日沉下的污泥量和污泥储存周期决定，每日沉淀下来的污泥与污水中悬浮固体含量、沉淀时间及污泥的含水率等参数有关。

①当有原污水和出水悬浮固体含量(或沉淀率)资料时，初沉池的污泥量计算公式为

$$W = \frac{Q(C_0 - C_1)100}{\gamma(100 - p)} \cdot T \tag{2.31}$$

式中：Q——设计流量，m³/d；

p——污泥含水率，一般取 95%~97%；

C_0、C_1——进出水中的悬浮物浓度，kg/m³；

γ——污泥质量密度，污泥主要为有机物，且含水量水率大于 95% 时，取 1 000 kg/m³。

②当计算对象为生活污水,可以按每个设计入口产生的污泥量进行计算。计算公式为

$$W = \frac{SNT}{1\,000} \tag{2.32}$$

式中:S——每人每天产生的污泥量,城市污水的污泥量,如表2.6所示;

　　　N——设计入口数;

　　　T——两次排泥的时间间隔,初次沉淀池按 2 d 考虑。

表 2.6　城市污水沉淀池设计数据及产生的污泥量

沉淀池类型		沉淀时间(h)	表面水力负荷 $[\mathrm{m^3/(m^2 \cdot h)}]$	污泥量		污泥含水率(%)
				g/(人·d)	L/(人·d)	
初次沉淀池		1.0~2.0	1.5~3.0	14~27	0.36~0.83	95~97
二次沉淀池	生物膜法后	1.5~2.5	1.0~2.0	7~19		96~98
	活性污泥法后	1.5~2.5	1.0~1.5	10~21		99.2~99.6

③沉淀池总高度计算:

$$H = h_1 + h_2 + h_3 + h_4 \tag{2.33}$$

式中:H——沉淀池总高度,m;

　　　h_1——超高,采用 0.3 m;

　　　h_2——沉淀区高度,m;

　　　h_3——缓冲高度,当无刮泥机取 0.5 m,有刮机时缓冲层上缘应高出刮板 0.3 m,一般采用机械排泥,排
　　　　　　泥机械的行进速度为 0.3~1.2 m/min;

　　　h_4——污泥区高度,根据污泥量、池底坡度、污泥斗几何尺寸及是否采用刮泥机决定。池底纵坡不小于
　　　　　　0.01,机械刮泥时纵坡为 0;污泥斗倾角 α,方斗取 60°,圆斗取 55°。

④沉淀池出水堰:

沉淀池出水堰最大负荷:初次沉淀池不大于 2.9 L/(s·m),二次沉池不大于 1.7 L/(s·m)。

⑤沉淀池数量:

沉淀池数目不少于两座,并应考虑一座发生故障时,另一座能负担全部流量的可能性。

3. 辐流式沉淀池

(1)基本构造

按进、出水的布置方式,辐流式沉淀池可分为中心进水周边出水、周边进水中心出水、周边进水周边出水三种方式,分别如图 2.35 至图 2.37 所示。

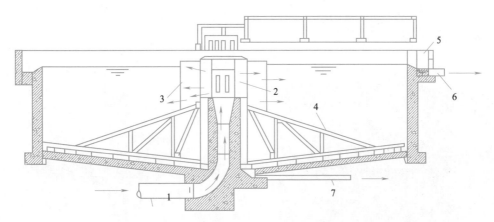

图 2.35　中心进水的辐流式沉淀池

1—进水管;2—中心管;3—穿孔挡板;4—刮泥机;5—出槽;6—出水管;7—排泥管

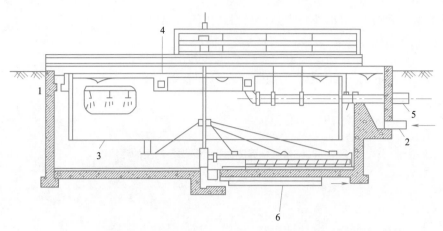

图 2.36 周边进水中心出水的辐流式沉淀池
1—进水槽;2—进水管;3—挡板;4—出水槽;5—出水管;6—排泥管

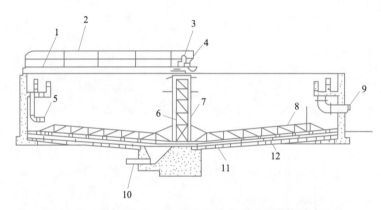

图 2.37 周边进水周边出水的辐流式沉淀池
1—过桥;2—栏杆;3—传动装置;4—转盘;5—进水下降管;6—中心支架;7—传动器罩;
8—桁架式耙架;9—出水管;10—排泥管;11—刮泥板;12—可调节的橡皮刮板

辐流式沉淀池适用于大水量的沉淀处理,池型为圆形(见图 2.38),直径在 20 m 以上,一般在 30 ~ 50 m,最大可达 100 m,在进水口周围应设置整流板,其开孔面积为过水断面积的 6% ~ 20%,如图 2.39 所示。排泥方法有静水压力排泥和机械排泥。一般用周边传动的刮泥机,其驱动装置设在桁架的外缘。刮泥机桁架的一侧装有刮渣板,可将浮渣刮入设于池边的浮渣箱。池径或边长小于 20 m 时,采用多斗静水压力排泥。采用机械排泥,池径小于 20 m 时,一般用中心传动的刮泥机,其驱动装置设在池子中心走道板上。吸泥机、刮泥机、出水槽外观分别如图 2.40 至图 2.42 所示。

图 2.38 辐流式沉淀池

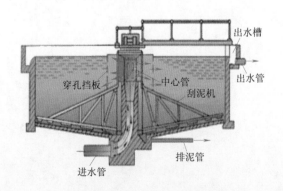

图 2.39 辐流式沉淀池基本结构

图2.40　吸泥机

图2.41　刮泥机

图2.42　出水槽

（2）辐流式沉淀池的特点

优点：建筑容量大，采用机械排泥，运行较好，管理简单。

缺点：池中水流速度不稳定，机械排泥设备复杂，造价高。这种池子适应于处理水量大的场合。

（3）辐流式沉淀池设计参数

①周边水深2.5～3.5 m；

②池径与水深比宜采用6～12；

③底坡0.05～0.10；

④沉淀时间，1～2 h；

⑤表面负荷：初次沉池采用2～4 m³/(m²·h)，二次沉池采用1.5～3.0 m³/(m²·h)。

（4）辐流式沉淀池设计计算

包括各部分尺寸的确定、进出水方式以及排泥装置的选择。

①沉淀池表面积A和池径D：

$$A = Q/nq \tag{2.34}$$

式中：A——沉淀池表面积，m^2；

$\quad Q$——设计流量，m^3/h；

$\quad n$——池数；

$\quad q$——表面负荷，$m^3/(m^2 \cdot h)$。

$$D = \sqrt{\frac{4A}{\pi}} \tag{2.35}$$

式中：D——沉淀池直径，m。

②有效水深h_2：

$$h_2 = q \cdot t \tag{2.36}$$

式中：t——沉淀时间，1～2 h；

③沉淀池高度H：

$$H = h_1 + h_2 + h_3 + h_4 + h_5 \tag{2.37}$$

式中：h_1——保护高度取0.3 m；

$\quad h_2$——有效水深，m；

$\quad h_3$——缓冲层高，m；

$\quad h_4$——沉淀池底坡落差，m；

$\quad h_5$——污泥斗高度，m。

4. 竖流式沉淀池

（1）基本构造

竖流式沉淀池平面有圆形或方形，从中心进水，周边出水，如图2.43至图2.45所示。为了达到池内水流均匀分布的目的，直径或边长不能太大，一般为4～7 m，不大于10 m。池径或边长与有效水深之比不大于3.0。

图2.43 竖流式沉淀池1

图2.44 竖流式沉淀池2

图2.45 竖流式沉淀池3

图2.46所示为圆形竖流式沉淀池示意图。水由中心管自上而下,在下端经反射板拦阻折向上流,向四周均布于池中整个水平断面上。中心管内的流速不宜大于100 mm/s,末端喇叭口及反射板起消能及折水流向上的作用。沉速超过上升流速的颗粒则向下沉降到污泥斗中,澄清后的水由池四周的堰口溢出池外。如果池子直径大于7 m,为了使池内水流分布均匀,可增设流出槽,流出槽前设挡板以隔除浮渣。污泥依靠静水压力将污泥从排泥管中排出,排泥管直径200 mm,排泥静水压力为1.5~2.0 m。用于初次沉淀池时,静水压力不应小于1.5 m;用于二次沉淀池时,生物滤池后的不应小于1.2 m,曝气池后的不应小于0.9 m。

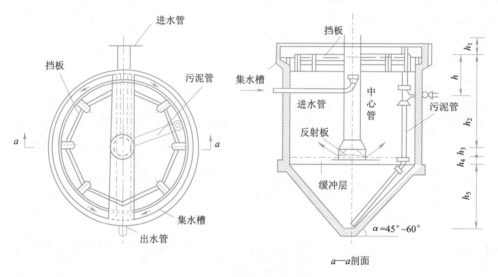

图2.46 圆形竖流式沉淀池

(2)竖流式沉淀池的特点

优点:排泥容易,不需设机械刮泥设备,占地面积小。

缺点:造价较高,单池容积小,池深大,施工困难。

因此,竖流式沉淀池适应于处理水量不大的小型污水处理厂。

(3)竖流式沉淀池设计参数

①直径或边长一般在8 m以下;

②直径与沉降区深度之比不大于3∶1;

③沉降区水流上升的速度一般采用0.5~1.0 mm/s;

④中心管内水流速度应不大于0.03 m/s;

⑤沉降时间1~1.5 s,而当设置反射板时,可取0.1 m/s;

⑥泥斗倾角常不小于45°;

⑦初次沉池泥斗存2 d污泥量;二次沉池泥斗存2 h污泥量;

⑧污泥斗倾角为45°~60°。

（4）竖流式沉淀池设计计算

①中心管面积与直径：

$$f_1 = \frac{q_{\max}}{v_0} \tag{2.38}$$

$$d_0 = \sqrt{\frac{4f_1}{\pi}} \tag{2.39}$$

式中：f_1——中心管截面积，m^2；

d_0——中心管直径，m；

$q_{\max}$——每个池的最大设计流量，m^3/s；

v_0——中心管内流速，m/s。

②有效沉淀高度：

$$h_2 = vt3\ 600 \tag{2.40}$$

式中：h_2——有效沉淀高度，即中心管高度，m；

v——水在沉淀区的上升流速，如有沉淀试验资料，等于拟去除的最小颗粒的沉速 u，否则 v 取 $0.5 \sim$ $1.0\ mm/s$；

t——沉淀时间，初次沉淀池一般采用 $1.0 \sim 2.0\ h$，二次沉淀池采用 $1.5 \sim 2.5\ h$。

③中心管喇叭口到反射板之间的间隙高度：

$$h_3 = \frac{q_{\max}}{v_1 d_1 \pi} \tag{2.41}$$

式中：h_3——间隙高度，m；

v_1——间隙流出速度，一般不大于 $40\ m\ mm/s$；

d_1——喇叭口直径，m。

④沉淀区面积：

$$f_2 = \frac{q_{\max}}{v} \tag{2.42}$$

式中：f_2——沉淀区面积，m^2；

⑤沉淀池（见图2.47）总面积和池径：

$$A = f_1 + f_2$$

$$D = \sqrt{\frac{4A}{\pi}} \tag{2.43}$$

式中：A——沉淀区面积，m^2；

D——沉淀池直径，m。

⑥污泥斗及污泥斗高度（h_5）：

污泥斗的高度与污泥量有关，用截头圆锥公式计算，参见平流式沉淀池。

图2.47　沉淀池

⑦沉淀池总高度：

$$H = h_1 + h_2 + h_3 + h_4 \tag{2.44}$$

式中：H——沉淀池总高度，m；

h_1——超高，采用 $0.3\ m$；

h_4——缓冲层高度，采用 $0.3\ m$。

5. 斜板（管）沉淀池

（1）基本构造

根据哈真浅池理论，沉淀效果与沉淀面积和沉降高度有关，与沉降时间关系不大。为了增加沉淀面积，提高去除率，用降低沉降高度的办法来提高沉淀效果。在沉淀池中设置斜板或斜管，成为斜板（管）沉淀池。

在池内安装一组并排叠放且有一定坡度的平板或管道,被处理水从管道或平板的一端流向另一端,相当于很多个浅面且小的沉淀池组合在一起。由于平板的间距和管道的管径较小,故水流在此处为层流状态,当水在各自的平板或管道间流动时,各层隔开互不干扰,为水中固体颗粒的沉降提供了十分有利的条件,大大提高了水处理效果和能力。斜板沉淀池外观如图 2.48 和图 2.49 所示。

图 2.48　斜板沉淀池 1

图 2.49　斜板沉淀池 2

在异向流、同向流和侧向流三种形式中,以异向流应用的最广。异向流斜板(管)沉淀池,因水流向上流动,污泥下滑,方向各异而得名。图 2.50 所示为异向流斜管沉淀池。

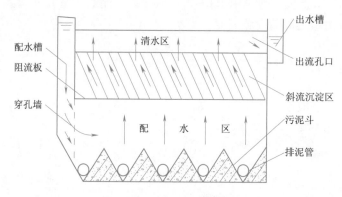

图 2.50　异向流斜管沉淀池

斜板沉淀池分为入流区、出流区、沉淀区和污泥区等四个区。其中沉淀区的构造对整个沉淀池的构造起着控制作用。

沉淀区由一系列平等的斜板或斜管组成,斜板的排列分竖向和横向两种情况。

竖向排列是将斜板重叠起来布置,每块斜板的同一端在同一垂直面上,如图 2.51(a)所示。沉淀区采用竖向排列大大提高了地面利用率。但从板上滑下的污泥会在同一垂直面上降落,降低了沉淀效率,所以竖向排列仅适用于小流量的沉淀池。

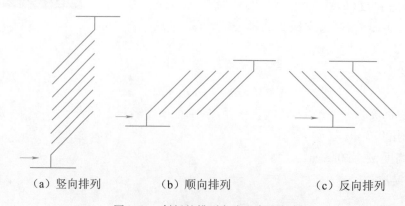

（a）竖向排列　　　　　（b）顺向排列　　　　　（c）反向排列

图 2.51　斜板的排列方式和水流方向

横向排列是将竖向排列的斜板端部错开,虽然这样使沉淀区的地面利用率降低,但入流区和出流区都不需要另占地面面积。一般旧池改造时都采用横向排列。

横向排列可以分为顺向横排和反向横排,如图2.26(b)和图2.26(c)所示。在污水处理工艺中,使用反向横排的效果要比顺向好。斜板沉淀池的进水流向是水平的,水流在沉淀的流向是顺着斜板倾斜向上的。污水从入流区到沉淀区要改变方向。由于水流转弯时外侧流速大于内侧流速,如果斜板为顺向排列,沿斜板滑下的污泥正好与较高的上升流速的水流相遇,从而增加了污泥下滑的阻力。如果斜板为反向横排,污泥下滑时与流速成较小的水流相遇,污泥下滑的阻力较小,有利于排泥。

当斜板换成斜管后,就成为斜管沉淀池,如图2.52所示。斜板(管)倾角一般为60°,长度1～1.2 m,板间垂直间距80～120 mm,斜管内切直径为25～35 mm。板(管)材要求轻质、坚固、无毒、价廉。目前较多采用聚丙烯塑料或聚氯乙烯塑料,如图2.53所示。图2.54所示为塑料片正六角形斜管黏合示意。塑料薄板厚0.4～0.5 mm,块体平面尺寸通常不大于1 m×1 m,热轧成半六角形,然后黏合。

横向排列的斜板沉淀池入流区位于沉淀区的下面,高度为1.0～1.5 m。出流区位于沉淀区的上面,高度一般采用0.7～1.0 m。缓冲区位于斜板上面,深度≥0.05 m。出水槽一般采用淹没孔出流,或者采用三角形锯齿堰。

图2.52 斜板

图2.53 斜管

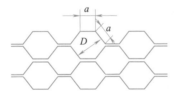

Ⅰ—Ⅰ部面

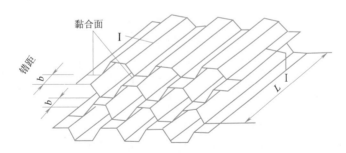

图2.54 塑料片正六角形斜管黏合示意图

斜板(管)沉淀池的水流接近层流状态,对沉淀有利,且增大了沉淀面积并缩短了颗粒沉淀距离,因而大大减少了污水在池中的停留时间,初沉池约30 min。

(2)斜板(管)沉淀池的特点

优点:处理能力高于一般沉淀池,占地面积小。

缺点:造价较高,斜板(管)上部在日光照射下会大量繁殖藻类,增加污泥量,不宜处理黏性较高的污泥。

（3）斜板（管）沉淀池设计参数

①斜板长度常采用 1 ~ 1.2 m,泥斗倾角 60°;

②板间垂直间距一般采用 8 ~ 12 cm;

③缓冲层的高度一般采用 0.5 ~ 1.0 m;

④表面负荷为 9 ~ 11 m^3/(m^2·h)。

⑤斜管内水流上升流速,一般采用 3.0 ~ 4.0 mm/s。

（4）设计计算

斜板沉淀池的设计仍可采用表面负荷来计算。根据水中的悬浮物沉降性能资料,由确定的沉淀效率找到相应的最小沉速和沉淀时间,从而计算出沉淀区的面积。沉淀区的面积不是平面面积,而是所有的澄清单元的投影面积之和,比沉淀池实际平面面积大得多。

异向流斜管沉淀池的设计计算。

①清水区面积 A:

$$A = Q/q \tag{2.45}$$

式中:Q——设计流量,m^3/h;

q——表面负荷,规范规定斜管沉淀池的表面负荷为 9 ~ 11 m^3/(m^2·h)。

②斜管的净出口面积 A':

$$A' = \frac{Q}{v\sin\theta} \tag{2.46}$$

式中:v——斜管内水流上升流速,一般采用 3.0 ~ 4.0 mm/s;

θ——斜管水平倾角,一般为 60°。

③沉淀池高度 H:

$$H = h_1 + h_2 + h_3 + h_4 \tag{2.47}$$

式中:h_1——积泥高度,m;

h_2——配水区高度,不小于 1.0 ~ 1.5m,机械排泥时,应大于 1.6 m;

h_3——清水区高度,为 1.0 ~ 1.5 m;

h_4——超高,一般取 0.5 m。

6. 各类沉淀池比较

各类沉淀池的优缺点及适应条件见表2.7,城市污水沉淀池设计数据见表2.8,沉淀池有效水深、沉降时间与表面负荷的关系见表2.9。

表 2.7　各种沉淀池比较

池 型	优 点	缺 点	适用条件
平流式	(1)沉淀效果好; (2)对冲击负荷和温度变化的适用能力较强; (3)施工简易,造价较低	(1)池子配水不易均匀; (2)采用多斗撑泥时,每个泥斗需要单独设排泥管各自排泥,操作量大,采用链带式刮泥机排泥时,链带的支撑件和驱动件都浸于水中,易腐蚀	(1)适用于地下位高及地质较差地区; (2)适用于中、小型污水处理
竖流式	(1)排泥方便,管理简单; (2)占地面积最小	(1)池子深度大,施工困难; (2)对冲击负荷和温度变化的适用能力较差; (3)造价较高; (4)池径不宜过大,否则布水不匀	适用于处理水量不大的小型污水处理厂
隔流式	(1)多为机械排泥,运行较好,管理较简单; (2)排泥设备已趋定型	机械排泥设备复杂,对施工质量要求高	(1)适用于地下水位较高地区; (2)适用于大、中型污水处理厂

表 2.8 城市污水沉淀池设计数据

类别	沉淀池位置	沉降时间(h)	表面负荷/[m³/(m²·h)]	污泥量(干物质)/[g/(人·d)]	污泥含水率(%)	固体负荷/[kg/(m²·d)]	堰口负荷/[L/(s·m)]
初次沉淀池	单独沉淀池	1.5~2.0	1.5~2.5	15~17	95~97		≤2.9
	二次处理前	1.0~2.0	1.5~3.0	14~25	95~97		≤2.9
二次沉淀池	活性污泥法后	1.5~2.5	1.0~1.5	10~21	99.2~99.6	≤150	1.5~2.9
	生物膜法后	1.5~2.5	1.0~2.0	7~19	96~98	≤150	1.5~2.9

表 2.9 沉淀池有效水深(H)、沉降时间(t)与表面负荷(q')的关系

$q'[m³/(m²·h)]$	$t(h)$				
	$H=2.2\ m$	$H=2.5\ m$	$H=3.0\ m$	$H=3.5\ m$	$H=4.0\ m$
3.0			1.0	1.17	1.33
3.5		1.0	1.2	1.4	1.6
2.0	1.0	1.25	1.50	1.75	2.0
1.5	1.33	1.67	2.0	2.33	2.67
1.0	2.0	2.5	3.0	3.5	4.0

2.2 污水的生物处理——活性污泥法

2.2.1 活性污泥法概述

污水中所含的污染物质复杂多样,往往用一种处理方法很难将污水中的污染物质去除殆尽,一般需要用几种方法组合成一个处理系统,才能完成处理功能。生物处理是利用微生物的特征在溶解氧充足和温度适宜的情况下,对污水中的易于被微生物降解的有机污染物质进行转化,达到无害化处理的目的。微生物根据生化反应中对氧气的需求与否,可分为好氧微生物、厌氧微生物和兼性微生物三类。生物法主要依靠微生物的新陈代谢将污水中的有机物转化为自身细胞物质和简单化合物,使水质得到净化。

不同污水所含污染物的种类不同,但普遍含有有机物。去除溶解态有机物最经济有效的方法是生物化学法,简称生物法。生物法主要依靠微生物的新陈代谢将污水中的有机物转化为自身细胞物质和简单化合物,使水质得到净化。

1. 好氧生物处理

污水的好氧生物处理,是利用好氧微生物,在有氧的条件下,将污水中的污染物质,一部分分解后被微生物吸收并氧化分解成简单且稳定的无机物。同时释放出能量,用来作为微生物自身生命活动的能源,这一过程称为分解代谢。另一部分有机物被微生物所利用,作为本身的营养物质,通过一系列生化反应合成新的细胞物质,这一过程称为合成代谢。生物体合成所需的能量来自于分解代谢。在微生物的生命活动过程中,分解代谢与合成代谢同时存在,二者相互依赖;分解代谢为合成代谢提供物质基础和能量来源,而通过合成代谢又使微生物本身不断增加,两者存在使得生命活动得以延续。

微生物对有机物的分解代谢可用下列化学方程式表示。

$$C_xH_yO_z + (x+y/4-z/2)O_2 \rightarrow xCO_2 + y/2H_2O + 能量$$

式中:$C_xH_yO_z$——有机污染物。

微生物对有机物的合成代谢可用下列化学方程式表示。

$$nC_xH_yO_z + N_nH_3 + n(x+y/4-z/2-5)O_2 \xrightarrow{酶} (C_5H_7NO_2)_n + n(x-5)CO_2 + n/2(y-4)H_2O - 能量$$

式中:$C_5H_7NO_2$——微生物细胞组织的化学方程式。

因此,当污水中微生物的营养物质充足时,在一定的条件下(氧气和温度),微生物可以大量合成新的原

生物质,微生物增长迅速;反之,当污水中的营养物质缺乏时,微生物只能依靠分解细胞内贮存的物质,甚至把原生质也作为营养物质利用,以获得保证生命活动最低限度的能量。这时,微生物的重量和数量均在减少。

2. 厌氧生物处理

污水中有机污染物质的厌氧生物分解可分为三个阶段。第一阶段是在厌氧细菌(水解细菌与发酵细菌)作用下,是碳水化合物、蛋白质、脂肪水解并发酵转化成单糖、氨基酸、甘油、脂肪酸以及低分子无机物(二氧化碳和氢)等;第二阶段是在厌氧细菌(产氢、产乙酸菌)的作用下,把第一阶段的产物转化成氢、二氧化碳和乙酸;第三阶段是通过两组生理上完全不同的产甲烷菌的作用,一组能把氢和二氧化碳转化成甲烷,另一组厌氧菌能对乙酸进行脱去羧基产生甲烷。

由于产甲烷阶段产生的能量,大部分用于维持细菌生命活动,只有很少部分能量用于细菌繁殖,所以,细菌的增殖量很少;再则,由于在厌氧分解过程中,溶解氧缺乏,且氧作为氢的受体,因而对有机物分解不彻底,代谢产物中含有许多的简单有机物。

3. 污水生物处理法的分类

迄今为止,生物处理法仍然是去除污水中有机污染物质的有效和常用方法。目前较常用的污水生物处理法归纳如图 2.55 所示。

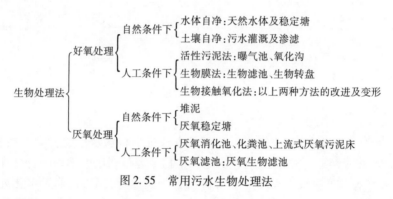

图 2.55　常用污水生物处理法

2.2.2　活性污泥法基本概念和工艺流程

1. 活性污泥的基本概念

我们可以先通过实验来认识什么是活性污泥。正如当初它被人们发现时一样:向生活污水中注入空气进行曝气,并持续一段时间之后,污水中生成一种絮凝体,这种絮凝体易于沉淀分离,并使污水得到澄清,这就是活性污泥。活性污泥由细菌、真菌、原生动物、后生动物等异种群体组成,此外,还含有一些无机物、未被生物降解的有机物和微生物自身代谢残留物。活性污泥结构疏松、表面积大,对有机污染物有着较强的吸附凝聚和氧化分解能力,并易于沉淀分离,并能使污水得到净化、澄清。

在活性污泥法中起主要作用的是活性污泥。在活性污泥上栖息着具有强大生命力和降解水中有机物能力的微生物群体。活性污泥在外观上呈黄褐色的絮绒颗粒状,颜色因污水水质不同,深浅有所不同。活性污泥具有较大的比表面积,1 mL 活性污泥的表面积为 $20 \sim 100 \ cm^2$。

活性污泥法是污水处理技术领域中最有效的生物处理方法。随着在实际生产上广泛运用和技术上的不断改进,特别是近几十年来,由于水体污染的日趋加剧,各国对污水排放都有明确的要求,逐渐颁布了相应的污水水质排放标准。为了使水体免受污染,污水排放标准日趋严格化。因此,在水处理领域要求有更为合理的处理工艺,从提高净化机能和运行管理的适用性出发,对活性污泥法的生化反应和净化机理进行了广泛深入的研究;从生物学、反应动力学理论方面,以及在工艺方面都得到了迅速发展,相继出现了能够适应各种条件的工艺流程。迄今为止,活性污泥法已被广泛地应用在城市污水处理和有机工业废水处理领域。

2. 活性污泥法基本流程

活性污泥法的形式有多种,但是其基本流程相同。图 2.56 所示为活性污泥法处理系统的基本流程。活性污泥法处理系统是以活性污泥反应器——曝气池为核心的处理单元,此外还有二次沉淀池、污泥回流设备和曝气系统所组成。

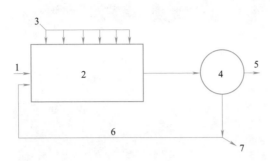

图 2.56　活性污泥法的基本流程(传统活性污泥法)
1—进水;2—活性污泥反应器——曝气池;3—空气;
4—二次沉淀池;5—出水;6—回流污泥;7—剩余污泥

污水经过初次沉淀池去除大量漂浮物和悬浮物后,进入曝气池内。与此同时,从二次沉淀池沉淀回流的活性污泥连续回流到曝气池,作为接种污泥,二者均在曝气池首端同时进入池体。曝气系统的空压机将压缩空气通过管道和铺放在曝气池底部的空气扩散装置以较小气泡的形式压入污水中,向曝气池混合液供氧,保证活性污泥中微生物的正常代谢反应。另一方面,通入的空气还能使曝气池内的污水和活性污泥处于混合状态。活性污泥与污水互相混合、生化反应得以正常进行。曝气池内的污水、回流污泥和空气互相混合形成的液体称为曝气池混合液。

在曝气池内,活性污泥和污水进行生化反应,反应结果是污水中的有机物得到降解、去除,污水得到净化,同时,微生物得以繁殖增长,活性污泥量也在增加。

活性污泥净化作用经过一段时间后,曝气池混合液由曝气池末端流出,进入二次沉淀池进行泥水分离,澄清后的污水作为处理水排出。二次沉淀池是活性污泥法处理污水的重要组成部分,它的主要作用是使曝气池混合液固液分离。但在二沉池底部的泥斗可以将活性污泥浓缩,经浓缩后活性污泥一部分作为接种污泥回流到曝气池,剩余部分则作为剩余污泥排出系统。剩余污泥与在曝气池内增长的污泥,在数量上保持平衡,使曝气池内污泥浓度相对保持恒定的范围内。活性污泥法处理系统实质上是水体自净的人工强化过程。

3. 活性污泥的组成

活性污泥主要是由细菌、真菌、原生动物、后生动物等微生物组成。此外活性污泥内还夹杂着一些微生物自身氧化残留物、惰性有机物及一定数量的无机物。这些具有活性的微生物群体在温度适宜,且溶解氧充足的条件下,其新陈代谢功能可使污水中易于被微生物降解的有机污染物转化为稳定的无机物。活性污泥颗粒尺寸一般为 $0.02 \sim 0.2$ mm,其表面积为 $20 \sim 100$ cm^2/mL。活性污泥的含水率为 99%,其相对密度介于 $1.002 \sim 1.006$ 之间,含水率小则相对密度偏高,反之偏低。活性污泥中的固体物质占 1%,这些固体物质由有机污染和无机污染物组成,其比例因原水的性质而异,城市污水中有机物成分约占 $75\% \sim 85\%$,其余为无机成分。

活性污泥(见图 2.57)中固体物质的有机成分主要是栖息在活性污泥上的微生物群体所构成。此外,微生物自身氧化残留物,难于被微生物降解的有机物也存在于活性污泥的固体物质中。另外,还含有一部分无机成分,主要由原污水带入。

因此,能准确反映活性污泥的成分,应从下列四个方面考虑:

(1)具有代谢功能活动的微生物群体(M_a)。

(2)微生物内源代谢、自身氧化残留物(M_e)。

(3)难于被微生物降解的惰性有机物(M_i)。

（4）吸附在活性污泥表面上的无机物（M_{ii}）。

图 2.57　活性污泥

4. 活性污泥的评价指标

活性污泥的性能决定污水处理的效果。活性污泥法处理系统的生物反应器（曝气池）中混合液的浓度、微生物活性、污泥密度、降解性能直接影响活性污泥降解有机物的速度和处理效果。因此，对活性污泥的性能评价应从反应器中混合液中活性污泥微生物量和活性污泥的沉降性能考虑。

（1）混合液悬浮固体浓度（MLSS）

表示在曝气池单位容积混合液内所含有的活性污泥固体物的总重量，即

$$MLSS = M_a + M_e + M_i + M_{ii} \tag{2.48}$$

单位：mg/L。

意义：工程上计量活性污泥微生物量的指标。

（2）混合液挥发性悬浮固体浓度（MLVSS）

表示在曝气池混合液活性污泥中有机性固体物质的浓度，即

$$MLVSS = M_a + M_e + M_i \tag{2.49}$$

单位：mg/L。

意义：代表活性污泥微生物的数量。

此项指标在表示活性污泥活性部分数量上，又更准确一步。排除了污泥中夹杂的无机物成分。在表示活性污泥活性部分数量上，本项指标在精确度方面是进了一步，但只是相对于 MLSS 而言，在本项指标中还包含 M_e、M_i 等自身氧化残留物和惰性有机物质。因此，也不能精确地表示活性污泥微生物量，仍然是活性污泥量的相对值。

一般 MLVSS 与 MLSS 的关系可由下式表示：

$$f = \frac{MLVSS}{MLSS} \tag{2.50}$$

f 值比较固定，对生活污水 $f = 0.75$，当生活污水占主体的城市污水亦取此值。

以上两项指标虽然不能准确反应生物量值，但其测量方法简便，所以在活性污泥处理系统应用广泛，对设计和运行有重要的指导作用。

（3）污泥沉降比（SV%）

污泥沉降比是指混合液在 1 000 mL 量筒中静止沉淀 30 min 后所形成沉淀污泥的容积占原混合液容积的百分率，以% 表示。

污泥沉降比反应污泥的沉淀性能，能及时发现污泥膨胀现象，防止污泥流失，便于早期查明原因，采取措施。污泥沉降比的测定方法比较简单，并能说明一定问题，在工作中常用它作为活性污泥的重要指标，是评定污泥数量和质量的指标。

意义:反映正常运行时污泥量,控制剩余污泥的排放,污泥膨胀异常情况。

(4)污泥容积指数(SVI)

污泥容积指数简称污泥指数,是从曝气池出口处取出的混合液,经过30 min 静沉后,每克干污泥所占的容积,以 mL 计。

污泥容积指数与污泥沉降比两项指标均表示污泥的沉降性能。从定义上可知,二者的关系式如下:

$$SVI = \frac{混合液(1 \text{ L})30 \text{ min 静沉形成的活性污泥容积}(mL)}{混合液(1 \text{ L})中悬浮固体干重(g)} = \frac{SV(mL)}{MLSS(mL)} \quad (2.51)$$

SVI 的单位为 mL/g,习惯上,只称数字,而把单位略去。

意义:反映活性污泥的松散程度和凝聚沉淀性能。

对于生活污水和城市污水,SVI 值介于 70 ~ 100 之间为宜。当 SVI 值过低,说明泥粒细小,无机物质含量较高,活性差;当 SVI 值过高,说明污泥的沉降性能较差,可能产生污泥膨胀现象,必须查明原因,并采取措施。活性污泥微生物群体处在内源呼吸期,其含能水平较低,其 SVI 值较低,沉淀性能好。

一般认为 SVI < 100 ~ 200 时,污泥沉降性能良好。SVI > 200 时,污泥沉降性差,污泥膨胀。

SVI 与 BOD——污泥负荷之间存在图 2.58 所示的关系。从图可见,当 BOD 污泥负荷介于 0.5 ~ 1.5 kg/(kgMLSS · d)之间时,SVI 出现峰值,沉淀效果不好,工程设计中应避开这一区段的污水污泥负荷。

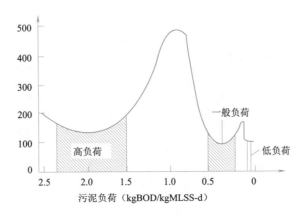

图 2.58　BOD—污泥负荷与 SVI 值之间的关系

【例 2.2】　测得曝气池出口处混合液中活性污泥浓度为 2 500 mg/L,1 L 混合液经 30 min 沉淀后的污泥体积为 300 mL,则该曝气池混合液的污泥沉降比和污泥指数是多少?

【解】

$$沉降比 SV\% = \frac{沉淀污泥体积数}{混合液体积数} \times 100\% = \frac{300}{100} \times 100\% = 30\%$$

$$污泥指数 SVI = \frac{SV\%}{MLSS} = \frac{30\%}{2.5} = 120 \text{ mL/g}$$

曝气池的污泥指数为 120(表示指数时,单位常省去),说明 1 g 干污泥在没烘干前的体积为 120 mL。120 这个数字也意味着经过 30 min 沉淀后,从混合液分离出来的活性污泥是脱水后干污泥的 120 倍,由此可推算出活性污泥的固体率为

$$\frac{1}{120} \times 100\% = 0.8\%$$

污泥的含水率 P 为

$$P = 1 - \frac{1}{SVI} \times 100\%$$

$$P = 1 - 0.8\% = 99.2\%$$

必须注意的是,用 SVI 来判断活性污泥的沉降、凝聚性能有绝对的含义,但主要是相对含义。例如,SVI 为 200 的活性污泥比 SVI 为 100 的含水量高,这是肯定的,但是两个活性的沉降、凝聚性能的优劣是相对的。

如果它们来自同一个曝气池,那么 SVI 低的活性污泥,其沉降性能要好些。SVI 值受污水水质和曝气方法的影响。如果两个 SVI 值来自两个污水处理厂,条件不同,两值相比就没有多大意义了。

5. 污泥龄

在工程上习称污泥龄(Sludge Age),又称固体平均停留时间(SRT)、生物固体平均停留时间(BSRT)、细胞平均停留时间(MSRT)。它指在曝气池内,微生物从其生成到排出的平均停留时间,也就是曝气池内的微生物全部更新一次所需要的时间。从工程上来说,在稳定条件下,就是曝气池内活性污泥总量与每日排放的剩余污泥量之比。即

$$\theta_c = \frac{VX}{\Delta X} \tag{2.52}$$

式中:θ_c——污泥龄(生物固体平均停留时间),一般用 d 表示;

ΔX——曝气池内每日增长的活性污泥量,即应排出系统外的活性污泥量,一般用 kg/d 表示;

VX——曝气池内活性污泥总量,kg。

在活性污泥反应器内,微生物在连续增殖,不断有新的微生物细胞生成,又不断有一部分微生物老化,活性衰退。为了使反应器内经常保持具有高度活性的活性污泥和保持恒定的生物量,每天都应从系统中排出相当于增长量的活性污泥量。

这样,每日排出系统外的活性污泥量,包括作为剩余污泥排出的和随处理水流出的,其表示式为

$$\Delta X = Q_w X_r + (Q - Q_w) X_e \tag{2.53}$$

式中:Q_w——作为剩余污泥排放的污泥量,一般用 m³/d 表示;

X_r——剩余污泥浓度,一般用 kg/m³ 表示;

X_e——排放的处理水中悬浮固体浓度,一般用 kg/m³ 表示。

于是 θ_c 值为

$$\theta_c = \frac{VX}{Q_w X_r + (Q - Q_w) X_e} \tag{2.54}$$

在一般条件下,X_e 值极低,可忽略不计,上式可简化为

$$\theta_c = \frac{VX}{Q_w X_r} \tag{2.55}$$

此外,除上述五个评价指标,对活性污泥的生物相观察也是反映活性污泥性能的重要方法,通常用光学显微镜及电子显微镜观察活性污泥中的细菌、真菌、原生动物及后生动物等。微生物的种类、数量、活性及代谢情况在一定程度上可反映曝气系统的运行状况。

2.2.3 活性污泥对有机物的净化过程与机理

1. 初期吸附作用

在生物反应器——曝气池中,污水与活性污泥从池首共同流入,充分混合接触。当二者接触后,在较短的时间内,通常为 5 ~ 10 min,污水中呈悬浮和胶体状态的有机物被大量去除。产生这种现象的主要原因是活性污泥具有很强的吸附性。

活性污泥具有较大的表面积,据实验测试,每立方米曝气池混合液的活性污泥表面积为 2 000 ~ 10 000 m²/m³,在其表面上富集着大量的微生物。这些微生物表面覆盖着一种多糖类的黏质层。当活性污泥与污水接触时,污水中的有机污染物即被活性污泥所吸附和凝聚而被去除。吸附过程能够在 30 min 内完成。污水中的 BOD 的去除率可达 70%。吸附速度的快慢取决于微生物的活性和反应器内水力扩散程度。

被吸附在活性污泥表面的有机物并没有从实质上被去除,而是要经过数小时降解后,才能够被摄入微生物体内,被转化成稳定的无机物。应当指出,有机物被吸附后,需经一段时间才被降解成无机物,这段时间内反应器中应有充足的溶解氧,且温度适宜。

2. 微生物的代谢作用

污水中的有机污染物被活性污泥吸附,而活性污泥中含有大量的微生物,有机物与微生物的细胞表面

接触,在微生物透膜酶的催化作用下,一些小分子有机物能够穿过细胞壁进入微生物细胞体内,完成生物降解过程;而大分子的有机物,则应在细胞水解酶的作用下,被水解为小分子后,再被微生物摄入体内,才能得以降解。

微生物降解有机物分为合成代谢和分解代谢两个过程,无论是分解代谢还是合成代谢,都能去除污水中的有机污染物,但产物不同。分解代谢的产物是无机小分子的 CO_2 和 H_2O,可直接排入受纳水体;合成代谢的产物是新生的微生物细胞,应以剩余污泥的方式排出处理系统,并加以处置。微生物的代谢如图 2.59 所示。

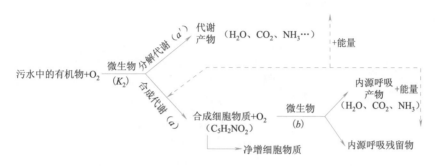

图 2.59　有机底物分解代谢与合成代谢及其产物模式图

3. 微生物的生长规律

(1)活性污泥中的微生物

活性污泥中的微生物主要由细胞、真菌、原生动物和后生动物组成,如图 2.60 所示。

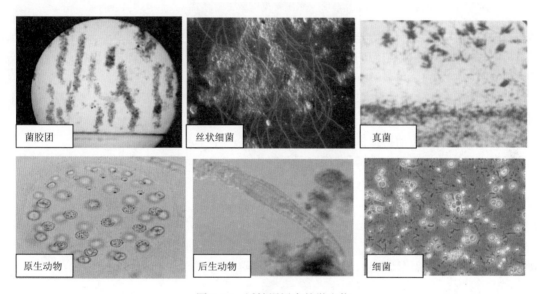

图 2.60　活性泥污中的微生物

①菌胶团。能形成活性污泥絮状体的细菌称为菌胶团。它们是构成活性污泥絮状体的主要成分,有很强的吸附、氧化有机物的能力。絮凝体的形成可使细菌避免被微型动物吞噬,而性能良好的絮体是活性污泥絮凝、吸附和沉降功能正常发挥的基础。

②丝状细菌。丝状细菌也是活性污泥微生物的重要组成部分。丝状细菌在活性污泥中交叉穿织于菌胶团内,或附着生长于絮凝体表面,少数种类也可游离于污泥絮凝体之间。

③真菌。活性污泥中的真菌主要是霉菌。霉菌是微小腐生或寄生的丝状菌,它能够分解碳水化合物、脂肪、蛋白质及其他含氮化合物,但大量增值也可能导致污泥膨胀。

④原生动物。原生动物对废水的净化也起着重要作用,而且可作为处理系统运行管理的一种指标。因此,可以将原生动物作为活性污泥系统运行效果的指示性生物。此外,原生动物还不断地摄食水中的游离细菌,起到了进一步净化水质的作用。原生动物主要有肉足虫、鞭毛虫和纤毛虫等。

⑤后生动物。后生动物在活性污泥系统中并不经常出现,只有在处理水质良好时才有一些微型后生动物存在,主要有轮虫、线虫和寡毛类。

污水中的微生物种类繁多,主要有真菌、藻类,水中常见的微生物分类如图2.61所示。

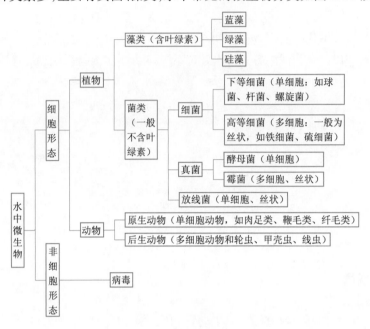

图2.61　水中常见的微生物分类

（2）污泥中微生物的作用与分析

菌胶团是活性污泥的结构和功能的中心,是活性污泥的组成部分。它的作用表现在:

①有很强的吸附能力和氧化分解有机物的能力。

②对有机物的吸附和分解,为原生动物和微型后生动物提供了良好的生存环境,例如降解有机物、提供食料,使水中溶解氧升高。

③为原生动物和微型后生动物提供附着场所。

细菌是降解有机物的主要微生物,其世代时间一般为 20～30 min,具有较强的分解有机物并将其转化为无机物的功能。

（3）微生物的生长规律

微生物的生长增殖规律一般用增殖曲线来表示,如图2.62所示。在微生物学中,对纯菌种的增殖规律已取得较成熟的结果。活性污泥法菌种的增殖规律已取得较成熟的结果。而活性污泥法处理系统中细菌为多种微生物群体,其增殖规律较复杂,但增殖的总趋势基本与纯种微生物相同。

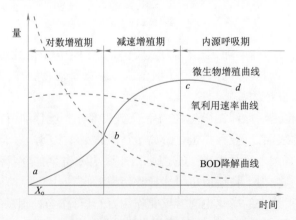

图2.62　活性污泥微生物增殖曲线及其和有机底物降解、
氧利用速率的关系(间歇培养、底物一次性投加)

微生物的增殖曲线可分为四个阶段,即适应期、对数增殖期、减速增殖期和内源呼吸期。在温度适宜、溶解氧充足,而且不存在抑制物质的条件下,活性污泥微生物的增殖速率主要取决于有机物量 F 与微生物量 M 的比值 F/M。它也是有机物降解速率、氧利用速率和活性污泥的凝聚、吸附性能的重要影响因素。

①适应期,也称延迟期、调整期,这是微生物培养的最初始阶段。在这个时期,微生物刚接入新鲜培养液中时,对新环境有一段微生物不繁殖,微生物的数量不增加,因此,在此阶段生长速度接近于零。这一过程一般出现在活性污泥培养和驯化阶段,能够适应污水水质的微生物就能生存下来,不能适应的微生物则被淘汰。

②对数增殖期。经过适应期的调整,生存下来的微生物适应了新的培养环境。污水中含有大量的适应微生物生存的营养物质,此时,F/M 比值很高,有机物非常充分,微生物生长、繁殖不受到有机物浓度的限制,其生长速度最快。菌体数量以几何级数的速度增加,菌体数量的对数是与反应时间成直线关系,故本期也称为等速增长期。增长的速度大小取决于微生物自身的生理机能。

在对数增殖期,微生物的营养丰富,活性强,降解有机物速度快,污泥增长不受营养条件的限制,但此时的污泥含能水平高、凝聚性能差、难于重力分离,因而处理效果不好。对数增长期出现在反应器推流式曝气池的首端。

③减速增殖期,又称减衰增殖期、稳定期和平衡期。由于微生物的大量繁殖,污水中的有机物逐渐被降解,混合液中的有机物与微生物的数量比 F/M 逐渐降低,即培养液中的底物逐渐被消耗,从而改变了微生物的环境条件,致使微生物的增长速度逐渐减慢。

④内源呼吸期。又称衰亡期。污水中有机物持续下降,达到近乎耗尽的程度,F/M 比值随之降至很低的程度。微生物由于得不到充足的营养物质,而开始大量地利用自身体内储存的物质或衰亡菌体,进行内源代谢以维持生命活动。

在此期间,微生物的增殖速率低于自身氧化的速率,致使微生物总量逐渐减少,并走向衰亡,增殖曲线呈显著下降趋势。实际上由于内源呼吸的残留物多是难于降解的细胞壁和细胞膜等物质,因此活性污泥不可能完全消失。在本期初始阶段,絮凝体形成速率提高,吸附、沉淀性能提高,易于重力分离,出水水质好,但污泥活性降低。

4. 活性污泥净化过程的影响因素

(1)溶解氧(DO)含量

活性污泥法处理污水的微生物是好氧菌为主的微生物群体。因此,在曝气池中必须有足够的溶解氧,一般控制曝气池出口不低于 2 mg/L。溶解氧来自于生物反应器的曝气装置。在曝气池的首端,有机物含量高,耗氧速度快,溶解氧量可能会低于 2 mg/L。溶解氧过高,能使降解有机物速度加快,使微生物营养不良,活性污泥易老化,密度变小,结构松散。另外,溶解氧过高,电耗高,运行管理造价高,不经济。

(2)水温

好氧生物处理的污水温度维持在15～25 ℃范围最佳。温度适宜,能促进微生物的生理活动;反之,破坏微生物的生理活动。温度过高或过低,可能导致微生物生理形态和生理特性的改变,甚至导致微生物死亡。因此,在寒冷地区应考虑曝气池建在室内,如果建在室外应考虑适当的保温和加热措施。

(3)pH 值

在活性污泥法处理系统的曝气池内,pH 值的范围在 6.5～8.5 之间为最佳,pH 值过高或过低,都会影响微生物的活性,甚至导致微生物死亡。因此,要想取得良好的处理效果,应控制生物反应器的 pH 值。如果污水的 pH 值变化较大时,应设调节池,使污水的 pH 值调节到最佳范围,再进入曝气池。

(4)营养物质平衡

参与活性污泥处理污水的各种微生物,其体内的元素和需要的营养元素基本相同。碳是构成微生物细胞的重要物质。生活污水或城市污水的碳源非常充足,某些工业废水可能含碳量较低,应补充碳源,一般投加生活污水。氮是微生物细胞内蛋白质和核酸的重要元素,一般来自 N_2、NH_3、NO_3 等化合物,生活污水中的氮元素丰富,无须投加,某些工业废水氮量如果不足,可投加尿素、硫酸铵等。磷是合成核蛋白、卵磷脂的重要元素,在微生物的代谢和物质转化过程中作用重大;在微生物的代谢和物质转化过程中作用重大;所以,微生物降解有机物过程中,应保证 $BOD_5:N:P=100:5:1$,如果处理污水的 BOD_5 与氮、磷不能形成上述比例,应投加所缺元素,以便调整微生物的营养平衡。

(5)有毒物质

有毒物质是指对微生物生理活动具有抑制作用的某些物质。主要毒物有重金属离子(如锌、铜、镍、铅、镉、铬等)和一些非金属化合物(如酚、醛、氰化物、硫化物等)。重金属离子可以和微生物细胞的蛋白质结合,使其变性或沉淀;酚类能促进微生物体内蛋白质凝固;醛类能与蛋白质的氨基相结合,使蛋白质变性。所以被处理污水中含有有毒物质,应逐渐增加在反应器内的有毒物质浓度,以便使微生物得到变异和驯化。

(6)有机物负荷

有机物负荷也称 BOD 负荷,通常有两种不同的表示方法:

① BOD - 污泥负荷 N_s:指单位重量活性污泥在单位时间内所能承受的有机物污染物量,单位是 $kgBOD_5/(kgMLSS \cdot d)$。从 BOD - 污泥负荷的定义不难看出,BOD - 污泥负荷实质是混合液中有机物与微生物 F/M 的比值。其中 F 为营养量,M 为微生物量。公式如下:

$$F/M = N_s = \frac{Q \cdot S_a}{V \cdot X}[kgBOD/(kg \cdot MLSS \cdot d)] \qquad (2.56)$$

式中:Q——污水流量,m^3/mg;

S——原污水中有机污染物(BOD)的浓度,mg/L;

V——曝气池容积,m^3;

X——混合液悬浮固体(MLSS)浓度,mg/L;

②BOD - 容积负荷 N_v:单位曝气池有效容积在单位时间内所承受的有机污染物量,单位是 $kgBOD/(m^3$ 曝气池 $\cdot d)$。其表达式为

$$N_v = \frac{Q \cdot S_a}{V} \qquad (2.57)$$

式中:N_v——为 BOD - 容积负荷,$kgBOD/(m^3$ 曝气池 $\cdot d)$;

其余项同上式。

N_s 值与 N_v 值之间的关系为

$$N_v = N_s \cdot X \qquad (2.58)$$

F/M 比值是影响活性污泥增长速率,有机物降解速率、氧的利用率以及污泥吸附凝聚性能的重要因素。当 $F/M \geq 2.2$ 时,活性污泥微生物处于对数增殖期,有机污染物去除较快,活性污泥的含能水平高,呈分散状态,污泥不宜沉降;随着有机物被降解,微生物的增长,F/M 值逐渐降低,污泥增长进入减速增殖期。期间,微生物增长受营养的控制,增长速度减慢,这时,微生物含能水平较低、活力差,容易形成絮凝物。当曝气池中营养物质几乎耗尽,F/M 值很低,并维持一个常数时,即进入内源呼吸期。在此期,微生物由于得不到充足的营养物质,从而开始利用自身内储存的物质或死亡菌体,进行内源代谢以维持生命活动。进入内源呼吸期,活性污泥含能水平极低,沉降性能好。在此期间,曝气池内溶解氧含量较高、原生动物大量吞食细菌,因此,可以得到澄清的处理水。

因此,污泥负荷率对活性污泥法处理污水的处理效果影响极大。

2.2.4 活性污泥法的运行方式

最早的活性污泥处理系统采用的是传统活性污泥法。此法自开创以来,经过近90年的研究和实践,现已拥有以传统活性污泥处理系统为基础的多种运行方式。改进主要表现在以下几个方面:

(1)曝气池的混合反应形式。

扫一扫

（2）进水点的位置。

（3）污泥负荷率。

（4）曝气技术。

活性污泥处理系统的外观如图2.63所示。

图2.63　活性污泥处理系统

由于这些改进，活性污泥法出现了很多新的运行方式，下面就常见的几种运行方式加以阐述。

1. 传统活性污泥法

传统活性污泥法是活性污泥处理系统最早的运行方式，又称普通活性污泥法。其流程如图2.64所示。传统活性污泥法生物反应器——曝气池的平面尺寸一般为矩形，且池长远远大于池宽。原污水从曝气池首端进入池内，与二次沉淀池回流的回流污泥同步进入曝气池。污水与回流污泥混合后呈推流形式流动至池末端，流出池外进入二次沉淀池，进行混合液泥水分离；二次沉淀池沉淀的污泥一部分回流到曝气池，另一部分作为剩余污泥排出系统。有机污染物在曝气池内经历了净化过程的吸附阶段和代谢阶段的完整过程，活性污泥经历了从池首端的对数增殖期、减速增殖期到池末端的内源呼吸期的全部生长周期。流出曝气池的混合液中的微生物活性减弱，凝聚和沉降性能好，有利于二次沉淀池的泥水分离。

传统活性污泥法有机物去除率很高，可达90%以上，但传统活性污泥法也存在下列问题：

（1）由于混合液从池首端推流至池推流末端微生物经历了对数、减速和内源呼吸阶段，其耗氧速度沿池首至池末是变化的，如图2.65所示。由于供氧往往是均匀的，所以在池内出现首端氧不足、末端氧过剩现象。对此，在对曝气池空气管路设计时可采用渐减供氧方式，能够在一定程度上解决供氧不均问题。

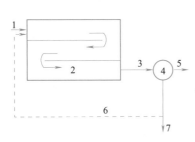

图2.64　传统活性污泥法系统

1—预处理后的污水；2—活性污泥反应器—曝气池；

3—从曝气池流出的混合液；4—二次沉淀池；

5—处理水；6—回流污泥系统；7—剩余污泥

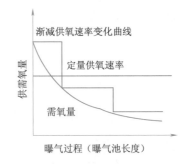

图2.65　传统法和渐减曝气工艺的
供氧速率与需氧量的变化

（2）曝气池首端有机物负荷率高，耗氧速度高，为避免出现缺氧或厌氧状态，进水有机物不宜过高，即BOD负荷率较低，因此曝气池容积大，占用土地较多，基地费用高。

（3）有毒有害物质浓度不宜过高，不能抗冲击负荷。

（4）对水质水量变化的适应能力较弱，运行效果受影响。

传统活性污泥法的最大优点是处理效果高，出水水质好。其主要缺点是耐冲击负荷差、能耗大。

2. 阶段曝气法

阶段曝气法亦称分段进水活性污泥法、多段进水活性污泥法。其工艺流程如图 2.66 所示。此种方法和活性污泥法的不同之处在于:污水沿曝气池长度分散、均匀地进入曝气池内。

阶段曝气法是为了克服传统活性污泥法的供氧不合理、体积负荷率低等缺点而改进的一种运行方式。由于分段多点进水,使有机物负荷分布较均匀,从而均化了需氧量,避免了前段供氧不足,后端供氧过剩的问题。

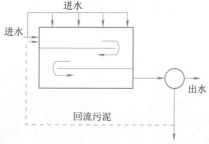

图 2.66　阶段曝气法工艺流程

与此同时,混合液中的活性污泥浓度沿池长逐渐降低,在池末端流出的混合液的浓度较低,减轻二次沉淀池的负荷,有利于二沉池固液分离。阶段曝气法具有如下特点:

(1)有机底物浓度沿池均匀分布,符合均衡,一定程度地缩小了供氧速率与耗氧速率之间的差距。

(2)污水分段注入,提高曝气池对水质、水量冲击负荷的适应能力。

3. 吸附再生活性污泥法

吸附再生活性污泥法又称接触稳定法,是通过部分了解活性污泥微生物生长代谢规律控制和发展活性污泥处理工艺的最好例证之一。

这个方式主要是活性污泥对底物降解的两个过程——吸附与代谢稳定,分别在各自的容器内进行,如图 2.67 所示。污水与活性污泥在吸附池内气接触 15～60 min,使其中的大部分悬浮物和胶体物质被活性污泥吸附去除。吸附再生活性污泥法具有如下特点:

(1)适于处理固体和胶体物质

吸附再生法主要利用活性污泥的吸附作用去除污染物,对固体和胶体物质的去除效果好,对溶解性有机物的去除效果差,所以吸附再生法适于处理固体和胶体物质含量高的污水。

(2)池容小

吸附时间短(15～60 min),MLSS 2 000 mg/L 左右,所以吸附池容积很小。再生池中的混合液(MLSS 8 000 mg/L)是浓缩后的回流污泥,浓度很高,在相同污泥负荷下容积负荷成倍增加,再则排出剩余污泥使需稳定的有机物减少,所以再生池容积大大降低。吸附池和再生池的总容积减少,基建投资大幅降低。

(3)能耗低

剩余污泥的排放,带走一部分有机物,使需要稳定的有机物减少,动力能耗降低。

(4)耐冲击负荷

吸附再生法回流污泥量大,再生池的污泥多,当吸附池内污泥遭到破坏时,可用再生池中污泥迅速代替,因此耐冲击负荷能力增强。

(5)不易发生污泥膨胀

污泥曝气再生可抑制丝状菌的生长,防止污泥膨胀。

(6)出水水质较差

污水曝气时间很短,又不能有效地去除溶解性有机物,所以处理效果不如传统法,出水水质较差。尤其是含溶解性有机物较多的污水,处理效果更差。

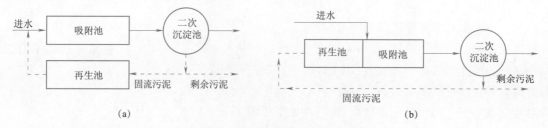

图 2.67　吸附再生活性污泥法系统

4. 延时曝气活性污泥法

延时曝气法又称完全氧化活性污泥法,最早出现20世纪50年代。

延时曝气活性污泥法的特点是曝气时间长(约 $1 \sim 2$ d),污泥负荷低 $[0.05 \sim 0.2 \text{ kgBOD}_5/(\text{kgMLSS} \cdot \text{d})]$,所以曝气池容积较大,空气用量多,投资和运行费用较大,仅适用于小流量污水处理(一般处理水量不超过 $1\,000 \text{ m}^3/\text{d}$)。MLSS值较高,污泥在池内长期处于内源呼吸期,剩余污泥量少且稳定,无须消化。而且其处理水水质稳定,抗冲击负荷能力较强,可不设初沉池。对于不是24 h连续来水的场合,常常不设沉淀池,而采用间歇式运行。

延时曝气法大都采用完全混合式曝气池,池中污泥处于衰亡初期(内源呼吸)。曝气池中污泥浓度较高($3 \sim 6$ g/L),剩余污泥少,稳定性好。污泥细小疏松,不易沉淀,沉降时间长,二次沉淀池容积也大。对于间歇来水的场合不设二次沉淀池,而采用间歇运行方式,即曝气、沉淀、排水交替运行。延时曝气法对氮、磷的要求不高,耐冲击负荷能力很强,出水水质好。

5. 完全混合式活性污泥法

完全混合式活性污泥法曝气池呈圆形、正方形或矩形。圆形和正方形池从中间进水,周边出水;矩形池从一个长边进水,另一个长边出水。污水进入曝气池后在曝气设备的搅拌下,立即与原混合液充分混合,继而完成吸附和稳定的净化过程,如图2.68所示。

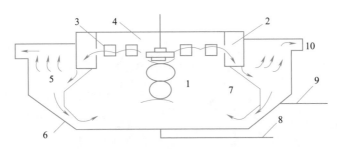

图 2.68　完全混合曝气沉淀池
1—曝气区;2—导流区;3—回溢窗;4—曝气叶轮;5—沉降区;
6—顺流圈;7—回流缝;8—进水管;9—排泥管;10—出水槽

完全混合式曝气池内各点水质均匀,污泥浓度相同,并处于同一个生长阶段。

污水进入曝气池后立即被原混合液稀,使进水水质的波动得到均化,从而将进水水质变化对污泥的影响降低到最小程度。所以,完全混合法的耐冲击负荷能力较强。

完全混合式曝气池具有很强的稀释作用,可以直接进入高浓度有机污水。完全混合式曝气池内各部分易控制在同一良好的运行状态,所以微生物的活性强,污泥负荷率高,池容积小,基建投资省。

完全混合法混合液各部分需氧均匀,与氧的供应相一致,所以不会造成氧的浪费,供氧动力消耗相应降低。完全混合法各质点性质相同,生化反应传质推动力小,易发生短流,所以出水水质比推流式差,易发生污泥膨胀。完全混合活性污泥法的曝气池和二次沉淀池可以分建或合建,分别称分建式曝气池和合建式曝气池。

本方法特点如下:

(1)进入曝气池的污水很快即被池内已存在的混合液稀释、均化,因此,该工艺对冲击负荷有较强的适应能力,适用于处理工业废水,特别是高浓度工业废水。

(2)污水和活性污泥在曝气池中分布均匀, F/M 值相同,微生物群体组成和数量一致,即工况相同。因此,有可能通过对 F/M 值的调控,将整个曝气池工况控制在最佳点,使活性污泥的净化功能得以发挥。在相同处理效果下,其负荷率低于推流式曝气池。

(3)池内需氧均匀,动力消耗较低。

(4)该工艺较易产生污泥膨胀,其处理的水质一般不如推流式。

6. 深井曝气活性污泥法

深井曝气活性污泥法也称超水深曝气活性污泥法。本工艺是英国(ICT)公司于 20 世纪 70 年代开发的一种活性污泥法。它以深度为 40~150 m 的深井作为曝气池,是种高效、低能耗的活性污泥法。深井曝气工作原理为:深井被分隔为下降管和上升管两部分。混合液沿下降管和上升管反复循环流动,使得有机污染物被降解,污水得到处理。

深井曝气池直径介于 1~6 m 之间,深度可达 40~150 m,由于井深,氧转移推动力是常规的 6~14 倍,充氧能力强,充氧能力为 0.25~3.0 kgO₂/(m³·h),充氧动力效率为 3~6 kgO₂/(kW·h),氧的利用率为 50%~90%(普通活性污泥法一般为 10%)。深井曝气池是一种高效率、低能耗能的活性污泥法,如图 2.69 所示。

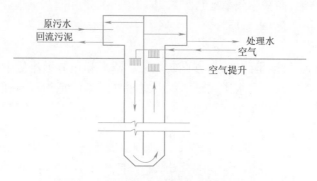

图 2.69　深井曝气活性污泥法系统

深井曝气活性污泥法特点由于深井曝气氧转移的速度快,所以其污泥负荷较高,池容积大大减小,占地面积也小,反应器容积约为普通法的 1/4~1/7,面积约为 1/20。深井曝气法的设备结构简单,可减轻维修作业,不需要特殊的空气扩散装置,空气管不发生堵塞,维护管理方便。再则,混合液溶解度高,可抑制丝状细菌繁殖,不易产生污泥膨胀,且耐冲击负荷。由于充氧充足,池内各点都保持好氧状态,减少恶臭,环境好。

7. 纯氧曝气活性污泥法

纯氧曝气活性污泥法又名富氧曝气活性污泥法。在一般的活性污泥法中,由于供氧能力受到限制,生物反应器内能保持的 MLSS 浓度是有限的。由于 MLSS 浓度直接影响污水的净化能力,若要提高反应器内的 MLSS 浓度,就必须提高供氧能力,纯氧曝气法能满足这一要求。

空气中氧的含量为 21%,纯氧中氧的含量为 90%~95%,纯氧的氧分压比空气的氧分压高 5 倍左右。因此,生物反应器内的溶解氧浓度可维持在 6~10 mg/L,MLSS 在反应器内可达 6 000~8 000 mg/L。尽管该方法单位 MLSS 的 BOD 去除量与空气曝气池差别不大,但因为其 MLSS 值高,远大于空气曝气法,因此,即使在 BOD 负荷相同的情况下,BOD 容积负荷远远大于空气曝气法。所以,应用该方法可以缩短曝气时间,减小生物反应器容积,减小占地面积,减小反应器基本建设投资。

纯氧曝气系统氧利用率高达 80%~90%,鼓风曝气仅为 10% 左右,曝气混合液的污泥容积指数 SVI 较低,一般均低于 100,污泥密实,很少发生污泥膨胀现象。纯氧是由纯氧发生器制造的,其设备复杂,维持管理水平要求高,与空气法相比,易于发生故障。

我国《室外排水设计规范》(GB 50014—2006)对处理城市污水的传统活性污泥法曝气池所规定的设计数据及某些建议数据如表 2.10 所示。

表 2.10　几种活性污泥系统设计与运行参数(对城市污水)

	活性污泥法运行方式	BOD-污泥负荷率 N_s (kgBOD₅/kgMLVSS·d)	BOD-容积负荷率 N_V (kgBOD₅/m³·d)	生物固体停留时间 θ_d(污泥龄)(d)	混合液悬浮固体浓度 (mg/L)		污泥回流比 R (%)	曝气时间 t (h)
					MLSS	MLVSS		
1	传统活性污泥法	0.2~0.4*	0.4~0.9*	5~15	1 500~3 000	1 500~2 500*	25~75*	4~8

活性污泥法 运行方式	BOD-污泥负荷率 N_S (kgBOD$_5$/kgMLVSS·d)	BOD-容积负荷率 N_V (kgBOD$_5$/m^3·d)	生物固体停留时间 θ_d(污泥龄)(d)	混合液悬浮固体浓度 (mg/L)		污泥回流比 R (%)	曝气时间 t (h)
				MLSS	MLVSS		
2 阶段曝气活性污泥法	0.2~0.4*	0.4~1.2	5~15	2 000~3 500	1 500~2 500	25~95	3~5
3 吸附—再生活性污泥法	0.2~0.4*	0.9~1.8*	5~15	吸附池 1 000~3 000 再生池 4 000~10 000	吸附池 800~2 400 再生池 3 200~8 000	50~100*	吸附池 0.5~1.0 再生池 3~6.0
4 延时曝气活性污泥法	0.05~0.1*	0.15~0.3*	20~30	3 000~6 000	2 500~5 000*	60~200*	20~36~48
5 深井曝气活性污泥法	1.0~1.2	5.0~10.0*	5	5 000~10 000	—	50~150*	>0.5
6 合建式完全混合活性污泥法	0.25~0.5*	0.5~1.8*	5~15	3 000~6 000	2 000~4 000*	100~400*	—
7 纯氧曝气活性污泥法	0.4~0.8	2.0~3.0	5~15	—	—	—	—

带 * 号者为我国国标《室外排水设计规范》所规定的数据。

2.2.5 曝气原理与曝气池构造

活性污泥法是一种好氧生物处理法,是水体自净过程的人工强化过程。在活性污泥法正常运行过程中,生物反应器——曝气池内除了有一定数量和性能良好的活性污泥外,还必须有足够的溶解氧。曝气池内的溶解氧由曝气设备提供。曝气的作用除了向混合液供给氧气以外,还能使混合液中的活性污泥与污水充分接触,起到搅拌混合作用,使活性污泥在曝气池内处于悬浮状态,污水和活性污泥充分接触,为好氧微生物降解有机物创造良好的条件。

目前采用的曝气方法有鼓风曝气、机械曝气和两者联合的鼓风——机械曝气。鼓风曝气是将鼓风机提供的压缩空气通过一系列的管道系统送到曝气池中的空气扩散装置,空气以气泡的形式扩散到混合液中,使气泡中的氧转移到混合液中去。机械曝气是通过安装在曝气池水面上、下的叶轮高速转动,剧烈地搅动水面,使液体循环流动,不断更新液面,产生强烈的水跃现象,从而使空气中的氧与水滴充分接触,转入液相中去。

1. 氧的传递原理

双膜理论的基础要点是:在气液面相接触的界面两侧存在处于层流状态的气膜和液膜,在其外侧的气相主体和液相主体属于紊流状态;气体分子从气相主体传递到液相主体,阻力集中在双膜上,由于氧难溶于水,所以,氧转移的阻力主要在液膜上,如图 2.70 所示。

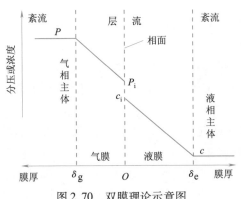

图 2.70 双膜理论示意图

液相主体中溶解氧浓度变化速度,即氧转移速度的数学表达式为

$$\frac{d_c}{d_t} = K_{La}(C_S - C) \tag{2.59}$$

式中:$\frac{d_c}{d_t}$——氧转移度,$kgO_2/(kW \cdot h)$;

K_{La}——氧转移系数,当传递过程中阻力大,则 K_{La} 值低,反之则 K_{La} 值高;

C_S——液相中氧的饱和浓度,mg/L;

C——液相中氧的实际浓度,mg/L。

从式(2.59)可以看出,要想提高 d_c/d_t,必须提高 K_{La} 和 C_S 两相。K_{La} 和 C_S 通常在清水中试验确定。由于曝气池内的污水的物理化学性质不同于清水,污水中的污染物质对 K_{La} 和 C_S 均有影响。因此,必须对 K_{La} 和 C_S 加以修正。

(1)污水水质对 K_{La} 和 C_S 的影响

污水中含有各种污染物质,如短链脂肪酸和乙醇等,其极性端亲水,非极性端疏水,它们在双膜上聚集,阻碍氧分子的扩散转移,影响总转移系数 K_{La},因此需要修正如下:

$$\alpha = \frac{K'_{La}}{K_{La}} \tag{2.60}$$

式中:α——修正系数,为小于1的系数,一般为 $0.8 \sim 0.85$;

K'_{La}——实际污水中的氧总转移系数;

K_{La}——清水中的氧总转移系数。

污水中含有一些无机污染物,以无机盐为主要成分。所以氧在水中的饱和溶解度受到污水水质的影响。因此,对 C_S 修正如下:

$$\beta = \frac{C'_S}{C_S} \tag{2.61}$$

式中:β——修正系数,为小于1的系数,一般为 $0.90 \sim 0.97$;

C'_S——污水的饱和溶解度,mg/L;

C_S——清水的饱和溶解度,mg/L。

修正系数 α,β 值,可通过对污水和清水的曝气充氧试验测定。因此,曝气池中污水的氧转移速度数学表达式为

$$\frac{d_t}{d_c} = \alpha \cdot K_{La}(\beta C_S - C) \tag{2.62}$$

(2)水温对 K_{La} 和 C_S 的影响

当水温过高,水的黏滞性降低,扩散系数增大,液膜变薄,K_{La} 增高,如果水温过低,K_{La} 降低,其关系式为

$$K_{La(T)} = K_{La(20)} \cdot 1.024^{(T-20)} \tag{2.63}$$

式中:$K_{La(T)}$——水温为 T ℃时的氧总转移系数;

T——设计温度;

$K_{La(20)}$——水温为 20 ℃时的氧总转移系数;

1.024——温度系数。

水温对 C_S 也有影响,当温度升高,C_S 值降低,而此时 K_{La} 却增高,但此时液相中氧的传质动力(浓度梯度)却减小。因此,水温对氧的转移有正反两方面的影响,但并不能相互抵消。水温低有利于氧的转移。

(3)气压或氧分压对 K_{La} 和 C_S 的影响

水中饱和溶解度 C_S 值与氧分压或气压有关。当气压降低时,C_S 值也降低,相反则提高。因此 C_S 值应修正如下:

$$\rho = \frac{\text{所在地区实际气压(Pa)}}{1.013 \times 10^5} = \frac{\text{实际 } C_S \text{ 值}}{\text{标准大气压下的 } C_S \text{ 值}} \tag{2.64}$$

对于鼓风曝气池,空气扩散装置一般设在接近池底的水下,此时空气扩散装置出口处的氧分压最大,C_S 值也最大;随着气泡逐渐上升至水面,气压逐渐减小,降低到一个大气压。在气泡上浮过程中,一部分氧已转移到液相中。因此,鼓风曝气中的 C_S 值应以扩散装置出口和曝气池混合液裹面处的溶解氧饱和浓度的平均值按下式计算:

$$C_{Sm} = \frac{C_S}{2}\left(\frac{P_b}{1.013 \times 10^5} + \frac{Q_t}{21}\right) \tag{2.65}$$

式中:C_{Sm}——鼓风曝气池中溶解氧饱和度的平均值,mg/L;

$\quad\quad C_S$——大气压力下氧的饱和度,mg/L;

$\quad\quad P_b$——扩散装置出口处的绝对压力,Pa。$P_b = P + 9.8 \times 10^3 H$,其中 $P = 1.013 \times 10^5$ Pa,为大气压力,H 为扩散装置的安装深度,m。

$$Q_t = \frac{21(1 - E_a)}{79 + 21(1 - E_a)} \times 100\% \tag{2.66}$$

式中:Q_t——气泡离开池面时氧的百分比,%;

$\quad\quad E_a$——扩散装置的氧的转移效率;

$\quad\quad 21$——空气中氧的百分比含量。

2. 供气量的计算

(1)鼓风曝气空气量计算

由于空气扩散装置的氧转移参数是在水温为 20 ℃。气压为 1.013×10^5 Pa 状态(即标准状态)下测定的,并且是在脱氧清水中测定的数值,所以,在实际条件下,对厂商提供的氧转移速度应加以修正。在标准状态条件下,转移到曝气池混合液中的总氧量为

$$R_0 = K_{La(20)} \cdot C_{S(20)} \cdot V \text{ (kg/h)} \tag{2.67}$$

式中:R_0——标准条件下,转移到曝气池中的总氧量;

$\quad K_{La(20)}$——标准条件下,氧的总转移速度;

$\quad\quad V$——曝气池有效容积;

$\quad C_{S(20)}$——标准条件下,脱氧清水的饱和溶解度,m/L。

在实际条件下,转移到曝气池的总需氧量为

$$R = \alpha K_{La(20)}[\beta \cdot \rho \cdot C_{Sm(T)} - C] \cdot 1.024^{(T-20)} \cdot V \tag{2.68}$$

式中:$C_{Sm(T)}$——实际条件下,T ℃时的饱和溶解氧浓度,mg/L;

$\quad\quad C$——实际条件下,混合液 T ℃时的溶解氧浓度,mg/L;

其余符号同前。解上二式得

$$R_0 = \frac{R \cdot C_{Sm(20)}}{\alpha[\beta \cdot \rho C_{Sm(T)} - C] \cdot 1.024^{(T-20)}} \times 100\% \tag{2.69}$$

一般情况下 $R_0/R = 1.33 \sim 1.61$,说明实际状态下的需氧量较标准状态下多 33%~61%。

鼓风曝气中各种曝气设备的转移效率 E_A 为

$$E_A = \frac{R_0}{S \cdot 100\%} \tag{2.70}$$

式中:S——供氧量,kg/h。

$$S = G_S \times 0.21 \times 1.43 = 0.3G_S$$

式中:G_S——供气量,m³/h;

$\quad 0.21$——氧在空气中所占百分比;

$\quad 1.43$——氧的密度,kg/m³。

因此,采用空气曝气时,鼓风机的供气量为

$$G_S = \frac{S}{0.3} = \frac{R_0}{0.3E_A} \qquad (2.71)$$

式中:S——供氧量,kg/h。

(2)机械曝气空气量计算

对于机械曝气,各种叶轮在标准状态下的充氧量与叶轮直径以及线速度的关系,也是事先通过脱氧清水的曝气试验测定的,如泵型叶轮的关系式为

$$Q_S = 0.379 \times V^{0.28} D^{1.88} K \qquad (2.72)$$

式中:Q_S——泵型叶轮在标准状态下的脱氧清水中之充氧量,kg/h;

V——叶轮线速度,m/s;

D——叶轮直径,m;

K——池型结构修正系数,对于合建式圆池可取 0.85 ~ 0.98,对于分建式圆池可取 1.0。

由于 $Q_S = R_0$,而风值可以按式(2.69)求出,因此所需之叶轮直径即可通过式(2.72)或其他类型叶轮的充氧量公式或图表求出。

3. 鼓风曝气系统

鼓风曝气系统由加压设备(鼓风机)、管道及阀门系统及空气扩散装置等部分组成。鼓风机将空气通过管道输送到安装在曝气池底部的空气扩散装置。鼓风机安装在专用的鼓风机房中,为了减少管道系统的长度,减少空气压力损失,一般鼓风机房设置在曝气池附近。鼓风曝气系统的空气扩散装置,亦称曝气装置,是曝气系统的重要设备,其性能好坏直接影响曝气效果以及运行管理费用。衡量空气扩散装置技术性能的主要指标有下列三项:

(1)动力效率(E_P)。每消耗 1 kW·h 电能转移到混合液中的氧量(kgO$_2$/kW·h);

(2)氧的利用效率(E_A)。通过鼓风曝气转移到混合液中的氧,占总供氧量的百分数(%);

(3)氧的转移效率(E_L),也称为充氧能力,通过机械曝气装置,在单位时间内转移到混液合中的氧量(kgO$_2$/h)。

对鼓风曝气性能,按(1)、(2)两项指标评定;对机械曝气装置,则按(1)、(3)两项指标评定。

良好的曝气设备应具有较高的动力效率、氧的转移效率和氧的利用效率。

鼓风曝气系统的空气扩散装置分为微气泡、中气泡、大气泡和水力剪切等类型。对于空气扩散装置要求构造简单,运行稳定,效率高,便于维护管理,不易堵塞,空气阻力小。

(1)微孔空气扩散装置

一般是用多孔材料(陶粒、粗瓷),通过胶黏剂黏合后,经高温烧结而成,其外形多为板状,方状和钟罩状。这类扩散装置产生的气泡小,使得气、液接触面大,氧利用率 E_A 较高,一般都可达10%以上;其缺点是气压损失较大,易堵塞,送入的空气应预先通过过滤处理。

①扩散板。一般尺寸是正方形,安装如图 2.71 所示,每个板匣有独立的进气管。便于维护管理,清洗和更换。

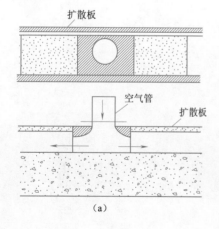

(a)

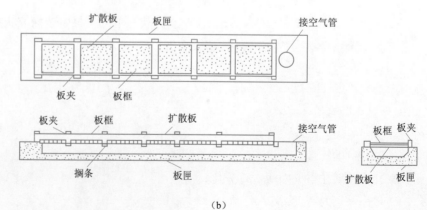

(b)

图 2.71 扩散板空气扩大散装置

扩散板的氧利用率 E_A 为 7% ~ 14% ,动力效率 E_P 为 1.8 ~ 2.5 kgO$_2$/kW·h 。

②扩散管。一般采用的管径为 60 ~ 100 mm,长度多为 500 ~ 600 mm。常以组装形式安装,以 8 ~ 12 根根管组成一个管组,如图 2.72 所示,便于安装、维修。其布置形式同扩散板。

扩散管的氧利用率约介于 10% ~ 13% 之间,动力效率约为 2 kgO$_2$/(kW·h)。

③钟罩型微孔空气扩散器。我国生产的这种扩散装置有 HWB-3 型和 BGW-Q 型等,如图 2.73 所示。其平均孔径为 100 ~ 200 μm;服务面积为 0.3 ~ 0.75 m^2/个;动力效率 E_p 为 4 ~ 6 kgO$_2$/kW·h;氧利用率 E_A 为 20% ~ 25% ,但这种扩散装置易堵塞,空气管路系统应设净化装置。

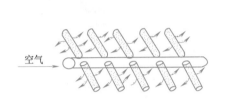

图 2.72　扩散管组装图

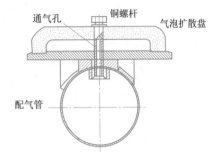

图 2.73　固定式钟罩型微孔空气扩散器

(2)中气泡空气扩散装置

①穿孔管。穿孔管是穿有孔眼的钢管或塑料管。孔眼的直径一般采用 3 ~ 5 mm ,孔眼开于管的下侧与垂直面成 45°的夹角处,孔距为 50 ~ 100 mm ,如图 2.74 所示。

这种扩散装置构造简单,不易堵塞,阻力小,但氧的利用率较低,只有 4% ~ 6% ,动力效率亦低,约1 kgO$_2$/kW·h 。

穿孔管扩散器多组装成栅格型,一般多用于浅层曝气曝气池。

②W$_M$-180 型网状膜空气扩散装置。W$_M$-180 型网状膜空气扩散装置属中气泡空气扩散装置,是由主体、螺盖、网状膜、分配器和密封圈所组成,如图 2.75 所示。其特点是不易堵塞、布气均匀,构造简单,便于维护管理,氧的利用率较高;动力效率为 2.7 ~ 3.7 kgO$_2$/(kW·h)。服务面积为 0.5 m^2,氧的利用率较为 12% ~ 15% 。

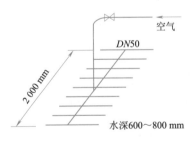

图 2.74　穿孔管扩散器组装图
(浅层曝气的曝气器)

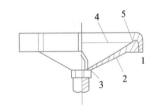

图 2.75　网状膜空气扩散装置
1—螺盖;2—扩散装置本体;3—分配器;
4—网状膜;5—密封垫

(3)大气泡空气扩散装置

如图 2.76 所示,竖管属大气泡扩散器,由于大气泡在上升时形成较强的紊流并能剧烈地翻动水面,从而加强了气泡液膜层的更新和从大气中吸氧的过程。大气泡与液体的接触面积比小气泡和中气泡与液体的接触面积小,但氧转移率仍在 6% ~ 7% 之间,动力效率为 2 ~ 2.6 kgO$_2$/(kW·h),较穿孔管低,但由于竖管构造简单,无堵塞问题,管理也方便,因此近年来国内一些城市污水处理厂和生产污水的曝气也采用这种形式的空气扩散装置。

(4)水力剪切型空气扩散装置

这类空气扩散装置是利用其本身的构造特征,产生水力剪切作,将大气泡切割成小气泡。目前用于工程实际的水力剪切式空气扩散装置有固定螺旋式和倒盆式空气扩散装置。

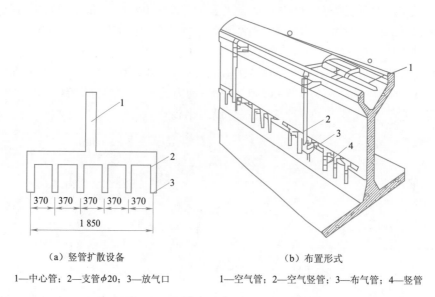

（a）竖管扩散设备

（b）布置形式

1—中心管；2—支管φ20；3—放气口

1—空气管；2—空气竖管；3—布气管；4—竖管

图 2.76　竖管扩散设备及其布置形式

①倒盆式空气扩散装置。倒盆式空气扩散装置由盆形塑料壳体、橡胶板、塑料螺杆及压盖等组成。其构造如图 2.77 所示。空气由上部进气管进入，由盆形壳体和橡胶板间的缝隙向周边喷出，在水力剪切的作用下，空气泡被剪切成小气泡。停止供气，借助橡胶板的回弹力，使缝隙自行封口，防止混合液倒灌。该式扩散器的各项技术参数：服务面积为 6×2 m²；氧利用率为 6.5%~8.8%；动力效率为 1.75~2.88 kgO₂/(kW·h)，总氧转移系数 K_{La} 为 4.7~15.7。

②射流式空气扩散装置。该装置由喷嘴、吸入室、吸入管、混合室、扩散管等部分组成，如图 2.78 所示。

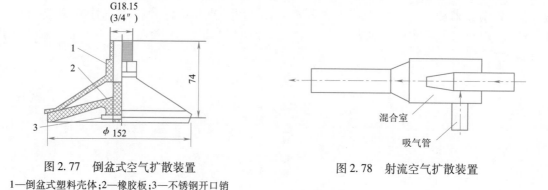

图 2.77　倒盆式空气扩散装置

1—倒盆式塑料壳体；2—橡胶板；3—不锈钢开口销

图 2.78　射流空气扩散装置

射流空气扩散装置中氧的转移效率(E_A)可提高到 20% 以上，生化反应速率也有所提高，但动力效率 E_p 不高。

其是利用水泵打入的泥、水混合液的高速水流的动能，吸入大量空气，泥、水、气混合液在喉管中强烈混合搅动，使气泡粉碎成雾状，继而在扩散管内，由于速头变成压头，从而强化了氧的转移过程，氧的转移率可高达 20% 以上，但动力效率不高。

③螺旋空气扩散装置。由圆形外壳和固定在壳体内部的螺旋叶片所组成，每个螺旋叶片的旋转角为 180°。两个相邻叶片的旋转方向相反。空气由布气管从底部的布气孔进入装置内，向上流动，由于壳体内外混合液的密度差，产生提升作用，使混合液在壳体内外不断循环流动。空气泡在上升过程中，被螺旋叶片反复切割，形成小气泡。当前常用的固定螺旋空气扩散装置有：固定单螺旋、固定双螺旋及固定三螺旋等三种空气扩散装置，图 2.79 所示为固定双螺旋空气扩散装置。固定双螺旋空气扩散装置，氧转移效率 E_A 为

9.5% ~11%,动力效率 E_p 为 1.5 ~2.5 kgO$_2$/(kW·h),三螺旋比双螺旋氧转移效率 E_A 提高 10% ~15%。螺旋空气扩散装置的优点是设备简单,水中无可避免腐蚀和堵塞维护较简便,氧转移效率较高。阻力小,提拌作用好,曝气均匀,不易产生沉淀。

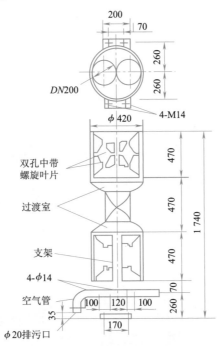

图 2.79　固定双螺旋空气扩散装置

4. 机械曝气系统

曝气机械可分为曝气叶轮、曝气转刷和盘式曝气器。机械曝气装置安装在曝气池的水面上下,在动力驱动下转动。由于叶轮或转刷的转动作用,水面上的污水不断地以水幕状由曝气器周边抛向四周,形成水跃,液面呈剧烈的搅动状,使空气卷入,其后侧形成负压区,也能吸入部分空气。再则,机械曝气装置具有提升液体的作用,使混合液连续地上、下循环流动,气、液接触界面不断更新,不断地使空气中的氧向液体内转移。

(1)叶轮曝气装置

叶轮曝气装置亦称叶轮曝气机。常用的有泵型、K 型、倒伞型和平板型四种,如图 2.80 所示。

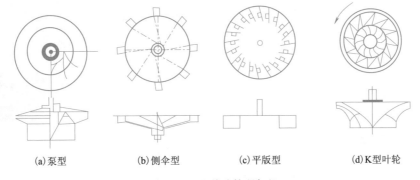

| (a)泵型 | (b)侧伞型 | (c)平版型 | (d)K型叶轮 |

图 2.80　几种叶轮曝气机

叶轮的充氧能力与叶轮的直径、线速度、池型和浸没深度有关。提高叶轮直径和线速度,充氧能力也将提高。叶轮线速度一般控制在 3.5 ~5.0 m/s,线速度过大,将打碎活性污泥,影响处理效果;线速度过小,影响充氧能力。叶轮的浸没深度也要适当,如叶轮在临界浸没水深以下,不能形成负压区,甚至不能形成水跃,只起搅拌作用;反之叶轮浸没过浅,提升能力将大为减弱,也会使充氧能力下降。一般叶轮浸没深度在 10 ~100 mm,视叶轮形式而异。表面曝气叶轮的动力效率 E_p 一般在 3 kgO$_2$/(kW·h)左右。

叶轮曝气机具有结构简单、运行管理方便、充氧效率较高等特点。

（2）曝气转刷

曝气转刷由水平转轴和固定在轴上的叶片所组成，如图2.81所示，一般转速常在20～120 r/min，动力效率E_A在1.7～2.4 kgO$_2$/(kW·h)。安装时，转轴贴近液面，转刷部分浸在液体中，转动时，叶片把大量液滴抛向空中，并使液面剧烈波动，溅成水花，促使氧气的溶解；同时推动混合液在池内的流动，加速溶解氧的扩散。

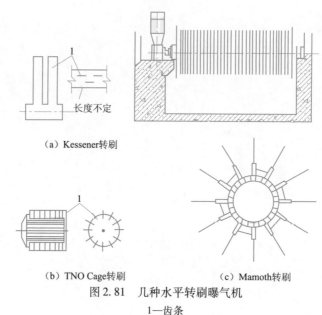

（a）Kessener转刷

（b）TNO Cage转刷　　　　　　（c）Mamoth转刷

图2.81　几种水平转刷曝气机

1—齿条

（3）盘式曝气器

盘式曝气器简称曝气转盘或曝气碟，构造如图2.82所示。曝气转盘表面有大量的规则排列的三角突出物和不穿透小孔（曝气孔），用于增加推进混合和充氧效率，如图2.83所示。转刷曝气器和盘式曝气器主要用于氧化沟，它具有负荷调节方便、维护管理容易、动力率高等优点。

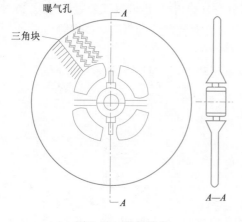

图2.82　曝气转盘

图2.83　曝气转盘表面

5. 曝气池构造

曝气池是活性污泥处理系统的主要设备。根据曝气池中污水与活性污泥的混合流动形态，曝气池可分为推流式、完全混合式和循环混合式三种类型。

（1）推流式曝气池

推流式曝气池一般多采用鼓风曝气，平面尺寸通常为矩形（见图2.84），混合液的流型为推流式。推流是指污水（混合液）从池的一端流入，经过一定的时间和流程从池的另一端流出；污水与回流污泥在曝气池内，在理论上只有横向混合，无纵向混合。推流式曝气池，通常采用鼓风曝气，因此，推流式曝气池亦称鼓风曝气池。

推流式曝气池的结构一般为钢筋混凝土浇筑而成,一般与二次沉淀池分建。由于曝气池长度较大,可达 100 m,因此,当污水厂的场地受限时,曝气池可以拆成多组廊道,如图 2.85 所示,用单数廊道时,入口和出口分设在池的两端;用双数廊道时,入口和出口则设在池的同一端。设计时,采用何种形式,取决于污水处理厂总平面和运行方式,如生物吸附法常采用双廊道。

图 2.84　推流式曝气池

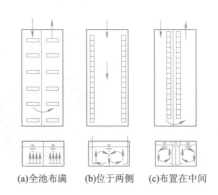

(a)全池布满　(b)位于两侧　(c)布置在中间

图 2.85　鼓风曝气池扩散设备布置形式

鼓风曝气池中的曝气设备,通常安装在曝气池廊道一侧。由于气泡形成密度差,池水产生旋流。池中的水除沿池长方向流动外,还有侧向旋流,形成旋流推动。为达到此目的,曝气池廊道的宽深比一般要在 2 以下,一般为 1.0 ~ 1.5。若曝气池的宽度过大,应考虑在曝气池廊道两侧安装空气扩散装置。如果选用小气空气扩散装置如固定螺旋曝气装置,应将扩散装置布满整个池底部,根据空气扩散器的面积通过计算确定每个曝气设备的间距。

由于曝气池(见图 2.86)长度较大,为防止水流出现短流现象,廊道长度 L 与宽度 B 之比应大于 10,池宽常在 4 ~ 6 m,廊道转弯折流处过水断面宽应等于池宽。池深与造价、动力费用有密切关系。

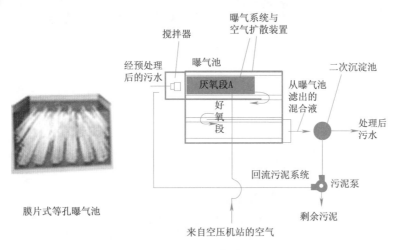

图 2.86　曝气池

池越深,氧的转移效率就越高,可降低供气量,但压缩空气的压力将提高;反之,池浅时空气压力降低,氧转移效率也降低。因此,在设计中,常根据土建结构和池子的功能要求以及允许占用的土地面积等因素,一般选择池深在 3.0 ~ 5.0 m 之间。曝气池进水口最好淹没在水面以下,以免污水进入曝气池后沿水面扩散,造成短流,影响处理效果。曝气池出水设备可用溢流堰或出水孔。通过出水孔的水流流速要小些(介于 0.1 ~ 0.2 m/s 之间),以免污泥受到破坏。在曝气池半深处或距池底 1/3 处以及池底处,应设置放水管,前者备间歇运行(如培养活性污泥)时用,后者备池子清洗时放空用。

(2)完全混合曝气池

完全混合式曝气池(见图 2.87)多采用表面机械曝气装置。曝气叶轮安置在池表面中央。曝气池形状多为圆形,偶见多边形和方形。为了使池和叶轮所能作用的范围相适应,便于池中混合液都能得到充足的氧。这种曝气池,污水和回流污泥一进入池中,即与池内原有混合液充分混合,加池中混合液的大循环,故称之为完全混合曝气池。

图2.87 完全混合曝气池

完全混合式曝气池与二次沉淀池有合建式与分建式两种。合建式又称为曝气沉淀池。图2.88 所示由一种采用表面曝气叶轮的圆形曝气沉淀池,它是由曝气区、导流区、沉淀区、回流区四部分组成。污水从池底中心进入,在曝气区内,污水与回流污泥同混合液得到充分而迅速的混合,然后经导流区流入沉淀区,澄清水经周边出流堰排出,沉淀下来的污泥沿曝气区底部四周的回流缝回流入曝气区,剩余污泥从设于沉淀区底部的排泥管排出池外。导流区是在曝气区和沉淀区之间设置的缓冲区,其作用是使气液分离并使污泥产生凝聚,为沉淀创造条件。这种合建式的曝气沉淀池布置紧凑,流程短,有利于新鲜污泥及时回流并省去一套污泥回流设备、占地少等优点,因此,近年来在小型城市污水处理厂和生产污水处理站得到广泛应用。但由于曝气和沉淀两部分合建在一起,池体构造复杂,需要较高的运行管理水平。

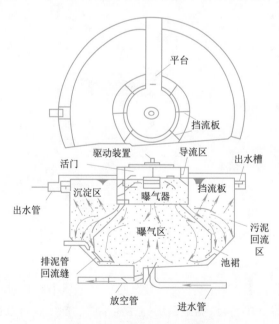

图2.88 曝气沉淀池示意图

虽然曝气沉淀池有上述优点,但其沉淀区在构造上有局限性、泥水分离、污泥浓缩等问题有待解决。因此,在工程实际中,完全混合式曝气池的曝气区与沉淀区分建,分建式完全混合曝气池如图2.89 所示,采用表面曝气设备。这种曝气池与推流式曝气池不同之处除了曝气设备外,其进水和回流污泥沿曝气池长均匀引入,由于是表面曝气设备,应将狭长的曝气池分成若干方形单元,相互衔接,每个单元设一台机械曝气装置。分建式空气混合曝气池需设置污泥回流系统。

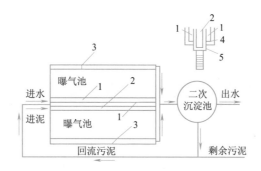

图 2.89　分建式完全混合曝气池

1—进水槽;2—进泥槽;3—出水槽;4—进水孔口;5—进泥孔口

（3）循环混合式曝气池

循环混合式曝气池亦称氧化沟、氧化渠。此种曝气池的结构和工艺流程,以及工作特征将在《活性污泥法的发展与新工艺》中阐述。

2.2.6　活性污泥法的工艺设计

1. 设计内容

活性污泥法处理系统是曝气池、曝气系统、污泥回流系统、二次沉淀池等单元组成。其工艺设计包括下列内容:

（1）选定污水处理工艺流程。

（2）曝气池的容积计算及曝气池的工艺设计。

（3）需氧量、供氧量的计算及曝气系统的设计与计算。

（4）回流污泥量、剩余污泥量的计算及污泥回流系统设计。

（5）二次沉淀池池型的选定及工艺设计计算。

（6）剩余污泥量的处置。

2. 收集原始资料、确定设计参数

（1）原始资料与数据

收集原始资料、确定设计参数是活性污泥处理系统设计与计算的重要环节。资料的准确程度与设计参数选择的合理性,将直接影响系统的处理效果、工程造价及运行管理的效果。因此,在计算与设计之前,应充分掌握污水、污泥的原始资料。需要确定的资料或数据有:

①原污水日平均流量（m^3/d）、最大时流量（m^3/h）、最小时流量（m^3/h）。流量的大小决定反应器的规模,如果曝气池的设计水力停留时间超过 6 h,为减小反应器的容积,可以考虑以日平均流量作为曝气池的设计流量;如果设计水力停留时间较短,则应考虑用最大时流量作为设计流量。

②原污水和经过一级工艺处理后的主要各项指标主要是 BOD、COD、TOC、悬浮固体 SS、总氮 TN、总磷 TP 等。计算出 BOD 和 COD 的去除率。

③水的出路及排放标准,其中主要是 OD 和 COD 的去除率及出水浓度。

④对所长生的污泥的处理与处置要求。

（2）主要设计参数的确定

对活性污泥法处理系统的工艺设计,目前是以经验方法与理论方法相结合的方式。活性污泥法系统的工艺设计,应确定设计参数如下:

①BOD – 污泥负荷率 N_s。

②混合液污泥浓度 MLSS。

③污泥回流比 R。

（3）工艺流程的确定

在进行系统工艺设计时，首先应选择并确定工艺流程。选择合理的工艺流程，应综合考虑现场的地理位置、地区条件、气候条件以及施工技术等客观因素，综合分析工艺的可行性和先进性以及经济上的合理性。

在确定工艺流程时，需进行方案比较，一般城市污水处理工程的工程量及投资均较高，应慎重考虑仔细研究，以保证确定的工艺系统是最优化的。

3. 曝气池容积的计算

计算曝气池容积，目前普遍采用的是按有机物负荷率计算法。有机物负荷率可分为 BOD 负荷和容积负荷两种。

（1）BOD 负荷率

$$N_S = \frac{Q \cdot S_a}{X \cdot V} [\text{kgBOB}_5/(\text{kgMLSS} \cdot \text{d})]$$

计算曝气池容积

$$V = \frac{Q \cdot S_a}{XN_S}(\text{m}^3) \tag{2.73}$$

（2）BOD 容积负荷率

$$N_V = \frac{QS_a}{V} = N_S \cdot X[\text{kgBOB}_5/(\text{kgBOB}_5/(\text{m}^3 \cdot \text{d})]$$

由此可计算曝气池（区）容积

$$V = \frac{Q \cdot S_a}{N_V} \tag{2.74}$$

BOD 污泥负荷率在微生物降解有机物方面有一定理论意义，而容积负荷率为经验数据。

（3）BOD - 污泥负荷率的确定

①按有机物降解动力学理论计算：

$$N_S = \frac{Q \cdot S_a}{X \cdot V} = \frac{(S_a - S_e)f}{X_V t\eta} = \frac{K_2 L_e f}{\eta} \tag{2.75}$$

式中：X_V——曝气池混合液 MLVSS 浓度，mg/L，可参考表 2.10 选择；

t——曝气时间，h，对于不同的活性污泥运行方式，t 值选择不同，可参考表 2.10 确定；

$f = \text{MLVSS}/\text{MLSS}$，对于生活污水 $f = 0.75$，对于工业废水则需通过试验确定；

η——有机物去除率；

K_2——系数，在完全混合曝气池中，对于城市污水，其值为 0.0168 ~ 0.028；工业废水则需要通过实验确定。其余符号同前。

②经验数据法。根据统计资料，在处理生活污水的推流式曝气池内，BOD 污泥负荷率（N_S）与处理水 S_e 之间存在下列关系

$$N_S = 0.012\ 95S_e^{1.191\ 8} \tag{2.76}$$

式（2.76）由日本学者桥本奖经过调查研究总结归纳所得，故亦称桥本奖公式。

N_S 亦可参照表 2.10 确定。

一般对城市污水，BOD - 污泥负荷率多 0.3 ~ 0.5 kgBOD$_5$/（kgMLSS · d），BOD$_5$ 去除率可达 90% 以上，污泥沉淀性能较好，SVI 在 80 ~ 150 之间。

（4）混合液浓度（MLSS）的确定

混合液浓度 MLSS 的高低直接影响曝气池容积及回流污泥设备的大小。当混合液浓度过高，曝气池体积可以减小；而混合液浓度的高低由回流污泥量决定。如果回流量大多则污泥回流设备庞大，因此在确定 MLSS 时应考虑下列因素。

①活性污泥的凝聚沉淀性能。混合液中的活性污泥来自于回流污泥，显然回流污泥浓度 X_R 高于混合液浓度 X；回流污泥是从二次沉淀池底部泥斗回流至曝气池的，所以回流污泥的初始浓度由二次沉淀池沉淀的

性能及沉淀的时间决定。可按式(2.77)计算。

$$X_r = \frac{10^6}{SVI} \cdot r \quad (mg/L) \quad (2.77)$$

式中:r——考虑污泥在二次沉淀池中停留时间、深度－污泥厚度等因素的有关系数,一般取1.2左右。

从式(2.77)可以看出SVI与X_r是反比,当SVI = 100左右时,X_r值在8 000 ~ 2 000 mg/L之间。

②供氧的经济与可能。污泥浓度提高,微生物需氧量也要提高。同时污泥浓度过高会改变混合液的黏滞性,增加扩散阻力,降低氧的利用率,动力费用高,所以要考虑曝气设备能否与高污泥浓度相匹配。一般曝气设备在高MLSS供氧困难。

③淀池与回流设备。混合液污泥浓度高,会增加二次沉淀池的负荷和造价。分建式曝气池中,混合液浓度越高,维持平衡的回流污泥量也越大,从而使污泥回流设备的造价和动力费增加。按照物料平衡关系可得X、回流比R和回流污泥浓度X_r间的关系:

$$R \cdot Q \cdot X_r = (Q + RQ) \cdot X$$

$$X = \frac{R}{1 + R} X_r \quad (2.78)$$

式中:X——曝气池混合液浓度,mg/L;

R——污泥回流比;

X_r——回流污泥浓度,mg/L。

将式(2.77)代入式(2.78),可得估算混合液浓度的公式:

$$X = \frac{R}{1 + R} \cdot \frac{10^6}{SVI} \cdot r \quad (2.79)$$

4. 曝气系统的设计计算

曝气系统设计包括曝气方法的选择、需氧量与供气量的计算、曝气设备的选择与计算。

(1)需氧量的计算

需氧量是指活性污泥微生物在曝气池中进行新陈代谢所需要的氧量。在微生物的代谢过程中,需要将污水中有机物氧化分解成H_2O、CO_2等,同时微生物本身也氧化一部分细胞物质,为新细胞的合成以及维持其生命活动提供能源。这两部分氧化所需要的氧量,可用下式表示:

$$O_2 = a'QS_r + b'VX_V \quad (2.80)$$

式中:O_2——曝气池混合所需氧量,kgO_2/d;

a'——代谢每千克BOD所需氧的千克数;

b'——污泥自身氧化需氧率,d^{-1},即每公斤污泥MLVSS每天所需氧的千克数;

QS_r——被微生物降解的有机物数量,kg/d,$S_r = S_a - S_e$;Q为污水流量,m^3/d;

VX_V——曝气池中混合液挥发性悬浮固体总量,kg;V为曝气池容积,m^3;X_V为MLVSS,mg/L。

生活污水和几种工业废水的a'、b'值,可参照表2.11选用。

表2.11 生活污水和几种工业废水的a'、b'值

废水名称	a'	b'	废水名称	a'	b'
生活污水	0.42 ~ 0.53	0.188 ~ 0.11	炼油废水	0.5	0.12
石油化工废水	0.75	0.16	酿造废水	0.44	—
含酚废水	0.56	—	制药废水	0.35	0.354
合成纤维废水	0.55	0.142	亚硫酸浆粕废水	0.40	0.185
漂染废水	0.5 ~ 0.6	0.065	制浆造纸废水	0.38	0.092

(2)供气量的计算

供气量可按式(2.71)计算。由于进入曝气池的污水流量和BOD在一天内时都在变化,所以BOD污泥负荷率在一天内也在变化。需气量可分日平均需气量和最大时需气量。

（3）鼓风曝气系统的设计与计算

鼓风曝气系统设计的内容为曝气装置的选择和布置、空气管道系统的布置与计算、鼓风机规格和数量的确定。

①空气管道的布置与计算。空气管道长度和管径要根据鼓风机房和鼓风曝气池间的距离、管道走向和管道的流速、风量来决定。

当污水处理厂的平面布置方案选定后，空气管道的走向及长度基本上确定了。空气管道的经济流速为：干管空气流速为 10～15 m/s，通向扩散设备的支管取 4～5 m/s。流速和该空气管道的空气流量确定后，可根据附录 3（a）查表选定空气管径，然后再核算压力损失，调整管径。

空气管道的压力损失 h 为沿程阻力损失 h_1 与局部阻力损失 h_2 之和。

空气管道中引起局部压力损失的各种配件按式（2.81）换算成管道的当量长度 L_0，与管段长度 L 相加得出管道的计算长度 $L+L_0$。

$$L_0 = 55.5KD^{1.2} \tag{2.81}$$

式中：L_0——管道的当量长度，m；

D——管径，mm；

K——长度换算系数，见表 2.12。

表 2.12　长度换算系数

配件	三通，气流转弯	直流异口径	直流等口径	弯头	大小头	球阀	角阀	闸阀
长度换算系数	1.33	0.42～0.67	0.33	0.4～0.7	0.1～0.2	2.0	0.9	0.25

查附录 C（b），按照空气量、管径、温度、空气压力的顺序最后查得单位长度摩擦损 i，用 i 乘以 $L+L_0$ 即得沿程和局部的压力损失。

查附录 C（b）时，温度可用 30 ℃，空气压力按下式估算：

$$P = (1.5+H) \times 9.8 \tag{2.82}$$

式中：P——空气压力，kPa；

H——扩散设备距水面的深度，m。

②风机的确定。目前用于鼓风曝气系统的鼓风机有多种形式。常用的有叶式鼓风机、罗茨鼓风机和离心式鼓风机等。各种鼓风机的性能、规格和特点详见《给水排水设计手册》11 册，本书附录 A 列出了部分鼓风机产品规格及特性。

确定鼓风机的主要参数为设计风量和风压。一般在同一供气系统中，尽量选用同一型号的鼓风机。鼓风机的备用台数为：工作鼓风机≤3 台时，备用一台；工作鼓风机≥4 台，备用两台。鼓风机设在专用的鼓风机房用，电源选用双电源，电容量以全部机组同时启动时的负荷设计。鼓风机房内、外（见图 2.90 和图 2.91）采用防止噪声的措施，使其符合我国现行的《工业企业噪声卫生标准》和《城市环境噪声标准》。

图 2.90　鼓风机房内

图 2.91　鼓风机房外

（4）机械曝气装置的设计

机械曝气装置的设计内容主要是选择叶轮的型式和确定计轮的直径。叶轮的形式是根据叶轮的充氧功能和动力效率以及加工条件来选择。叶轮的直径取决于曝气池的需氧量,使所选择的叶轮的充氧量满足混合液需氧量的要求。

对机械曝气,各种叶轮在标准条件下的充氧量与叶轮直径及其线速度的关系,也是事先通过脱氧清水曝气实验测定测出的关系式:

$$Q_S = 0.379v^{0.28}D^{1.88}K$$

式中:Q_S——泵型叶轮在标准条件下脱氧清水中的充氧量,kg/g;

　　　　v——叶轮线速度,m/s;

　　　　D——叶轮的直径,m;

　　　　K——池型结构修正系数。

5. 污泥回流系统的设计

对于分建式曝气池,污泥从二次沉淀池回流需设污泥回流设备,主要包括提升装置和污泥输送的管渠系统。

在设计污泥回流设备之前,应确定污泥回流量 Q_R。$Q_R = RQ$,其中 R 可按设计的运行方式参照表 2.10 确定。此外,若剩余污泥也需提升后再排入污泥处理系统,其剩余污泥量可在污泥回流设备设计中一并考虑,污泥提升设备常采用叶片泵,最好选用螺旋泵和泥流泵。对于鼓风曝气池,也可选用空气提升器。空气提升器结构简单、管理方便且所消耗的空气可向活性污泥补充溶解氧,但空气提升器的效率不如叶片泵。目前国内大型污水处理厂回流系统使用较多的是螺旋泵(见图 2.92)。

图 2.93 所示为螺旋泵的基本构造形式。

图 2.92　螺旋泵

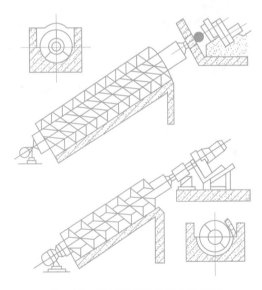

图 2.93　螺旋提升泵的基本构造图

采用螺旋泵的污泥回流系统,具有以下各项特征:

(1)效率高,而且稳定,即使进泥量有所变化,仍能够保持较高的效率。

(2)能够直接安装在曝气池与二次沉淀池之间,不必另设污泥井及其他附属设备。

(3)不因污泥而堵塞,维护方便,节省能源。

(4)转速较慢,不会打碎活性污泥絮凝体颗粒。

6. 二次沉淀池的计算与设计

二次沉淀池设计的主要内容包括池型选择、沉淀池面积、有效水深和污泥区容积的计算。

二次沉淀池是活性污泥系统的重要组成部分。它的主要作用是分离混合液中的活性污泥与处理水,使混合液澄清,同时,二次沉淀池污泥斗中可以完成污泥浓缩作用,并使高浓度的活性污泥回流到曝气池内。

二次沉淀池与曝气池有分建和合建两类。分建的二沉池仍然是平流式、竖流式和辐流式三种。有时也采用斜板(管)沉淀池的,但斜板(管)上易产生污泥淤积,使用时应加强管理。

二次沉淀池与初次沉淀池在结构上无太大区别,但在作用上与初沉池相比有以下特点:

①除了进行泥水分离外;还要进行污泥的浓缩,由于沉淀的活性污泥质轻颗粒细,所以采用的表面负荷要比初沉池小。

②活性污泥质轻易被水流带走,并容易产生异重流现象,使实际的过水断面远远小于出水堰设在离池末端一定距离处,堰的长度要相对增加,使单位堰长的出水量小子 5~8 $m^3/(m \cdot h)$。

③由于进入二沉池的混合液是泥、水、气三相混合体,因此,竖流式沉淀池的中心管下降流速和曝气沉淀池导流区的下降流速都要小些,以利于气、水分离,提高澄清区的分离效果。

(1)设计流量 Q

二沉池沉淀区的设计流量为污水最大时流量,但不包括回流污泥量。这是因为沉淀池分两路流动:一路相当于污水流量,通过沉淀池上部溢流堰流出;另一路相当于回流污泥量和剩余污泥量,通过污泥区从下部的排泥管排出,故采用污水最大时流量作为设计流量是合理的。但中心管(包括合建式导流区)设计时应加上污泥回流量作为设计流量,否则将会增大中心管的流速,不利于气水分离。

(2)二沉池的表面积 A

由于沉淀区中的水力表面负荷 q 对沉淀效果的影响比沉淀时间更为重要,故二沉池设计常以表面负荷为主要参数,并同沉淀时间配合使用。

$$A = \frac{Q}{q} = \frac{Q}{3.6u} \quad (m^2) \tag{2.83}$$

式中:Q——污水的设计流量,m^3/h;

q——表面负荷,$m^3/(m^2 \cdot h)$;

u——正常活性污泥成层沉淀之沉速,mm/s。

二沉池的水力表面负荷 q 可取 1~2 $m^3/(m^2 \cdot h)$,相应的 u 为 0.15~0.5 mm/s。

(3)二沉池的有效水深 H

沉淀区(澄清区)要保持一定的水深,以维持水流的稳定。一般可按沉淀时间计算

$$H = \frac{Qt}{A} = qt \tag{2.84}$$

式中:t——二次沉淀池水力停留时间,通常采用 1.5~2.5 h。

(4)二次沉淀池污泥区容积

由于二次沉淀池的污泥区有污泥浓缩作用,以提高回流污泥浓度,减少回流量,所以二次沉淀池应保持一定容积。但是,污泥区容积过大,污泥在污泥区中停留时间过长,容易使污泥失去活性。因此对于分建式沉淀池,一般规定污泥区的贮泥时间为 2 h。

对于合建式曝气沉淀池,由于污泥区容积决定于池体的构造,当池深和沉淀面积确定后,污泥区容积就确定了,一般无须进行计算。

7. 剩余污泥及其处置

为了使活性污泥处理系统的净化功能保持稳定,就必须保证曝气池内的污泥浓度不变。因此,每日应从系统中排除一定数量的剩余污泥。剩余污泥量按式(2.85)计算。

$$\Delta X = Q_w \cdot f \cdot X_r \tag{2.85}$$

由于剩余污泥量是挥发性悬浮固体 MLVSS,并以干重的形式表示,因此剩余污泥量应换算成湿污泥量(m^3/d),并以挥发性悬浮固体换算成总悬浮固体,即

因此

$$Q_w = \frac{\Delta X}{f \cdot X_r} \tag{2.86}$$

式中: Q_w——每日排出的剩余污泥量,m^3/d;

ΔX——挥发性剩余污泥量(干重),kg/d;

X_r——回流污泥浓度,g/L。

$f = MLVSS/MLSS$——生活污水为 0.75,城市污水也可同此。

剩余污泥含水率高达 99% 左右,数量多,体积大,脱水性能,因此剩余污泥的处置比较麻烦。

　　对剩余污泥传统的处置方法,是首先将其引入浓缩池进行浓缩,使其含水率由99%降至96%~97%,然后与由初次沉淀池排出的污泥共同进行厌氧消化处理。这种方式只适用于大、中型的污水处理厂。

　　目前,在国内、外对剩余污泥的处置方式,出现了另一种趋势。这种处置方式是将剩余污泥经浓缩后(或不经浓缩),与由初次沉淀池排出的污泥相结合,然后向混合污泥中投加一定量的混凝剂,之后用污泥脱水机械进行脱水,混合污泥的含水率能够降至70%~80%。污泥形成泥饼,这样的污泥便于运输和利用。

8. 设计例题

【例2.3】　某城市日排污水量20 000 m³,时变化系数1.35,进入曝气池BOD₅值为170 mg/L,要求处理水BOD₅值为20 mg/L,拟采用活性污泥系统处理。

(1)计算、确定曝气池主要部位尺寸;

(2)计算、设计鼓风曝气系统。

【解】　(1)曝气池的计算与各部位尺寸的确定

曝气池按BOD–污泥负荷法计算

①BOD–污泥负荷率的确定:

拟定采用的BOD–污泥负荷率为0.3 kgBOD₅/(kgMLSS·d)。但为稳妥计,需加以校核,校核公式为式(2.75),即

$$N_S = \frac{K_2 L_e f}{\eta}$$

K_2 值取0.018 5,$L_e = 20$ mg/L。

$$\eta = \frac{S_a - S_e}{S_a} = \frac{170 - 20}{170} = 0.882$$

$$f = \frac{MLVSS}{MLSS} = 0.75$$

将以上各值代入式(2.75)得

$$N_S = \frac{0.018\ 5 \cdot 20 \cdot 0.75}{0.088\ 2} = 0.31\ \text{kgBOB}_5/(\text{kgMLSS} \cdot \text{d})$$

$$\approx 0.30\ \text{kgBOB}_5/(\text{kgMLSS} \cdot \text{d})$$

计算结果确证,N_S 值取0.3是适宜的。

②确定混合液污泥浓度 X:

根据已确定的 N_S 值,查图2.58得相应的SVI值为100~120,取值110,按式(2.79),计算确定混合液污泥浓度值 X。对此 $r = 1.2$,$R = 50\%$,代入各值,得

$$X = \frac{R}{1+R} \cdot \frac{10^6}{SVI} \cdot r = \frac{0.5 \cdot 1.2}{1+0.5} \cdot \frac{10^6}{100} = 3\ 636\ \text{mg/L} \approx 3\ 600\ \text{mg/L}$$

③确定曝气池容积,按式(2.73)计算:

$$V = \frac{Q S_a}{X N_S}$$

$$V = \frac{20\ 000 \times 170}{0.3 \times 3\ 600} = 3\ 148\ \text{m}^3$$

④确定曝气池各部位尺寸:

设两组曝气池,每组容积为3 148/2 = 1 574 m³,池深取4.2 m,每组曝气池的面积为

$$F = \frac{1\ 574}{4.2} = 374.8\ \text{m}^2$$

池宽取4.5 m,$B/H = 4.5/4.2 = 1.07$,介于1~2之间,符合规定。

池长:$F/B = 374.8/4.5 = 83.3$ m

　　$L/B = 83.3/4.5 = 18.5 > 10$,符合规定。

设三廊道式曝气池,廊道长

$$L_1 = L/3 = 83.3/3 = 27.8 \text{ m} \approx 28 \text{ m}$$

取超高 0.8 m,则池总高度为

$$4.2 + 0.8 = 5.0 \text{ m}$$

(2)曝气系统的计算与设计

本设计采用鼓风曝气系统。

①平均时需氧量的计算:

按式(2.80)计算,即

$$O_2 = a'QS_r + b'VX_V$$

查表 3.11,得 $a' = 0.5$;$b' = 0.15$,代入各值

$$O_2 = 0.5 \times 20\,000 \times \left(\frac{170 - 20}{1\,000}\right) + 0.15 \times 3\,148 \frac{3\,600 \times 0.75}{1\,000} = 2\,774.9 \text{ kg/d} = 115.6 \text{ kg/h}$$

②最大时需氧量的计算:

根据原始资料 $K = 1.35$

$$O_2 = 0.5 \times 20\,000 \times 1.35\left(\frac{170 - 20}{1\,000}\right) + 0.15 \times 3\,148\left(\frac{3\,600 \times 0.75}{1\,000}\right) = 3\,299.9 \text{ kg/d} = 137.5 \text{ kg/h}$$

③每日去除 BOD_5 值:

$$BOD_5 = \frac{20\,000 \times (170 - 20)}{1\,000} = 3\,000 \text{ kg/d}$$

④去除每千克 BOD 的需氧量:

$$\Delta O_2 = \frac{2\,774.9}{3\,000} = 0.925 \text{ kgO}_2/\text{kgBOD} \approx 0.93 \text{ kgO}_2/\text{kgBOD}$$

⑤最大时需氧量与平均时需氧量之比:

$$\frac{O_{2(\max)}}{O_2} = 1.19$$

(3)供气量的计算

采用网状型中微孔空气扩散器,敷设于距池底 0.2 m 处,淹没水深 4.0 m,计算温度定为 30 ℃

查附录 B,得水中溶解氧饱和度

$$C_{s(20)} = 9.17 \text{ mg/L};\quad C_{s(30)} = 7.63 \text{ mg/L}$$

①空气扩散器出口处的绝对压力 P_b 按公式 $P_b = 1.013 \times 10^5 + 9.8 \times 10^3 H$ 计算,代入各值,得

$$P_b = 1.013 \times 10^5 + 9.8 \times 10^3 H$$
$$= 1.013 \times 10^5 + 9.8 \times 10^3 \times 4.0 = 1.405 \times 10^5 (\text{Pa})$$

②空气离开曝气池时,氧气的百分比,按公式 2.66 计算,即

$$Q_t = \frac{21(1 - E_A)}{79 + 21(1 - E_A)} \times 100\%$$

式中:E_A——空气扩散器的氧转移效率,对网状膜型中微孔空气扩散器,取值 12%。代入 E_A 值得

$$Q_t = \frac{21(1 - 0.12)}{79 + 21(1 - 0.12)} \times 100\% = 18.43\%$$

③曝气池混合液中平均氧的饱和度(按最不利温度条件考虑)按式(2.65)计算,即

$$C_{Sm(T)} = C_S\left(\frac{P_b}{2.026 \times 10^5} + \frac{Q_t}{42}\right)$$

最不利温度条件,按 30 ℃ 考虑,代入各值,得

$$C_{Sm(30)} = 7.63\left(\frac{1.405 \times 10^5}{2.026 \times 10^5} + \frac{18.43}{42}\right) = 8.54 \text{ mg/L}$$

④换算在 20 ℃ 条件下脱氧清水的充氧量,按式(2.69)计算,即

$$R_0 = \frac{RC_{S(20)}}{\alpha[\beta \cdot \rho \cdot C_{Sm(T)} - C] \cdot 1.024^{T-20}}$$

取其值 $\alpha=0.82$；$\beta=0.95$；$\rho=1.0$，代入各值，得

$$R_0=\frac{115.6\times9.17}{0.82[0.95\times1.0\times8.54-2.0]\cdot1.024^{30-20}}=170\ \text{kg/h}$$

相应的最大时需氧量为：

$$R_{0(\max)}=\frac{137.6\times9.17}{0.82[0.95\times1.0\times8.54-2.0]\times1.024^{(30-20)}}=203.2\ \text{kg/h}$$

⑤曝气池平均时供气量按式(2.71)计算，即

$$G_s=\frac{R_0}{0.3E_A}\times100$$

代入各值，得

$$G_s=\frac{170}{0.3\times0.12}\times100$$

⑥曝气池最大的供气量：

$$G_{s(\max)}=\frac{203.2}{0.3\times12}\times100=5\ 648.1\ \text{m}^3/\text{h}$$

⑦去除每 kgBOD$_5$ 的供气量：

$$\frac{4\ 723.3}{3\ 000}\times24=37.79\ \text{m}^3\ 空气/\text{kgBOD}_5$$

⑧每 m^3 污水的供气量：

$$\frac{4\ 723.3}{20\ 000}\times24=5.67\ \text{m}^3\ 空气/\text{m}^3\ 污水$$

（4）空气管系统计算

按图 2.94 所示的曝气池平面图，布置空气管道，在相邻的两个廊道的隔墙上设一根干管，共 3 根干管。在每根干管上设 5 对配气竖管，共 10 条配气竖管。全曝气池共设 30 条配气竖管。每根竖管的供气量为

$$5\ 648.1/30=188.3\ \text{m}^3/\text{h}$$

曝气池平面面积为

$$27\times28=756\ \text{m}^2$$

每个空气扩散器的服务面积按 0.50 m^2 计，则所需空气扩散器的总数为

$$756/0.5=1\ 512\ 个$$

本设计采用 1 500 个空气扩散器，每个竖管上安设的空气扩散器的数目为

$$1\ 500/30=50\ 个$$

每个空气扩散器的配气量为

$$5\ 648.1/1\ 500=3.76\ \text{m}^3/\text{h}$$

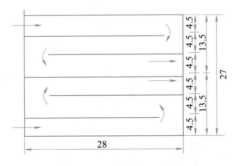

图 2.94　曝气池平面图

将已布置的空气管路及布设的空气扩散器绘制成空气管路计算图（参见图 2.95），用以进行计算。选择一条从鼓风机房开始的最远最长的管路作为计算管路。在空气流量变化处设计节点，统一编号后列表进行

空气管道计算。

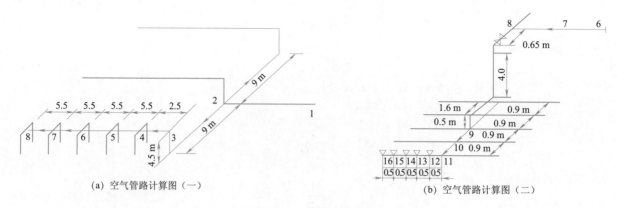

(a) 空气管路计算图(一)　　　　　　　　(b) 空气管路计算图(二)

图 2.95　空气管路计算图

空气干管和支管以及配气竖管的管径,根据通过的空气量和相应的流速按附录 C 加以确定。计算结果列入计算表中的第 6 项。

空气管路的局部阻力损失,根据配件的类型按式(2.81)折算成当量长度损失 L_0,并计算出管道的计算长度 $L_0+L(m)$(L 为管段长度),计算结果列入计算表中的第 8、9 两项。

空气管道的沿程阻力损失,根据空气管的管径 $D(mm)$、空气流量(m^3/min)、计算温度(℃)和曝气池水深,查附录 C 求得,结果列入计算表的第 10 项。9 项于 10 项相乘,得压力损失 h_1+h_2,结果列入计算表第 11 项。

将表 2.13 中 11 项各值累加,得空气管道系统的总压力损失为

$$\sum(h_1+h_2)=168.34\times9.8=1.649\ kPa$$

表 2.13　空气管路计算表

管段编号	管段长度 $L(m)$	空气流量		空气流速 v (m/s)	管径 $D(mm)$	配件	管段当量长度 $l_0(m)$	管段计算长度 $l_0+l(m)$	压力水头	
		(m^2/h)	(m^3/min)						9.8(Pa/m)	9.8(Pa)
1	2	3	4	5	6	7	8	9	10	11
16~15	0.5	3.76	0.063	—	32	弯头 1 个	0.62	1.12	0.18	0.2
15~14	0.5	7.52	0.125	—	32	三通 1 个	1.18	1.68	0.32	0.54
14~13	0.5	11.28	0.188	—	32	三通 1 个	1.18	1.68	0.65	1.09
13~12	0.5	15.04	0.251	—	32	三通 1 个	1.18	1.68	0.90	1.51
12~11	0.25	18.80	0.313		32	三通 1 个　异形管 1 个	1.27	1.52	1.25 0.38	1.90
11~10	0.6	37.6	0.627	4.5	50	三通 1 个　异形管 1 个	2.18	2.06	0.50	1.54
10~9	0.9	75.2	1.253	3.2	80	四通 1 个　异形管 1 个	3.83	4.73	0.38	1.80
9~8	6.75	188.0	3.133	5.0	100	闸门 1 个　弯头 3 个　三通 1 个	11.30	18.05	0.70	12.33
8~7	5.5	376.0	6.266	12.5	100	四通 1 个　异形管 1 个	6.41	11.91	2.50	29.78
7~6	5.5	752.0	12.533	11.5	150	四通 1 个　异形管 1 个	10.25	15.75	0.90	14.18
6~5	5.5	1 128.0	18.80	9.5	200	四通 1 个　异形管 1 个	14.48	20.00	0.45	9.00
5~4	5.5	1 504	25.667	12.0	200	四通 1 个　异形管 1 个	14.48	19.98	0.80	16.00
4~3	7.0	1 880	31.333	13.0	200	四通 1 个　弯头 2 个	20.92	27.92	1.25	37.40
3~2	9.0	1 880	31.33	11.0	400	三通 1 个　异形管 1 个	33.27	42.27	0.28	11.28
2~1	9.0	5 640	94.00	14.0	400	三通 1 个　异形管 1 个	33.27	42.27	0.70	29.59
合计										168.34

网状膜空气扩散器的压力损失为 5.88 kPa,则总压力损失为

$$5.88 + 1.649 = 7.53 \text{ kPa}$$

为安全计,设计取值 9.8 kPa。

(5)空压机的选定

空气扩散装置安装在距曝气池池底 0.2 m 处,因此,空压机所需压力为

$$P = (4.2 - 0.2 + 1.0) \times 9.8 = 49 \text{ kPa}$$

空压机供气量:

最大时:　　　　　　　5 648.1 m³/h = 94.135 m³/min

平均时:　　　　　　　4 723.3 m³/h = 78.72 m³/min

根据所需压力及空气量,决定采用 LG40 型空压机 4 台。该型空压机风压 50 kPa,风量 40 m³/min。正常条件下,2 台工作,2 台备用,高负荷时 3 台工作,1 台备用。

2.2.7　活性污泥法的发展与新工艺

活性污泥法是污水生物处理的主要方法之一。它广泛地应用于生活污水、城市污水和有机工业废水的处理。但是,活性污泥法系统当前还存在着某些问题,如曝气池庞大,基建投资和占地面积大,耗电较高,管理复杂等。

近几年来,有关专家和技术工作者针对上述问题,就活性污泥反应理论、净化功能、运行专式、工艺系统等方面进行了大量研究,并有所发展。

从净化功能方面,在降解去除 BOD 基础上,使活性污泥法具有良好的脱氮除磷功能。

在工艺方面,为提高污水处理的效能,近年来研究出几种以提高供氧能力、增加混合液污泥浓度、强化微生物代谢功能的高效活性污泥法工艺。

本节将对近年来在构造和工艺方面有较大发展、并在实际运行中已证实效果显著的氧化沟、AB 法、SBR法等活性污泥法新工艺组作简要介绍。

1. 氧化沟

氧化沟又称连续循环反应器、循环混合式曝气池,第一座氧化沟于 1954 年开始服务,属活性污泥法的一种改型和发展。因此氧化沟又称为巴斯维尔氧化沟,如图 2.96 所示。

图 2.96　氧化沟

氧化沟是延时曝气法的一种特殊形,其曝气设备多采用转刷曝气器和曝气转盘。反应器一般呈封闭的环状沟渠形,池体狭长,池深较浅。通过曝气装置的转动,使混合液在池内循环流动,完成了曝气和搅拌作用,如图 2.97 和图 2.98 所示。氧化沟水力停留时间较长,一般为 10~40 h。

(1)氧化沟的工作原理和特征

与传统活性污泥法曝气池相比较,氧化沟的出水构造上采用溢流堰式,并可升降,以调节池内水深。采用交替工作系统时,溢流堰应能自动启闭,并与进水装置相呼应,以控制沟内水流方向。在流态上,氧化沟介于完全混合与推流式之间。污水在沟内流速平均为 0.4 m/s,污水在整个停留时间内在氧化沟中要作上百次循环,水质几近一致,氧化沟内的流态是完全混合式的。但又具有某些推流式的特征,如曝气装置下

游,溶解氧浓度由高向低变化,甚至可能出现缺氧段。

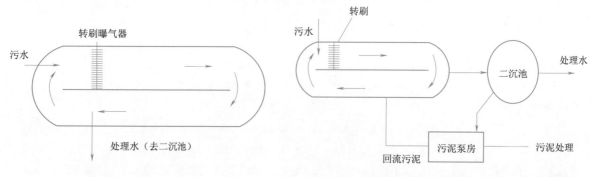

图 2.97 氧化沟平面 | 图 2.98 以氧化沟为生物处理单元的污水处理流程

在工艺方面,一般不设初沉池,二次沉淀池可以与氧化沟合建,省去污泥回流;与延时曝气系统相同,耐冲击负荷,可存活世代时间长的微生物,如硝化菌,污泥产率低,且多已达到稳定程度,无须再进行消化处理。

(2)氧化沟的工艺流程

氧化沟工艺流程较简单,运行管理方便(见图 2.99)。设初次沉淀池,二次沉淀池也可不单设,使氧化沟与二次沉淀池合建,可省去污泥回流装置。

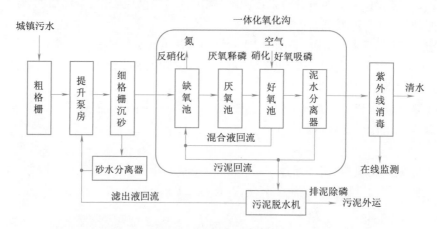

图 2.99 氧化沟工艺流程图

氧化沟是延时曝气池的一种改良,其 BOD 负荷较低,一般为 $0.05 \sim 0.2$ kgBOD$_5$/(kgMLSS·d),污泥浓度 $2 \sim 6$ g/L,对污水的水温、水量、水质的变化有较强的适应性。污水在氧化沟内的流速为 $0.3 \sim 0.5$ m/s,当氧化沟总长为 $100 \sim 500$ m 时,污水流动完成一次循环需 $4 \sim 20$ min,由于其水力停留时间长,水流在沟渠内的循环次数多,因此氧化沟内的混合液的水质基本相同,氧化沟内的流态接近完全混合式,但是混合液在沟渠内循序定向流动,又具有某些推流的特征;如在曝气装置的下游,溶解氧浓度从高变低,有时可能出现缺氧段。氧化沟的这种独特的水流状态有利于活性污泥的生物凝聚作用,而且可以将其区分为富氧区、缺氧区,用以进行硝化和反硝化,取得脱氮的效果。

在氧化沟内可以生长污泥龄较长的细菌,有时污泥龄可达 $15 \sim 30$ d,因此在氧化沟内可以繁殖世代时间长、增殖速度慢的微生物,有利于硝化反应,有益于污水中氨氮的去除。

(3)氧化沟的构造

氧化沟一般是环形沟渠状,平面形状多为椭圆形、圆形或马蹄形(见图 2.100),沟渠长度可达几十米,甚至百米以上。沟深一般 $2 \sim 6$ m,一般取决于曝气装置。氧化沟的构造形式多样,运行较灵活。氧化沟可采用单沟,也可采用多沟系统。

由于氧化沟内微生物的污泥龄长,污泥负荷率低,排出的剩余污泥已得到高度稳定,剩余污泥量较少,因此,不需要进行厌氧硝化,只需进行浓缩脱水处理。

图2.100 氧化沟

氧化装置是氧化沟中最主要的机械设备,它对处理效率、能耗及运行稳定性有很大影响。其主要功能是:

①供氧。

②保证其活性污泥呈悬浮状态,使污水、空气和污泥三者充分混合与接触。

③推动水流以一定的流速(不低于0.25 m/s)沿池长循环流动,这对保持氧化沟的净化功能具有重要的意义。

(4)氧化沟的优缺点

①优点:氧化沟工艺具有基建投资省、运行费用低、中小型构造简单、处理效果好、剩余污泥量少、有生物脱氮功能等。

②缺点:占地面积大于活性污泥法、机械曝气动力效率低、能耗较高。

2. AB 法污水处理工艺

吸附-生物降解工艺,简称AB法。这项污水生物处理技术是由德国的布·伯恩凯于20世纪70年代解决传统的二级生物处理系统存在的去除难降解有机物和脱氮除磷效率低及投资运行费用高等问题开发的新型污水生物处理工艺。

AB法的基本流程如图2.101所示。AB法为两段活性污泥法,即分为A段(吸附段)和B段(生物氧化段)。A段由曝气池和中间沉淀池组成,B段则由曝气池及二次沉淀池所组成。AB两段各自设污泥回流系统,污水经过沉砂池进入A段系统,A段的污泥负荷率高,一般大于 $2.0 \text{ kgBOD}_5/(\text{kgMLSS} \cdot \text{d})$,有时可高达 $3 \sim 5 \text{ kgBOD}_5/(\text{kgMLSS} \cdot \text{d})$。对不同水质可选择以好氧或缺氧方式运行。在A段曝气池中,水力停留时间较短(30 ~ 60 min),对有机物的去除率可达50%~70%,便进入中间沉淀池进行泥水分离。

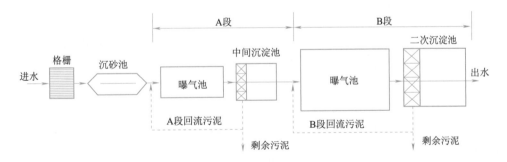

图2.101 AB法污水处理工艺流程

B段接受A段的处理水,以低负荷运行[污泥负荷一般为 $0.1 \sim 0.3 \text{ kgBOD}_5/(\text{kgMLSS} \cdot \text{d})$]。水力停留时间一般为2~4 h,去除有机物是B段的主要净化功能。B段还具有产生硝化反应的条件,有时也可将B段设计成A/O工艺。B段曝气池较传统活性污泥法处理系统的曝气池容积可减少40%左右。

AB处理工艺在国内外得到较广泛的应用。我国的青岛海泊河污水处理厂、广州猎德污水处理厂,均采用了该技术,处理水水质完全符合国家规定的排放标准。

3. 间歇式活性污泥法

间歇式活性污泥法简称SBR工艺,又称序批式(间歇)活性污泥法处理系统。在活性污泥法开创的初期,就是以间歇式运行的,只是由于诸如运行操作比较烦琐,曝气装置易于堵塞以及某些认识上的原因,后来长期采用连续运行的式。

近几年来,电子计算机得到飞速发展,污泥回流、曝气以及混合液中的 DO、pH 值、电导率等项指标都可实行微机控制。无论是大、中、小型的污水处理厂,都可以实施自动操作的运行管理。这样,为从新考虑采用间歇式运行的活性污泥法创造了条件。

(1)间歇式活性污泥法工作原理

SBR 工艺的运行工况是以间歇操作为主要特征。所谓序批间歇式有两种含义:一是运行操作在空间上是按序列、间歇的方式进行的,由于污水大多是连续排放且流量的波动很大,间歇反应器至少为两个或三个池以上,污水连续按序列进入每个反应池,它们运行时的相对关系是有次序的,也是间歇的;二是每个 SBR 反应器的运行操作在时间上也是按次序排列的、间歇运行的。按运行次序,一个运行周期可分为五个阶段(见图 2.102),即①流入;②反应;③沉淀;④排放;⑤闲置。

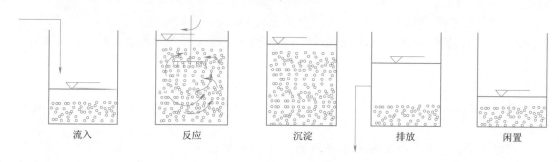

流入　　　　反应　　　　沉淀　　　　排放　　　　闲置

图 2.102　间歇式活性污泥曝气池运行操作五个工序示意图

①流入阶段。污水注入之前,反应器内残存着高浓度的活性污泥混合液,来自于前个周期的待机阶段,这些高浓度的活性污泥混合液相当于传统活性污泥法中的回流污泥。污水注满后再进行反应,从这个意义来说,反应器起到水质调节池的作用。如果一边进水一边曝气,则对有毒物质或高浓度有机物污水具有缓冲作用,表现出耐冲击负荷的特性。

②反应阶段。反应阶段包括曝气与搅拌混合。由于 SBR 法在时间上的灵活控制,它很容易实现好氧、缺氧与厌氧状态交替的环境条件,为其实现脱氮除磷提供了有利的条件。为保证沉淀工序效果,在反应工序后期,需进行短时微量曝气,一边吹脱产生的氮气,防止在沉淀工序出现污泥上浮。

③沉淀阶段。防止曝气或搅拌,使混合液处于静止状态。活性污泥与水分离。本工序相当于传统活性污泥法中的二次沉淀池。由于本工序是静止沉淀,沉淀效率高,沉淀时间为 1 h 就足够了。

④排放阶段。经过沉淀后产生的上清液,作为处理水出水,一直排放到最低水位。反应池底部沉降的活性污泥大部分为下个处理周期使用,排水后还可根据需要排放剩余污泥。

⑤闲置阶段,也称待机阶段,即在处理水排放后,反应器处于停滞状态,等待下一个操作运行周期开始的阶段。此阶段根据污水水量的变化情况,其时间可长可短。SBR 工艺是一种结构形式简单,运行方式灵活多变、空间上混合液呈理想的完全混合,时间上有机物降解呈理想推流的活性污泥法。

(2)间歇式活性污泥法处理系统的工艺特征

间歇式活性污泥法处理系统最主要的特征是采用集有机物降解与混合液沉淀于一体的反应器——间歇曝气池。与连续流式活性污泥法系统相比,不需要污泥回流及其设备和动力消耗,不设二次沉淀池。

此外,还具有如下优点:工艺流程简单,基建与运行费用低;生化反应推动力大,速率高、效率高、出水水质好;通过对运行方式的调节,在单一的曝气池内能够进行脱氮和除磷;耐冲击负荷能力较强,处理有毒或高浓度有机废水的能力强;不易产生污泥膨胀现象;应用电动阀、液位计、自动计时器及可编程序控制器等自控仪表,能使本工序过程实现全部自动化的操作与管理。

(3)间歇式活性污泥法的工艺流程及其特征

图 2.103 所示为间歇式活性污泥法的工艺流程。与连续式活性污泥法系统相比较,本工艺系统组成简单,无须设污泥回流设备,不设二次沉淀池,曝气池容积也小于连续式,建设费用与运行费用都较低。此外,

还具有如下特征：

①在大多数情况下（包括工业废水处理），无须设置调节池。

②SVI 值较低，污泥易于沉淀，一般无污泥膨胀。

③通过对运行方式的调节，在单气曝气池内能够实现脱氮除磷。

④运行管理得当处理水质由于连续性。

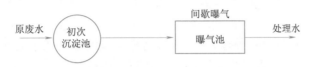

图 2.103 间歇式活性污泥法的工艺流程

2.3 污水的生物处理——生物膜法

2.3.1 生物膜的基本原理

生物膜法属于好氧生物处理方法。生物膜法起始于英国。1893 年，英国试行将污水喷洒在粗滤料上进行污水净化试验获得成功。污水通过滤料时，滤料截留了污水中的悬浮物质，并把污水中的胶体物质吸附在其表面上，这些物质中的有机物使微生物很快地繁殖起来，这些微生物又进一步吸附水中呈悬浮、胶体和溶解状态的物质，逐渐形成生物膜。

当含有大量有机污染物的污水连续不断地通过某种固体介质表面时，在介质的表面上会逐渐生长出各种微生物，当微生物的质（活性）与量（数量）积累到一定程度，便形成了生物膜。生物膜内部主要是由细菌、真菌、原生动物、后生动物和一些藻类组成。当污水与生物膜接触时，污水中的有机物作为微生物的营养物质被微生物所摄取，污水得到净化，微生物本身也在繁殖、生长。

生物膜法包括普通生物滤池、高负荷生物滤池、塔式生物滤池、生物转盘、生物流化床及生物接触氧化等。

1. 生物膜的构造及其净化原理

生物膜法净化污水的原理可用图 2.104 来说明。污水流过固体介质（滤料）表面经过一段时间后，固体介质表面形成了生物膜，生物膜覆盖了滤料表面。这个过程是生物膜法处理污水的初始阶段，亦称挂膜。对于不同的生物膜法污水处理工艺以及性质不同的污水，挂膜阶段需 15 ~ 30 d；一般城市污水，在 20 ℃左右的条件下，需 30 d 左右完成挂膜。

从图 2.104 可以看出，固体介质（滤料）表面外，依次由厌氧层、好氧层、附着水层、流动水层组成了生物膜降解有机物的构造。

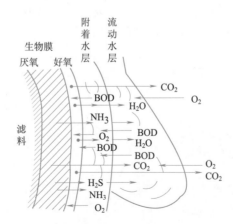

图 2.104 生物滤池滤料上生物膜的构造（剖面图）

降解有机物的过程实质就是生物膜与水层之间多种物质的迁移与微生物生化反应过程。由于生物膜的吸附作用,其表面附着很薄的水层,称之为附着水层。它相对于外侧运动的水流——流动水层,是静止的。这层水膜中的有机物首先被吸附在生物膜上,被生物膜氧化。由于附着水层中有机物浓度比流动层中的低,根据传质理论,流动水层的有机物可通过水流的紊动和浓度差扩散作用进入附着水层,并进一步扩散到生物膜中,被生物膜吸附、分解、氧化。同时,空气中的氧气不断溶入水中,穿过流动水层、附着水层。

在生物膜内、外,生物膜与水层之间进行着多种物质的传递过程。这包括空气中的氧和水中的有机物传递进入生物膜和生物膜中的代谢产物进入水中和空气中而排走过程。但当厌氧层逐渐加厚达到一定程度后,大量的厌氧代谢产物透过好氧层外逸,使好氧层的生态系统稳定状态遭到破坏而失去活性。处于这种状态的生物膜即为老化生物膜。老化生物膜净化功能较差而且易于脱落,生物膜脱落后,生成新的生物膜,新生物膜必须在经过一段时间后才能充分发挥其净化功能。比较理想的情况是:减缓生物膜老化进程,不使厌氧层过分增长,加快生物膜的更新,不使生物膜集中脱落。

2. 生物膜法工艺

属于生物膜法工艺的主要有生物滤池(普通生物滤池、高负荷生物滤池和塔式生物滤池)、生物转盘、生物接触氧化池和生物流化床等。生物滤池是早期出现、至今仍在发展的生物处理技术,而后三者则是近二三十年来开发的新工艺。

3. 生物膜处理法的特征

生物膜法的特点是针对活性污泥法而言的,可从两个方面来对生物膜法的主要特征进行分析。

(1)微生物相方面的特征

生物膜中的微生物主要是细菌组成的菌胶团为主,多相对于活性污泥法而言,在生物膜中丝状菌很多,因为它净化能力很强,有时还起着主要作用,而且为生物膜形成了立体结构,使其密度疏松、增大了表面积。由于生物膜固着在固体介质表面上,所以不产生污泥膨胀现象。在生物滤池中真菌生长较普遍,常见的真菌种类有酵母菌、链刀霉菌、白地霉菌等。另外,生物膜上能够生长世代时间较长、比增殖速度小的硝化菌。后生动物如线虫、轮虫及寡毛虫的微型动物也经常出现,有时在生物滤池上能产生滤池蝇等昆虫类生物。

(2)处理工艺方面的特征

①运行管理方便、耗能较低。生物处理法中丝状菌起一定的净化作用,但丝状菌的大量繁殖会降低污泥或生物膜的密度。在活性污泥法运行管理中,丝状菌增加能导致污泥膨胀,而丝状菌在生物膜法中无不良作用。相对于活性污泥法,生物膜法处理污水的能耗低。

②具有硝化作用。在污水中起硝化作用的细菌属自养型细菌,容易生长在固体介质表面上被固定下来,故用生物膜法进行污水的硝化处理,能取得好的效果,且较为经济。

③抗冲击负荷能力强。污水的水质、水量时刻在变化。当短时间内变化较大时,即产生了冲击负荷,生物膜法处理污水对冲击负荷的适应能力较强,处理效果较为稳定。有毒物质对微生物有伤害作用,一旦进水水质恢复正常后,生物膜净化污水的功能即可得到恢复。

④污泥沉降与脱水性能好。生物膜法产生的污泥主要是从介质表面上脱落下来的老化生物膜,为腐殖污泥、其含水率较低、且呈块状、沉降及脱水性能良好,在二沉池内易分离,得到较好的出水水质。

4. 生物膜法的特点

(1)微生物相复杂,能去除难降解有机物。

(2)微生物量大,净化效果好。

(3)剩余污泥少。

(4)污泥密实,沉降性能好。

(5)耐冲击负荷,能处理低浓度的污水。

(6)操作简单,运行费用低。

(7)不易发生污泥膨胀。

2.3.2 生物滤池

生物膜法处理污水最初使用的装置为普通生物滤池,为第一代生物滤池。这种装置是将污水喷洒在由粒状介质(石子等)堆积起来的滤料上,污水从上部喷淋下来,经过堆积的滤料层,滤料表面的生物膜将污水净化,供氧由自然通风完成的,氧气通过滤料的空隙,传递到流动水层、附着水层、好氧层。此种方法处理污水的负荷较低,但出水水质很好。

生物滤池可分为普通生物滤池、高负荷生物滤池、塔式生物滤池。

普通生物滤池的特点为:出水水质好多运行管理方便;运行费用低;有机物负荷极低,处理设备占地面积大;但卫生条件差,滤池可孳生滤池蝇,影响环境。

1. 普通生物滤池的构造

普通生物滤池由池体、滤床、布水装置和排水系统、通风口等组成,其构造如图2.105和图2.106所示。

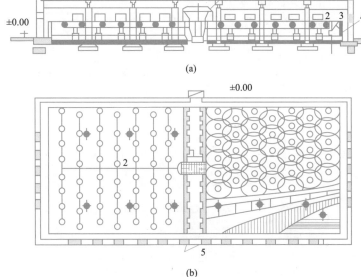

(a)

(b)

图2.105　普通生物滤池平(剖)面图
1—投配池;2—喷嘴及系统;3—滤料;4—生物滤池池壁;5—向生物滤池投配污水

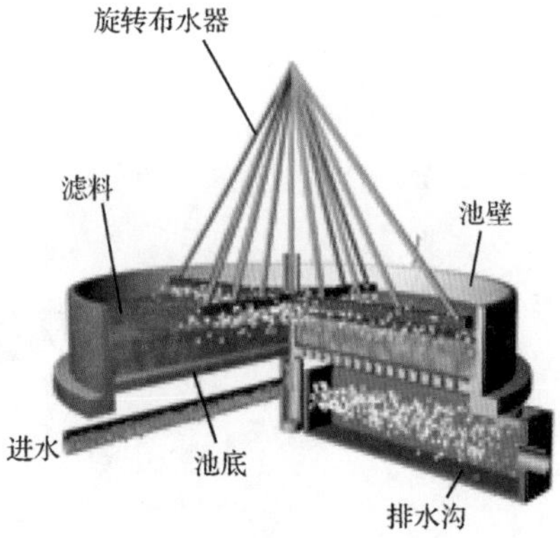

图2.106　生物滤池构造

(1)池体

普通生物滤池的平面形状一般为方形、矩形和圆形。池壁采用砖砌或混凝土浇筑。池体的作用是维护滤料。一般在池壁上设有孔洞,以便可通风。池壁一般高出滤料表面0.5~0.9 m,以防风力对表面均匀布水的影响。

(2)滤料

滤料表面上有生物膜附着,是净化污水的主体,生物滤池的滤床由滤料组成,滤料的性质影响生物滤池的处理能力。滤料应具有下列要求:

①强度高,材质要轻。

②滤料的比表面积要大。

③空隙率大。

④物理化学性质稳定。

⑤就地取料,价廉。

⑥表面粗糙,便于挂膜。

一般滤料按形状可分为块状、板状和纤维状。滤料可选天然滤料如碎石、矿渣、碎砖、焦炭等,也可选人工滤料如塑料球、小塑料管等。普通生物滤池的滤料粒径为25~40 mm;此外滤池底部集水孔板以上应设厚度为20~30 mm,粒径为70~100 mm的承托层,起承托作用,滤料总厚度为1.5~2.0 m。

(3)布水装置

布水装置应具有适应水量变化、不易堵塞和易于清通等特点。普通生物滤池可采用固定布水装置,亦可采用活动布水装置。

一般采用固定喷嘴式布水系统。固定喷嘴式布水系统包括投配池、配水管网和喷嘴三部分。投配池一般设在滤池一侧或两池中间,借助投配池的虹吸作用,使布水自动间歇进行。喷洒周期一般为 5 ~ 15 min。配水管网设置在滤料层中,距滤料表面 0.7 ~ 0.8 m,配水管应有一定坡度,以便放空。喷嘴安装在配水管上,伸上滤料表面 0.15 ~ 0.20 m,口径一般为 15 ~ 25 mm。

（4）排水系统

滴滤池底部排水系统,包括渗水装置、集水沟和总排水沟等。常见渗水装置如图 2.107 所示。其作用是支撑滤料、排出滤过污水和通风。为保证滤池滤料的通风状态,渗水装置上的孔隙率不得小于滤池总表面积的 20%,底部空间高不小于 0.6 m,以保证通风良好;池底以 1% ~2% 的坡度坡向集水沟,集水沟以 0.5% ~2% 的坡度坡向排水渠。为防止老化生物膜淤积在池底部,排水渠的流速不应小于0.7 m/s。

图 2.107　混凝土板式渗水装置

（5）通风装置

普通生物滤池的通风为自然通风,一般在池底部设通风孔,其总面积不应小于滤池表面积的 1%。

普通生物滤池污水处理系统如图 2.108 所示。虽然处理程度高,运行管理方便、节能,但由于其负荷极低、且易堵塞、卫生条件差,所以目前很少采用。

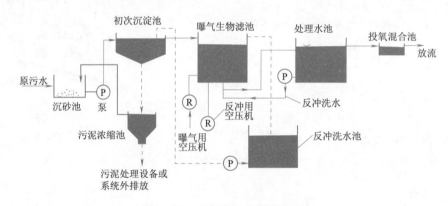

图 2.108　生物滤池污水处理系统

2. 普通生物滤池的设计与计算

普通生物滤池的计算内容:求出所需滤料的容积;设计渗水装置及排水系统;设计与计算配水系统。

在此主要阐述滤料容积的计算,有关布水装置的设计与计算请参阅《给水排水设计手册》的有关章节。

普通生物滤池滤料容积一般按负荷率计算,即 BOD_5 容积负荷率和水力负荷率。

BOD 容积负荷率:每立方米滤料 1 d 内所能处理的 BOD_5 量,$gBOD_5/(m^3_{滤料} \cdot d)$;

水力负荷率:每立方米滤料或每平方米滤池表面 1 d 内所能处理的污水量,$m^3/(m^3_{滤料} \cdot d)$ 或$m^3/(m^2_{滤料表面} \cdot d)$。

当处理对象为生活污水和以生活污水为主的城市污水时,BOD_5负荷率一般为$(0.15 ~ 0.3 kg/m^3_{滤料} \cdot d)$,而水力负荷值可取 1~3 $m^3/(m^3_{滤料} \cdot d)$。普通生物滤池一般仅适用于处理污水量不高于 1 000 m^3 的小城镇污水或有机性工业废水。

（1）滤料容积的计算。普通生物滤池的滤料容积可按负荷率法和系数法计算。

①负荷率法。

国前常用的负荷率法由 BOD_5 容积负荷法和水利负荷率法两种。BOD_5 容积负荷率是指在保证处理水达到要求水质的前提下,每立方米滤料在一天内能接受的 BOD_5 量,其单位为 $gBOD_5/(m^3 滤料 \cdot d)$。水力负荷率是指在保证处理水达到要求质量的前提下,每立方米滤料或每平方米滤池表面在一天内所能够接受的污水水量,其单位为 $m^3/(cm^3$滤料·d)。或 $m^3/(cm^2$滤池表面·d)。当处理生活污水时,BOD_5 容积负荷率可按表 2.14 所示数据选用。

表 2.14 普通生物滤池 BOD_5—容积负荷

年平均气温(℃)	BOD 容积负荷($gBOD_5/(m^3 \cdot d)$)	年平均气温(℃)	BOD 容积负荷($gBOD_5/(m^3 \cdot d)$)
3~6	100	>10	200
6.1~10	170		

普通生物滤池容积负荷一般为 $0.15 \sim 0.30$ kg/m^3·d[水力负荷可取$(1 \sim 3) m^3/(m^3 \cdot d)$]。

②系数法。

$$K = L_0/L_e$$

式中:L_0——进入生物滤池进行处理污水的 BOD_n,一般不超过 220 mg/L;

L_e——处理水的 BOD_n 值,按当时环保或回用要求确定。

(2)滤层高度及平面水力负荷计算根据当地冬季平均污水温度 T 及 K 值,确定滤层高度及平面水力负荷,如表 2.15 所示。

表 2.15 普通生物滤池的计算参数

平面水力负荷 $q[m^3/(m^2 \cdot d)]$	不同冬季污水水温条件下的 K 值			
	8 ℃	10 ℃	12 ℃	14 ℃
1.0	8.0~11.6	9.8~12.6	10.7~13.8	11.4~15.1
1.5	5.9~10.2	7.0~10.9	8.2~11.7	10.0~12.8
2.0	4.9~8.2	5.7~10.0	6.6~10.7	8.0~11.5
2.5	4.3~6.9	4.9~8.3	5.6~10.1	6.7~10.7
3.0	3.8~6.0	4.4~7.1	5.0~8.6	5.9~10.2

如果计算 K 值超出表 2.15 所列数据,应采用回流措施。

(3)根据污水量 $Q(m^3/d)$ 及平面水力负荷 $q[m^3/(m^2 \cdot d)]$ 求定滤池的总面积。

3. 高负荷生物滤池

它解决了普通生物滤池在运行中负荷极低、易堵塞及滤池蝇的产生等一系列问题。高负荷生物滤池的有机容积为普通生物滤池的 6~8 倍。水力负荷率高达 10 倍,因此池体的占地面积小;由于水力负荷增大,能及时地冲刷掉老化的生物膜,促进其更新,使其保持较高的活性,提高了生物降解能力。但高负荷生物滤池要求进水 BOD_5 值必须低于 200 mm/L,采用回流水稀释。高负荷生物滤池有机物去除率一般为 75% ~ 90%,低于普通生物滤池。

(1)高负荷生物滤池的构造

高负荷生物滤池的构造与普通生物滤池基本相同,由于其布水系统系采用旋转布水器,故其平面尺寸多为圆形。高负荷生物滤池结构,如图 2.109 所示。

高负荷生物滤池的滤料与普通生物滤池不同。其滤料粒径一般为 40~100 mm,大于普通生物滤池滤料的空隙率较高,滤料层高一般为 2.0 m。

(2)布水装置

高负荷生物滤池多采用旋转布水器,如图 2.110 所示。它由固定不动的进水管和旋转的布水横管组成,布水横管有 2 根或 4 根,横管中心轴距滤池地面 0.15 ~ 0.25 m,横管绕竖管旋转。

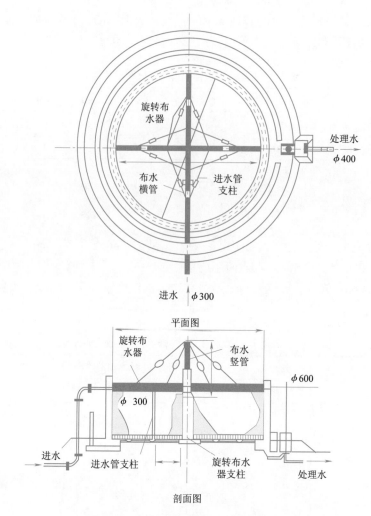

图 2.109　高负荷生物滤池平面与剖面图

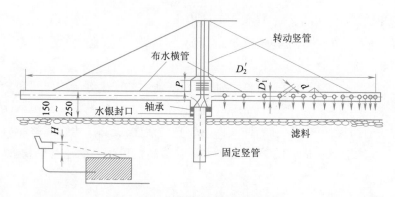

图 2.110　旋转布水器计算示意图

（3）高负荷生物滤池的运行特征

由于高负荷生物滤池进水的 BOD_5 浓度不能高于 200 mg/L，而实际处理的污水污染物质浓度往往高于此值，为了解决这一问题，应采用处理水回流的办法，即将处理后的污水回流到滤池之前与进水相混合，降低 BOD_5 的浓度。通过回流水，还可以增大水力负荷，冲刷老化的生物膜，使之更新，保证其较高活性，抑制厌氧层产生。同时也防止了滤池堵塞，均和了进水水质，抑制了滤池蝇的过度滋长、减轻散发臭气，改善了处理环境。

（4）高负荷生物滤池的工艺设计与计算

高负荷生物滤池的设计与计算内容包括：确定滤料容积和旋转布水器的设计与计算。

①滤池池体的工艺设计参数:

内容包括:确定滤料容积;确定滤池深度;计算滤池表面面积。

滤池池体工艺计算方法有多种,下面仅以负荷率法加以阐述。常用的负荷率有:

BOD——容积负荷,即每 m³ 滤料在每日内所接受的 BOD_5 值,以 $gBOD_5/(m_{滤料}^3 \cdot d)$ 计,此值不宜超过 1 200 $gBOD_5/(m_{滤料}^3 \cdot d)$;

BOD——面积负荷率,即每 m² 滤池表面积在每日所能够接受的 BOD_5 值,以 $gBOD_5/(m_{滤料表面}^2 \cdot d)$ 计,此值介于 1 100 ~ 2 000 $gBOD_5/(m_{滤料表面}^2 \cdot d)$;

水力负荷率——即每平方米滤料表面每回所能接受的污水流量,一般为 10 ~ 30 $m^3/(m^3 \cdot d)$。

高负荷生物滤池进入污水的 BOD_5 应低于 200 mg/L,如进水 BOD_5 浓度高于 200 mg/L,应采用处理水回流措施,回流比通过计算确定。用负荷率计算,流量按日平均污水量计算。

对于城市污水,其进水 BOD_5 往往大于 200 mg/L,因此应首先确定污水经回流水稀释后的 BOD_5 值和回流稀释倍数。

经处理水稀释后进入滤池污水的 BOD_5 值为

$$L_a = \alpha L_e \tag{2.87}$$

式中:L_a——向滤池喷洒污水的 BOD_5 值,mg/L;

L_e——滤池处理水的 BOD_5 值,mg/L;

α——系数,按表 2.16 所列数据选用。

表 2.16 系数 a

污水冬季平均温度(℃)	年平均气温(℃)	滤料层高度 D(m)				
		2.0	2.5	3.0	3.5	4.0
8 ~ 10	<3	2.5	3.3	4.4	5.7	7.5
10 ~ 14	3 ~ 6	3.3	4.4	5.7	7.5	9.6
>14	>6	4.4	5.7	7.5	9.6	12.0

②高负荷生物滤池的工艺设计:

经处理水稀释后,近日滤池污水的 BOD_5 值

$$L_a = \alpha L_e \tag{2.88}$$

回流稀释倍数

$$n = \frac{L_0 - L_a}{L_a - L_e} \tag{2.89}$$

式中:L_0——原污水的 BOD_5 值,mg/L。

按 BOD–容积负荷 N_V 计算,滤料容积

$$V = \frac{Q(n+1)L_a}{N_V} \tag{2.90}$$

滤池表面积

$$A = V/h \tag{2.91}$$

式中:h——滤料层的高度,m。

按 BOD–面积负荷 N_A 计算:

滤池面积

$$A = \frac{Q(n+1)L_a}{N_A} \tag{2.92}$$

滤料容积

$$V = hA \tag{2.93}$$

按水力负荷 N_q 计算:

滤池面积

$$V = \frac{Q(n+1)}{N_g} \tag{2.94}$$

4. 塔式生物滤池

塔式生物滤池属于第三代生物滤池,是得到污水污水处理工程界重视和应用较广泛的一种滤池。

(1)塔式生物滤池的特征

①塔式生物滤池的工艺特征。塔式生物滤池的主要特征是池体高,通风情况好,并且污水从池顶流下,水流紊动强,固、液、气传质好,降解污水中有机物速度快。

塔式滤池水流落差大紊动强烈,使生物膜受到强烈的水力冲刷,从而保持良好的活性当进水 BOD 浓度较高时,由于生物膜生长迅速容易引起滤料堵塞,所以进水 BOD_5 值控制在 500 mg/L 以下,否则需采取处理水回流措施;其水力负荷可达 $80 \sim 200 \ m^3/(m^2 \cdot d)$,为一般高负荷生物滤池的 $2 \sim 10$ 倍,BOD – 容积负荷达 $1\ 000 \sim 3\ 000 \ gBOD_5/(m^3 \cdot d)$,较高负荷生物滤池高 $2 \sim 3$ 倍;由于塔内微生物存在分层的特点,所以能承受较大的有机物和有毒物的冲击负荷;占地面积小,经常运行费用较低,但基建投资较大,BOD 去除率较低,适用于之理城市污水和各种工业有机废水,但只适宜于少量污水的处理。

②物滤池的构造特征。

塔式生物滤池的平面多呈圆形或方形,外形如塔。一般高 $8 \sim 24 \ m$,直径 $1 \sim 3.5 \ m$;高度与直径比为 $(6 \sim 8):1$,塔顶高出上层滤料表面 0.5 m 左右,塔身上开有观察窗,用于采样和更换滤料。

塔式生物滤池具有负荷高、占地少、不用设置专用的供氧设备等优点。质轻、强度高、空隙大、比表面积大的塑料滤料的应用,更促进了塔式生物滤池的应用。

池体:主要起围挡滤料的作用,可采用砖砌,也可以现场浇筑混凝土或采用预制板构件现场组装,还可以采用钢框架结构,四周用塑料板或金属板围嵌,这种结构可以大大减轻池体重量。图 2.111 和图 2.112 所示为塔式生物滤池的构造示意图。

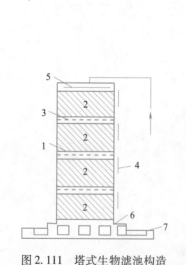

图 2.111 塔式生物滤池构造

1—塔身;2—滤料;3—格栅;4—检修口;5—布水器;6—通风口;7—集水槽

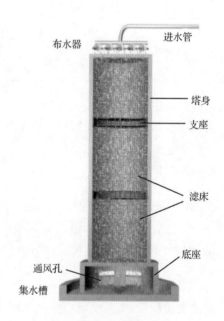

图 2.112 塔式生物滤池

塔身沿高度分层建设,分层设格栅,格栅承托在塔身上,起承托滤料的作用。每层高度以不大于 2.5 m 为宜,以免强度较低的下层滤料被压碎,每层设检修器,以便检修和更换滤料。

滤料:对于塔式生物滤池填充的滤料的各项要求,大致与高负荷生物滤池相同。由于其构造上的特征,最好对塔滤池采用质轻、高强、比表面积大、空隙率高的人工塑料滤料。国内常用滤料为环氧树脂固化的玻璃布蜂窝滤料其特点为:比表面积大、质轻、构造均匀、有利于空气流通和污水均匀分布多不易堵塞,如图 2.113 所示。

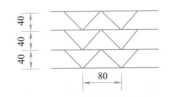 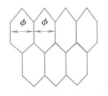

（a）大孔径波纹塑料滤料 　　　　（b）蜂窝型塑料或玻璃钢滤料

图 2.113　塔式滤池常用滤料

布水装置：塔式生物滤池常使用的布水装置有两种，一是旋转布水器；二是固定布水器。旋转布水器可用水力反冲转动，也可电机驱动，转速一般为 10 r/min 以内；固定式布水器多采用喷嘴，由于塔滤表面积较小，安装数量不多，布水均匀。

通风孔：塔式生物滤池一般采用自然通风，塔底有高度为 0.4 ~ 0.6 m 的空间，周围留有通孔，有效面积不小于池面积的 75% ~ 10%。当塔式生物滤池处理特殊工业废水时，为吹脱有害气体，可考虑机械通风，尾气应经水洗去去除有害物质才能排入大气，即在滤池的下部和上部设鼓、引风机加强空气流通。

（2）塔式生物滤池的计算与设计

塔式生物滤池的工艺设计与计算主要按 BOD-容积负荷率 N_V 进行计算，方法如下所述。

①确定容积负荷率。

对于城市污水可参考国内外运行数据选定，也可参照图 2.114 选定。对于工业废水，当无实例资料时，应通过实验确定。图 2.114（a）适用于污水量大于 400 m³/d 的生物滤塔的工艺设计，而图 2.114（b）则是用于污水量小于 400 m³/d 的生物滤塔的工艺设计。

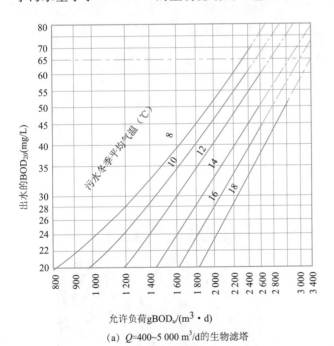 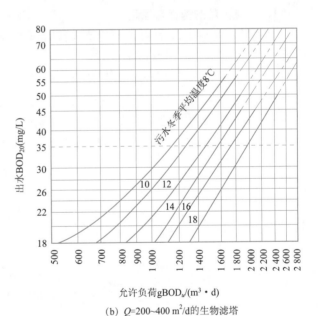

（a）$Q = 400 ~ 5 000$ m³/d 的生物滤塔　　　　（b）$Q = 200 ~ 400$ m²/d 的生物滤塔

图 2.114　塔式生物滤池 BOD_u 允许负荷与处理水 BOD_u 及水温之间的关系曲线

②滤料容积。

$$V = Q_a L_a / N_a \tag{2.95}$$

式中：V——滤料容积，m³；

L_a——进水 BOD_5，也可按 BOD_u 考虑，g/m³；

Q——污水流量，取平均日污水量，m³/d；

N_a——BOD 容积负荷或 BOD_u 容积允许负荷,$gBOD_5/(m^3 \cdot d)$。

③滤塔的表面积。

$$A = V/H \tag{2.96}$$

式中:A——滤塔的表面积,m^2;

H——滤塔的工作高度,m,其值根据表 2.17 所列数据确定进水 BOD_u 与滤塔高度的关系。

表 2.17 进水 BOD_u 与滤池高度的关系

进水 BOD(mg/L)	250	300	350	450	500
滤塔高度(m)	8	10	12	14	>16

2.3.3 生物转盘

生物转盘又名转盘式生物滤池,属于充填式生物膜法处理设备。目前国内外已用处理生活污水和多种工业污水,并取得了较好效果。生物转盘去除污染物的原理与生物滤池相同,但构造形式与生物滤池不同。其工艺流程如图 2.115 所示。

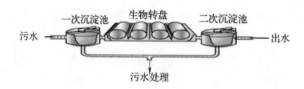

图 2.115 生物转盘工艺流程

1. 生物转盘的构造与原理

生物转盘主要由盘片、接触反应槽、转轴及驱动装置组成,如图 2.116 所示。生物转盘反应器由垂直固定在水平轴上的一组盘片(圆形或多边形)及与之配套的氧化水槽组成,如图 2.117 所示。氧化水槽的断面为半圆形、矩形或梯形。盘片一般用塑料、璃钢等材料制成,要求轻质、耐腐蚀和不变形。盘片为平板、点波纹板等,或是平板和波纹板的复合。盘片直径一般为 2 ~ 3 m,最大 5 m。片间净距离为 10 ~ 35 mm,片厚 1 ~ 15 mm。固定盘片的轴长一般不超过 7.0 m。许多盘片固定在一根轴上,形成一个大的生物转盘。转盘轴与分级氧化水槽平行,轴的两端固定在轴承上,靠机械传动。转盘转速 0.8 ~ 3.0 r/min,边缘线速度 10 ~ 20 m/min 为宜。

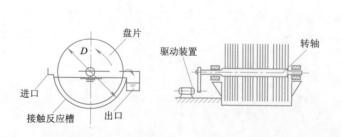

图 2.116 生物转盘构造图

图 2.117 生物转盘

生物转盘上生长着生物膜,靠生物膜的吸附稳定作用去除有机物。生物转盘在低速转动过程中,附着在盘片上的生物膜与污水和空气交替接触,完成生物降解有机污染物。在生物膜构造中,除含有有机污染物及氧气以外,还有生物降解产物如 CO_2、NH_3 等物质的传递。由于生物降解有机物,生物膜逐渐增厚,靠近盘片内形成厌氧层,生物膜开始老化。在反应槽内的污水产生的剪切力的作用下,老化的生物膜剥落,随处理水流入二次沉淀池被重力分离,如图 2.118 所示。

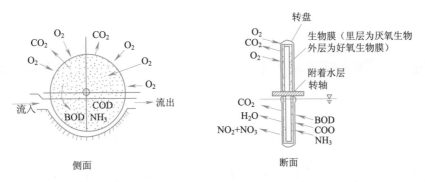

图 2.118　生物转盘净化反应过程与物质传递示意图

(1)盘片

①表面形状有平面、凹凸面、波纹(二重波纹、同心圆波纹、放射形波纹)。盘片的外周形状有圆形、多角形等,如图 2.119 所示。

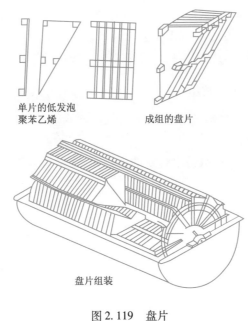

图 2.119　盘片

②对盘片材质要求:应具有质轻高强、不变形、耐腐蚀、耐老化、易于挂膜、比表面积大、安装加工方便、就地取材等性质。

③盘片材质有聚苯乙烯、聚乙烯、硬质聚氯乙烯、纤维增强塑料等。

由于在运转过程中,盘片上的生物膜逐渐增厚,为了保证通风的效果,盘片的间距一般为 30 mm。如果采用多级转盘,前级盘片的间距一般为 30 mm,后级为 10 ~ 20 mm。当生物转盘用于脱氮时,其盘片的间距应取大些。

(2)转轴及驱动装置

转轴是支承盘片并带动其旋转的部件。一般采用实心钢轴或无缝钢管做材料,转轴的长度一般应控制在 0.5 ~ 7.0 m 之间;一般情况直径介于 50 ~ 80 mm 之间。转轴中心与槽内水面距离与转盘直径 D 的比值 b/D 在 0.05 ~ 0.15 之间,一般取 0.06 ~ 0.1。

驱动装置主要设备有电动机和减速器,以及齿轮和链条传动装置。动力设备有电力机械传动,空气动和水力传动。

（3）接触反应槽害

接触反应槽外形应与转盘材料外形一致，一般为半圆形，以避免水流短流和污泥沉积。接触反应槽壁与盘体边缘净距取值 100 mm，其底部可做成矩形或梯形。接触反应槽一般建于地面上，也可以建于地下；当场地狭小时，为减小占地面积，反应槽可架空或修建在楼上，这种情况只适合小型设备。反应槽可用钢板焊制，做好防腐处理；也可以用塑料板制成，用钢筋混凝土浇筑，或者选用预制混凝土构件现场安装。反应槽的容积按水位位于盘片直径的 40% 处及轴长考虑。

接触反应槽底部应设排泥管和放空管及相应的阀门。出水形式多采用锯齿形溢流堰。堰宽通过计算确定，堰口高度以可调为宜。多级生物转盘，接触反应槽分为若干格，格与格之间设导流槽。

2. 生物转盘系统特征

生物转盘具有结构简单、运转安全、处理效果好、效率高、便于维护和运行费用低等优点，是因为其运行工艺和维护方面具有下面特征：

（1）微生物浓度高

特别最初几级的生物转盘，盘片上的生物量如折算成曝气池的 MLVSS 可达 40 000~60 000 mg/L（单位接触反应槽容积中微生物的量），这是生物转盘高率的一项主要原因。

（2）处理污水成本较低

由于转盘上的生物膜从水中进入空气中时充分吸收了有机污染物，生物膜外侧的附着水层可以从空气中吸氧，接触反应槽不需要曝气，因此，生物转盘运转较为节能。以流入污水的 BOD 浓度为 200 mg/L 计，每去除 1 kgBOD 约耗电 0.71 kW·h，为活性污泥反应系统的 1/3~1/4。

（3）污泥龄长

在转盘上能够增殖世代时间长的微生物，如硝化菌等，因此，具有硝化、反硝化功能，向最后几级接触反应槽或直接向二沉池投加混凝剂，生物转盘还可以用以除磷。

（4）生物相分级

在每级转盘上生长着适应于流入该级污水性质的生物相，这有利于微生物生长和有机物降解。

（5）能够处理高浓度及低浓度的污水

能够处理 40 000~10 mg/L 范围的污水，并能取得较好的处理效果。多段生物转盘最适合处理高浓度污水。当 BOD 浓度低于 30 mg/L 时，就能产生硝化反应。

（6）噪声低，无不良气味

设计运行合理的生物转盘不生长滤池蝇，不产生恶臭和泡沫；由于没有曝气装置，噪声极低。

（7）接触反应时间短

F/M 值为 0.05~0.1，只是活性污泥法 F/M 值的几分之一。因此，生物转盘能以较短的接触时间取得较高的净化率。

（8）产生的污泥量少

在生物膜上存在较长的食物链，微生物逐级捕食，因此，污泥产量少，BOD_5 去除率为 90% 时，去除 1 kgBOD 的污泥产率为 0.25 kg 左右。

（9）具有除磷功能

直接向接触反应槽投加混凝剂，能够去除 80% 以上的磷，再则生物转盘无须回流污泥，可直接向二沉池投加混凝剂去除磷和胶体性污染物质。

（10）易于维护管理

生物转盘反应器设备简单，复杂设备少，不产生污泥膨胀现象，日常对设备定期保养即可。

3. 生物转盘的特点

（1）生物转盘法与活性污泥法相比有以下特点

①不需污泥回流，不发生污泥膨胀，操作简单，易于控制。

②剩余污泥量小，密实而稳定，易于分离和脱水。

③构造简单，无须曝气和回流设备，动力消耗少，运行费用低。

④采用多层布置时,可节省用地,采用单层布置时占地面积大。

⑤耐冲击负荷,处理效率高,BOD_5去除率90%以上,对难溶解有机物的净化效果好。

⑥散发臭气和其他挥发性物质。

⑦处理效果受气温影响大,寒冷地区需保温。

(2)生物转盘法与生物滤池相比具有以下特点

①自然通风效果好,充氧能力强。

②能处理高浓度污水,进水BOD_5可达100 mg/L。

③无堵塞现象。

④生物膜与污水接触均匀,盘面利用率高,无死角。

⑤污水与生物膜接触时间长,处理效率高,可通过调节转速来控制传质条件、充氧量和生物膜更新程度。

⑥单层布置的占地面积比普通生物滤池小,比高负荷滤池大,多层布置的占地面积与塔式生物滤池相当。

⑦水头损失小,能耗低。

⑧盘片材料贵,投资大。

⑨需设雨棚,防止雨水淋掉生物膜。

4. 生物转盘反应器处理污水的流程

生物转盘的流程要根据污水的水质和处理后水质的要求确定。生物转盘反应器处理污水的流程如图2.120所示。

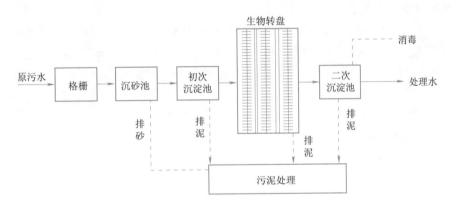

图2.120　生物转盘处理系统基本工艺图

5. 生物转盘的计算与设计

生物转盘计算的主要内容是求定所需转盘的总面积,以这个参数为基础进一步求定盘片总数、接触氧化槽总容积、转轴长度以及污水在槽中停留时间等参数。

生物转盘所需面积按BOD面积负荷计算,水力负荷或停留时间校核。

目前,计算转盘面积的方法有负荷率法、经验公式法和经验图表法。下面介绍负荷率计算法。

(1)液量面积比(G值)

液量面积比亦称容积面积比,通称G值。其是指接触反应槽实际容积$V(m^3)$与能够为微生物固着的转盘的面积$A(m^2)$之比,即

$$G = \frac{V}{A} \cdot 10^3 \tag{2.97}$$

G值与转盘本体的厚度、间距,以及转盘本体与接触反应槽侧壁及槽底的距离等参数有关。如果盘片较薄,其厚可忽略不计;相反,如采用较厚的材料,应将盘片浸没部分的容积减除。BOD去除率与G值的关系如图2.121所示,液量面积比G值一般取5~9。

(2)BOD面积负荷率N_A

单位盘片表面积(m^2)在1 d内能够接受并使转盘处理达到预期效果的BOD值,即

$$N_A = \frac{QL_a}{A} \left[gBOD_5 / (m^2 \cdot d) \right]$$ (2.98)

式中: L_a——原污水的 BOD_5 值, g/m^3 或 mg/L;

$\quad$ A——盘片总面积, m^2。

我国《室外排水设计规范》(GB 50014—2006)对此规定:按城市污水浓度 $BOD_5 = 200$ mg/L、去除率80%～90%计,一般采用BOD表面负荷 $10 \sim 20$ g/$(m^2 \cdot d)$。

(3)水量负荷率 N_q

水量负荷率亦称水力负荷率。我国《室外排水设计规范》规定的水力负荷值为 $50 \sim 100$ L/$(m^2 \cdot d)$。水量负荷率 N_q 是指单位盘片表面积 m^2 在 1 d 内能够接受并使转盘处理达到预期效果的污水量,即

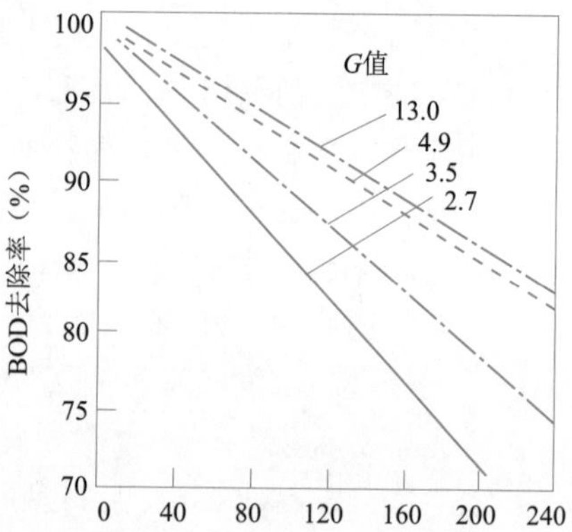

$$N_q = \frac{Q}{A} \cdot 10^3 \ L/(m^2 \cdot d)$$ (2.99)

此值决定于原污水的 BOD 值,原水的 BOD 值不同,此值有较大差异。

图 2.121 水力负荷[L/$(m^2 \cdot d)$]

2.3.4 生物接触氧化法

生物接触氧化是一种活性污泥法与生物滤池两者结合的生物处理技术。因此,此方法兼具备活性污泥法与生物膜法的特点。

1. 生物接触氧化法反应器的构造

生物接触氧化池主要由池体曝气装置、填料床及进出水系统组成,如图 2.122 所示。池体的平面形状多采用圆形、方形或矩形。池体的高度一般为 $4.5 \sim 5.0$ m,其中填料床高度为 $3.0 \sim 3.5$ m,底部布气高度为 $0.6 \sim 0.7$ m,顶部稳定水层为 $0.5 \sim 0.6$ m。由于填料是产生生物膜的固体介质,所以对填料的性能有如下要求:

(1)要求比表面积大、空隙率高、水流阻力小、流速均匀。

(2)表面粗糙、增加生物膜的附着性,并要外观形状、尺寸均一。

(3)化学与生物稳定性较强,经久耐用,有一定的强度。

(4)要就近取材,降低造价,便于运输。

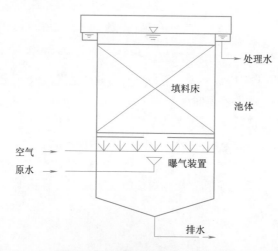

图 2.122 生物接触氧化池的构造

目前,生物接触氧化池中常用的填料有蜂窝状填料、波纹板状填料及软性与半软性填料等(见图 2.123)。曝气系统由鼓风机、空气管路、阀门及空气扩散装置组成。生物接触氧化池的曝气装置亦可采用表面曝气供氧。

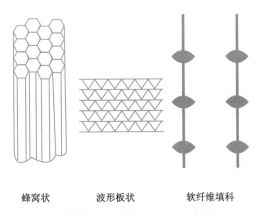

蜂窝状　　　波形板状　　　软纤维填料

图 2.123　生物接触氧化池内的填料

2. 生物接触氧化池的形式

(1)表面曝气充氧式,如图 2.124 所示。

(2)采用鼓风曝气,底部进水,底部进空气式如图 2.125(a)所示。

(3)用鼓风曝气、空气管侧部进气、上部进水式如图 2.125(b)所示。

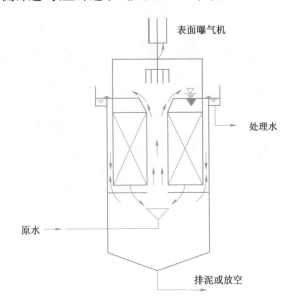

图 2.124　生物接触氧化池的构造

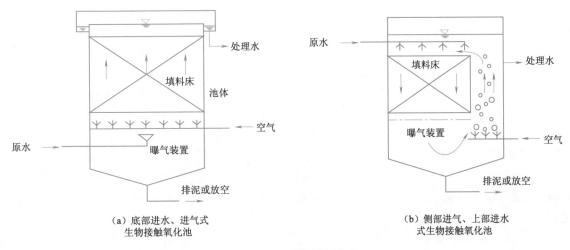

(a)底部进水、进气式　　　　　　　(b)侧部进气、上部进水
　生物接触氧化池　　　　　　　　式生物接触氧化池

图 2.125　生物接触氧化池

3. 生物接触氧化池的工艺流程

从图 2.126 可以看出,原污水先经初次沉淀池处理后进入生物接触氧化池,经接触氧化后,水中的有机物被氧化分解,脱落或老化的生物膜与处理水进入二次沉淀池进行泥水分离,经沉淀后,沉泥排出处理系统,二沉池沉淀后的水作为处理水排放。

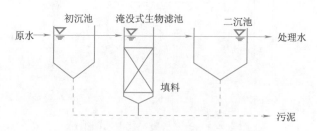

图 2.126　生物接触氧化技术处理流程

2.3.5　生物流化床

1. 生物流化床的构造

生物流化床的微生物量大,传质效果好,是生物膜法新技术之一。如果使附着生物膜的固体颗粒悬浮于水中做自由运动而不随出水流失,悬浮层上不保持明显界面,这种悬浮态生物膜反应器叫生物流化床,生物流化床的构造如图 2.127 所示。由于载体颗粒一般很小比表面积非常大($2\ 000 \sim 3\ 000\ \mathrm{m^2/m^3}$ 载体),所以单位体积反应器的微生物量很大。由于载体呈硫化状态,与水充分接触,紊流激烈,所以传质效果很好。因此,生物流化床的处理效果高。

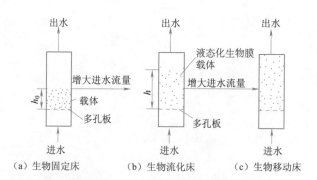

图 2.127　生物流化床的基本构造

2. 生物流化床的类型

生物流化床有两相生物流化床和三相生物流化床两种。

(1)两相生物流化床

两相生物流化床靠上升水流使载体流化,床层内只存在液固两相,其工艺流程如图 2.128 所示。两相生物流化床设有专门的充氧设备和脱膜装置。污水经过充氧设备后从底部流入流化床。载体上微生物吸收降解污水中的污染物,使水质得到净化。净化水从流化床的上不流出,经二次沉淀后排放。

(2)三相生物流化床

三相生物流化床是靠上升起泡的提升力使载体硫化,床层内存在着气、固、液三相。内循环式两相生物流化床工艺流程如图 2.129 所示。

三相生物流化床不设置专门的充氧设备脱膜装置。空气通过射流曝气或扩散装置直接进入流化床充氧。在体表面的微生物依靠气体和液体的搅拌、冲刷和相互摩擦而脱落。随水流出的少量载体进入二次沉淀池后再回流到流化床。

三相生物流化床操作简单,能耗、投资和运行费用比两相生物流化床低,但充氧能力比两相生物流化床差。

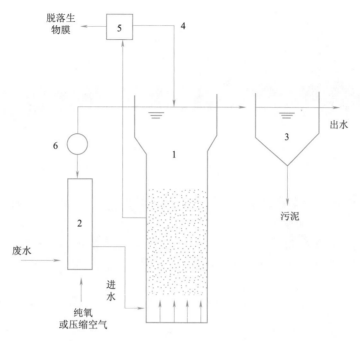

图 2.128 纯氧(空气)生物流化床工艺流程

1—流化床;2—充氧设备;3—二次沉淀池;4—脱膜后载体;5—脱膜机;6—回流泵

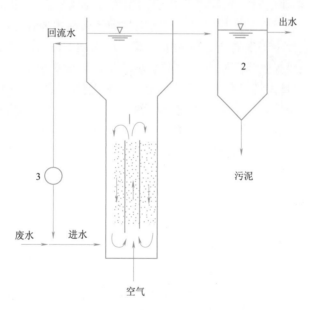

图 2.129 三相生物流化床工艺流程

1—流化床;2—二次沉淀池;3—回流水泵

2.4 污水的自然生物处理

2.4.1 稳定塘

自然生物处理是利用自然环境的净化功能对污(废)水进行处理的一种方法,如图 2.130 所示。分为稳定塘处理和土地处理两大类,即利用水体和土壤净化污水。

1. 稳定塘的分类和工作原理

稳定塘又称氧化塘、生物塘。它是自然的或经过人工适当修整,设围堤和防渗层的污水池塘。稳定塘主要依靠自然生物净化功能净化污水,污水在塘中的净化过程与自然水体的自净过程相近。

图 2.130 自然生物处理

（1）稳定塘的类型及优缺点

①稳定塘的类型。可分为好氧塘、兼性塘、厌氧塘、曝气塘四种。专门用以处理二级处理后出水的稳定塘称为深度处理塘。

②稳定塘处理污水优点：依靠自然功能净化污水，能耗低，便于维护，管理方便，运行费用低；建设周期短，易于施工，基建投资低；稳定塘能够将污水中的有机物转化为可用物质，处理后的污水可用于农业灌溉，以利用污水的水肥资源。

③稳定塘处理污水缺点：污水净化效果在很大程度上受季节、气温、光照等自然因素的控制，不够稳定；污水停留时间长，占地面积大，没有空闲的余地不宜采用；卫生条件较差，易滋生蚊蝇，散发臭气，塘底防渗处理不好，可能引起对地下水的污染。

（2）稳定塘净化机理

①稳定塘生物系。在稳定塘中对污水起净化作用的生物有细菌、藻类、微型动物（原生动物与后生动物）、水生植物、水生植物等。细菌在稳定塘内对有机污染物的降解起主要作用。这类细菌以有机化合物作为碳源，并以这些物质分解过程中产生的能量作为维持其生理活动的能源。藻类具有叶绿体，能够进行光合作用，是塘水中溶解氧的主要提供者。原生动物与后生动物捕食藻类、菌类，防止过度增殖，其本身又是良好的鱼饵。水生植物能提供稳定塘对有机污染物和氮磷等无机营养屋的去除效果。

②稳定塘生态系。图 2.131 所示为典型的稳定塘的生态系统，其中包括好氧区、厌氧区及两者之间的兼性区。在稳定塘内存活的不同类型的生物构成了其生态系统。菌藻共生体系是稳定塘内最基本的生态系统。其他水生植物和水生动物的作用则是辅助性的，它们的活动从不同的途径强化了污水的净化过程。

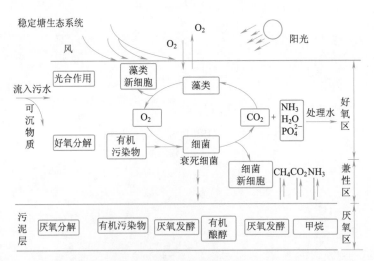

图 2.131 稳定塘内典型的生态系统

（3）稳定塘对污水的净化作用

①稀释作用。进入稳定塘的污水在风力、水流以及污染物的扩散作用下与塘水混合，使进水得到稀释，其中各项污染指标的浓度得以降低。

②沉淀和絮凝作用。塘水中的生物分泌物一般都具有絮凝作用,使污水中的细小悬浮颗粒产生絮凝作用,沉于塘底成为沉积层。

③好氧微生物的代谢作用。在好氧条件下,异养型好氧菌和兼性菌对有机污染物的代谢作用,是稳定塘内污水净化的主要途径。绝大部分有机污染物都是在这种作用下得以去除的,BOD 可去除 90% 以上,COD 去除率也可达 80%。

④厌氧微生物的代谢作用。在兼性塘的塘底沉积层和厌氧塘内,厌氧细菌对有机污染物进行厌氧发酵分解,厌氧发酵经历水解、产氢产乙酸和产甲烷三个阶段,最终产物主要是 CH_4、CO_2 及硫醇等。

⑤水生植物的作用。水生植物能吸收氮、磷等营养,使稳定塘去除氮、磷的功能得到提高;其根都具有富集重金属的功能,可提高重金属的去除率。

⑥浮游生物的作用。藻类的主要功能是供氧,同时也可从塘水中去除一些污染物,如氮、磷等。

(4)影响稳定塘净化过程的因素

①温度。温度直接影响细菌和藻类的生命活动,在适宜的温度下,微生物代谢速率较高。

②光照。光是藻类进行光合作用的能源,在足够的光照强度条件下,藻类才能将各种物质转化为细胞的原生质。

③混合。进水与塘内原有塘水的充分混合,能使营养物质与溶解氧均匀分布,使有机物与细菌充分接触,以使稳定塘更好地发挥其净化功能。

④营养物质。要使稳定塘内微生物保持正常的生理活动,必须充分满足其所需要的营养物质,并使营养元素、微量元素保持平衡。

⑤有毒物质。应对稳定塘进水中的有毒物质的浓度加以限制,以避免其对塘内微生物产生抑制或毒害作用。

⑥蒸发量和降雨量。蒸发和降雨的作用使稳定塘中污染物质的浓度得到浓缩或稀释。

⑦污水的预处理。预处理包括去除悬浮物和油脂、调整 pH 值、去除污水中的有毒有害物质、水解酸化等。

以上因素有些可人为控制,有些则只能顺其自然,但可以采取一定的措施,以保证稳定塘净化功能的良好发挥。

(5)稳定塘的特点

①投资费用低。利用旧河道和废洼地改建成稳定塘,工程量小,投资费用低。

②运行费用低。稳定塘管理简单,不消耗动力(曝气塘除外)和药剂,无设备维修,运行费用很低。

③功能全。稳定塘作用机制复杂,停留时间长,能去除各种污染物,对有机毒物和重金属净化效果好。

④实现污水资源化。稳定塘出水含丰富的氮、磷元素。

⑤占地面积大。稳定塘占地面积大。

⑥卫生条件差。稳定塘散发臭气,滋生蚊蝇,影响环境卫生。

⑦污染地下水稳定塘底一般不作防渗处理,污水渗透污染地下水。

⑧处理效果受环境影响大季节、光照和天气的变化。

(6)稳定塘的运行方式

根据水质和自然条件,将各种类型的稳定塘单元优化组合成不同的运行方式以取得最佳运行效果。几种典型的运行方式如图 2.132 所示。稳定塘应设在城镇下风向较远的地方,以防止臭气和蚊蝇影响居民生活。稳定塘应设在离机场 2 km 以外,以防止鸟类危及飞行安全。此外,还应采取防渗措施,防止地下水污染,设计时还应避免短流和死区。为防止塘内淤积,应设置格栅、沉砂池和沉淀池。

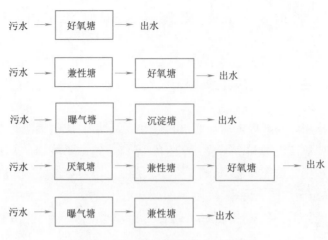

图 2.132　稳定塘典型运行方式

2. 好氧塘

（1）概述

好氧塘深度一般在 0.5 m 左右,以使阳光能够透入塘底。主要由藻类供氧,塘表面也由于风力搅动进行自然复氧,全部塘水都呈好氧状态,由好氧微生物对有机污染物起降解作用。在好氧塘内高效地进行着光合反应和有机物的降解反应。BOD_5 去除率达 95% 以上。其功能模式如图 2.133 所示。为使全部塘水保持好氧状态,必须满足两个条件:

①水深较浅(一般为 0.3 ~ 1.5 m),以获得充足的光照,为藻类生长创造条件。

②进水有机负荷较低,以降低好氧速度。

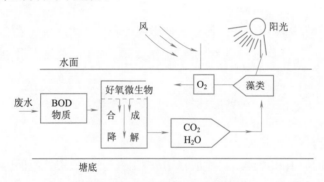

图 2.133　好氧塘净化功能模式

（2）好氧塘的设计

①好氧塘的分格数不宜少于两格,可串联或并联运行。每座塘面积以不超过 40 000 m^2 为宜。

②塘形以矩形为宜,长宽比取 2 ~ 3:1,堤顶宽取 1.8 ~ 2.4 m。

③以塘深 1/2 处面积作为设计计算面积,超高一般取 0.5 m。

④好氧塘的水深应在保证阳光透射到塘底,保持一定的深度,不宜过浅。

⑤塘内污水的混合主要依靠风力,因此,好氧塘应建于通风良好的地域。

⑥进水口的设计应尽量使横断面上配水均匀,宜采用多点进水方式;进水口与出水口的直线距离应尽可能大,以避免短流。

⑦可以考虑处理水回流措施。

⑧好氧塘处理水含有藻类,必要时应考虑除藻处理。

3. 兼性塘

（1）概述

兼性塘塘深在 1.0 ~ 2.5 m,在阳光能够照射透入的塘的上层为好氧层,与好氧塘相同,由好氧异养微生物对有机污染物进行氧化分解。由沉淀的污泥和衰死的藻类在塘的底部形成厌氧层,由厌氧微生物起主导作用进行厌氧发酵。兼性塘内进行的净化反应是比较复杂的,生物相也比较丰富,其污水净化是由好氧、兼性、厌氧微生物协同完成的,BOD_5去除率为60%~95%。其功能模式如图2.134所示。

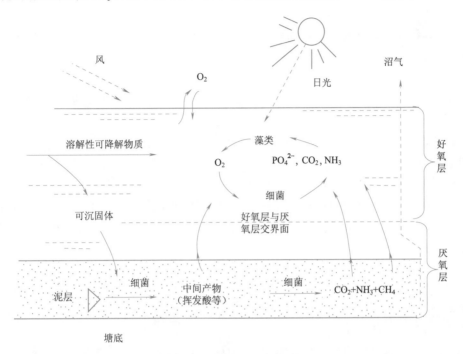

图2.134 兼性塘净化功能模式

(2)兼性塘的设计

兼性塘计算的主要内容是求定塘的有效面积,多按经验数据进行计算。

①塘深一般采用1.2~2.5 m。其中,保护高按0.5~1.0 m考虑,一般为0.2~0.6 m,污泥层厚度一般取0.3 m,在有完善的预处理工艺的条件下,此厚度可容纳10年左右的积泥。

②BOD_5表面负荷率一般按20~100 kg/($10^2m^2 \cdot$ d)考虑。低值用于北方寒冷地区,高值用于南方炎热地区。

③停留时间一般规定为7~180 d,幅度很大。

④如采取处理水循环措施,循环率可为0.2%~2.0%。

⑤藻类浓度一般在10~100 mg/L。BOD去除率一般可达70%~90%。

⑥塘数一般不宜少于两座,小规模的兼性塘可以考虑采用一座。

⑦塘形以矩形为宜。四角可作成圆形,以减少死区,长宽比取2:1或3:1。

⑧出水口与进水口一般按对角线设置,以减少短路。

⑨进水口应尽量使槽的横断面上的配水均匀,宜采用扩散管或多点进水。

4. 厌氧塘

(1)概述

厌氧塘深度一般在2.0 m以上,有机负荷率高,整个塘水基本上都呈厌氧状态。厌氧塘是依靠厌氧菌的代谢功能使有机污染物得到降解,包括水解、产酸及甲烷发酵等厌氧反应全过程,如图2.135所示。净化速度低,污水停留时间长。BOD_5去除率为70%左右。

(2)厌氧塘的设计

①塘深一般采用2.0~4.5 m。其中,保护高按0.6~1.0 m考虑;污泥层厚度一般取0.5 m。

②停留时间一般规定为20~50 d。

③BOD_5表面负荷率一般按200~600 kg/($m^2 \cdot$ d)。

④水力停留时间。我国《给水排水设计手册》中的建议值,对

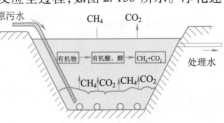

图2.135 厌氧塘功能模式

城市污水是 30 ~ 50 d。

⑤厌氧塘一般位于稳定塘之首,宜设为并联,这样便于清除塘泥。污泥清除周期为 5 ~ 10 年。

⑥厌氧塘宜采用矩形,长宽比 2:1 ~ 2.5:1。

⑦厌氧塘单塘面积应不大于 8 000 m²,堤内坡 1:1 ~ 1:3,塘底略有坡度。

⑧厌氧塘的有效深度为 3 ~ 5 m,保护高一般为 0.6 ~ 1.0 m。

⑨厌氧塘进口一般设在高于塘底 0.6 ~ 1.0 m 处,使进水与塘底污泥相混合。塘底宽度小于 9 m 时,可以只设一个进口,否则应采用多个进口。进水管径 200 ~ 300 mm。出水口为淹没式,深入水下 0.6 m,应不小于冰层厚度或浮渣层厚度。

⑩处理效果,BOD 去除率一般为 30% ~ 60%。厌氧塘还具有通过化学沉淀去除重金属离子的能力。

5. 曝气塘

(1)概述

曝气塘又可分为好氧曝气塘及兼性曝气塘两种,主要取决于曝气设备安设的数量及密度、曝气强度的大小等。好氧曝气塘与活性污泥处理法中的延时曝气法相近。在曝气条件下,藻类的生长与光合作用受到抑制。BOD_5 去除率为 60% ~ 90%。

由于经过人工强化,曝气塘的净化效果及工作效率都明显地高于一般类型的稳定塘。污水在塘内的停留时间短,曝气塘所需容积及占地面积均较小,这是曝气塘的主要优点,但由于采用人工曝气措施,能耗增加,运行费用也有所提高。

(2)曝气塘的设计

①曝气塘一般按表面负荷率进行设计计算,参数取值如下:BOD 表面负荷率,《给水排水设计手册》对城市污水处理的建议值是 30 ~ 60 $gBOD_5/(m^2 \cdot d)$。

②塘深与采用的表面机械曝气器的功率有关,一般介于 2.5 ~ 5.0 m 之间。

③停留时间,好氧曝气塘为 1 ~ 10 d;兼性曝气塘为 7 ~ 20 d。

④塘内悬浮固体(生物污泥)浓度在 80 ~ 200 之间。

曝气塘是经过人工强化的稳定塘。塘深在 2.0 m 似上,塘内设曝气设备向塘内污水充氧,并使塘水搅动。曝气设备多采用表面机械曝气器,也可以采用鼓风曝气系统。

(3)曝气塘的设计计算

污水在曝气塘的停留时间

$$t = \frac{E}{K(100 - E)} \tag{2.100}$$

式中:E—— 去除率,$E = \frac{L_a - L_e}{L_a} \times 100\%$;

K——有机污染物降解速度常数,水温对 K 值影响很大,应用下式修正:

$$K_{(T)} = K_{(20)} \cdot \theta^{(T-20)} \tag{2.101}$$

式中:T——曝气塘内水温;

$K_{(T)}$——水温为 T ℃时 BOD 降解常数;

$K_{(20)}$——水温为 20 ℃时 BOD 降解常数;

θ——温度系数,其值因污水类型不同而异,一般介于 1.065 ~ 1.09 之间。

【例 2.4】某城市每日排放污水 6 000 m³/d,BOD 值为 120 mg/L,用曝气塘进行处理,要求水温在 12 ℃时 BOD 去除率达 80%,求该塘的容积。

【解】(1)计算 12 ℃时 BOD 降解常数 $K_{(12)}$,设 $K_{(20)} = 0.6$,$\theta = 1.065$

$$K_{(12)} = K_{(20)} \cdot \theta^{(T-20)} = 0.6 \times 1.065^{(12-20)} = 0.36$$

(2)计算停留时间

$$t = \frac{E}{K(100 - E)} = \frac{80}{0.36 \times (100 - 20)} = \frac{80}{7.2} = 11 \text{ d}$$

（3）曝气塘的容积

$$V = Q \cdot t = 6\ 000 \times 11 = 66\ 000\ \text{m}^3$$

（4）曝气塘的平均水深取 3 m，曝气塘的面积

$$A = \frac{Q}{H} = \frac{66\ 000}{3} = 22\ 000\ \text{m}^2$$

2.4.2　土地处理

1. 土地处理系统与净化机理

（1）污水土地处理系统

污水土地处理系统也属于污水自然处理范畴，如图 2.136 和图 2.137 所示。是在人工控制下，将污水投配在土地上，通过土壤—植物系统，进行一系列净化过程，使污水得到净化。污水土地处理系统能够经济有效地净化污水，还能充分利用污水中的营养物质和水来满足农作物、牧草和林木对水、肥的需要，并能绿化大地、改良土壤。所以说，土地处理系统是一种环境生态工程。

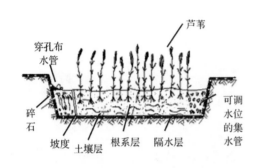

图 2.136　污水土地处理系统示意图

图 2.137　污水土地处理系统外观

（2）污水土地处理系统的组成

污水土地处理系统的组成部分包括：

①污水处理预处理设备。

②污水的调节及贮存设备。

③污水的输送、配布和控制系统。

④土地净化田。

⑤净化水收集、利用系统。

其中，土地净化田是土地处理系统的核心环节。

（3）净化机理

土壤净化作用是一个十分复杂的综合过程，其中包括：物理及物化过程的过滤、吸附和离子交换、化学反应的化学沉淀、微生物的代谢作用下的有机物分解等。过滤是靠土壤颗粒间的孔隙来截留、滤除水中的悬浮颗粒。

①悬浮物。污水流经土壤时，悬浮物和胶态物质被过滤、截留和吸附在土壤颗粒的孔隙中，与水分离。

②有机物。土壤的透气性良好，在上层存在大量好氧微生物，在下层有较多的兼氧或厌氧微生物。微生物的代谢作用使水质得到净化，处理二级出水的 BOD_5 去除率可达 85%～99% 。

③N、P。氮主要通过植物吸收、微生物脱氮和 NH_3 逸出等方式去除；磷主要通过植物吸收、化学沉淀等形成吸附等方式去除。

④病原体。土地处理系统可吸附杀死病原体，去除率达 95% 以上。

⑤重金属。重金属主要通过化学沉淀、吸附和植物吸收等方式去除。

土地处理系统的进水负荷不宜过高，否则会引起土壤堵塞或污染物渗透，污染地下水。

2. 土地处理系统的基本工艺

土地处理系统的基本工艺有慢速渗滤、快速渗滤、地表漫流和地下渗滤四种。

（1）慢速渗滤系统

该工艺适用于渗水性能良好的土壤和蒸发量小、气候湿润的地区。其对 BOD 的去除率一般可达 95% 以上，COD 去除率达 85%～90%，氮的去除率则在 70%～80% 之间。

慢滤系统滤速慢，处理水量小，部分污水被植物吸收和蒸发，污染物去除率高，出水水质好，如图 2.138 所示。

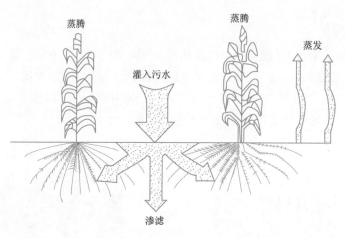

图 2.138　慢速渗滤示意图

（2）快速渗滤系统

快速渗透出水通过地下集水管或井群收集利用，如图 2.139 所示。该工艺的其 BOD 去除率可达 95%，COD 去除率达 91%；处理水 BOD < 10 mg/L，COD < 40 mg/L。该工艺还有较好的脱氮除磷功能，氨氮去除率为 85% 左右，T、N 去除率为 80%，除磷率可达 65%。另外，该工艺具有较强的去除大肠菌的能力，去除率可达 99.9%，出水含大肠菌为 ≤40 个/100 mL。

（3）地表漫流系统

用喷灌或漫灌方式将污水投注到地面较高处，顺坡流下，形成很薄的水层，如图 2.140 所示。该工艺的其 BOD 去除 90% 左右，总氮的去除率则在 70%～80% 之间，悬浮物的去除率一般达 90%～95%。

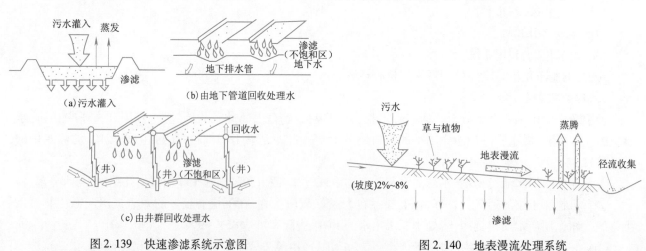

图 2.139　快速渗滤系统示意图　　　　图 2.140　地表漫流处理系统

（4）湿地处理系统

污水投放到土壤经常处于水饱和状态而且生长有芦苇、香蒲等耐水植物的沼泽地上，污水沿一定方向流动，在流动的过程中，在耐水植物和土壤的联合作用下，使污水得到净化。

湿地处理系统有以下几种类型。

①天然湿地系统，如图2.141所示。利用天然洼淀、苇塘，并加以人工修整而成。中设导流土堤，使污水沿一定方向流动，水深一般在30～80 cm之间，不超过1 m，净化作用类似于好氧塘，适宜作污水的深度处理。

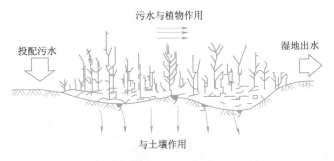

图2.141 天然湿地处理系统示意图

②自由水面人工湿地，如图2.142所示。用人工筑成水池或沟槽状，底面铺设隔水层以防渗漏，再充填一定深度的土壤层，在土壤层种植维管束植物，污水由湿地的一端通过布水装置进入，并以较浅的水层表以推流式方向向前流动，从另一端溢集水沟，流动过程中保持着自由水面。

图2.142 自由水面人工湿地

③人工潜流湿地处理系统，如图2.143所示。人工潜流湿地处理系统又名人工苇床，是人工筑成的床槽，床内充填介质以支持芦苇类的挺水植物生长。污水与布满生物膜的介质表面和溶解氧充分的植物根区接触而得到净化。

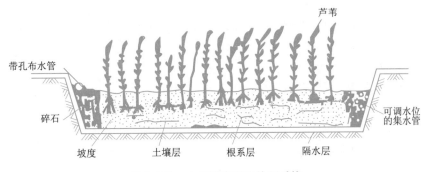

图2.143 人工潜流湿地处理系统

（5）污水地下渗滤处理系统

污水地下渗滤处理系统是将经过化粪池或酸化水解池预处理后的污水有控制地通入设于地下距地面约0.5 m深处的渗滤田，在土壤的渗滤作用和毛细管作用下，污水向四周扩散，通过过滤、沉淀、吸附和在微生物作用下的降解作用，使污水得到净化，如图2.144和图2.145所示。该工艺具有以下特征：

①整体处理系统都设于地下，地面上可种植绿色植物，美化环境。

②不受或较小受到外界气温变化的影响。

③易于建设,便于维护,不堵塞,建设投资省,运行费用低。

④对进水负荷的变化适应性较强,耐冲击负荷。

⑤运行得当可回收到水质良好、稳定的处理水,用于农灌、浇灌城市绿化地、街心公园等。地下渗滤处理系统是一种以生态原理为基础,以节能、减少污染、充分利用水资源的一种新型的小规模的污水处理工艺技术。我国近年来对这一技术也日益重视,但尚处于初步启动阶段。该工艺适用于处理居住小区、旅游点、度假村、疗养院等。

图 2.144　处理前的湖水

图 2.145　处理后的湖水

2.5　污水的深度处理与回用

2.5.1　深度处理概述

1. 城市污水的资源化与再生利用

(1)深度处理:是进一步去除常规二级处理所不能完全去除污水中杂质的净化过程

(2)深度处理目的:水资源短缺、污水回用。

(3)深度处理对象:脱色、除臭、COD、BOD、SS、营养型无机盐重金属细菌、病菌。

(4)深度处理水用途:排放、回用、回灌地下。

2. 污水的深度处理

深度处理是指以污水回收再用为目的,设在常规二级处理后增加的处理工艺。深度处理的主要对象是构成浊度的悬浮物和胶体、微量有机物、氮和磷、细菌等,污水的深度处理是污水再生与回用技术的发展,可以提高污水的重复使用率,节约水资源。

一般二级处理技术所能达到的处理程度为:出水中的 BOD_5 为 $20 \sim 30$ mg/L;COD 为 $60 \sim 100$ mg/L;SS 为 $20 \sim 30$ mg/L; NH_3-N 为 $15 \sim 25$ mg/L;TP 为 $6 \sim 10$ mg/L。

城市污水深度处理的去除对象是:

(1)处理水中残存的悬浮物,脱色、除臭,使水进一步得到澄清。

(2)进一步降低 BOD_5、COD、TOC 等指标,使水进一步稳定。

(3)脱氮、除磷,消除能够导致水体富营养化的因素。

(4)消毒杀菌,去除水中的有毒有害物质。

3. 回用途径

城市污水经过以生物处理技术为中心的二级处理和一定程度的深度处理后,水质能够达到回用标准,可以作为水资源加以利用。回用的城市污水应满足下列各项要求:

(1)必须经过完整的二级处理技术和一定的深度处理技术处理。

(2)在水质上应达到回用对象对水质的要求。

(3)在保健卫生方面不出现危害人们健康的问题。

(4)在使用上人们不产生不快感。

（5）对设备和器皿不会造成不良的影响。

（6）处理成本、经济核算合理。

污水回用的途径应以不直接与人体接触为准，主要可用于：

（1）农业灌溉

污水有控制地排放到农田中，根据灌溉用地的自然特点，选择合适的灌溉方法。

（2）工业生产

理想的回用对象应该是回用量较大且对处理要求不高的地方，如间接冷却水、冲灰及除尘等工艺用水。

（3）城市公共事业

一般限于两个方面：

①市政用水，即浇洒花木绿地、景观、消防、补充河湖等。

②杂用水，即冲洗汽车、建筑施工及公共建筑和居民住宅的冲洗厕所用水等。

（4）地下水回灌

地下水回灌可能只需要二级处理，而不需要深度处理。是将处理水直接向地下回灌，使地下水位已降低的地区的地下水量得到补充，防止地陷，同时防止咸水侵入。

2.5.2 污水的深度处理技术

1. 悬浮物的去除技术

悬浮物的去除技术根据 SS 的状态和粒径而定，$d > 1\ \mu m$ 时一般用砂滤、微滤机等，胶体状的直径在 $10\ nm \sim 1\ \mu m$ 时一般用混凝沉淀。二级处理水 BOD 值的 50%~80% 都来源于这些颗粒。此外，去除残留悬浮物是提高深度处理和脱氮除磷效果的必要条件。

（1）混凝沉淀

常用技术可以去除微小悬浮状态的有机物和无机污染物、胶体，也可去除 Mg、As（溶解态）、N、P、细菌、病毒。

特点：二级出水——胶体和菌胶团微粒；而天然水主要是针对泥砂等。不同于给水处理。

（2）药剂

传统药剂包括 $Al_2(SO_4)_3$、聚合氯化铝及助凝剂（活化硅酸等）。

新型药剂对浊度、色度、除磷效果明显。

（3）工艺形式

沉淀池、澄清池、气浮池。

（4）过滤

①特点：不宜直接应用于污水处理，过滤时一般情况下不需要加药剂，反冲洗难度大，滤料粒径适当放大。

②过滤作用：去除各类污染物、活性炭或离子交换、克服生物和化学处理的不稳定性。

2. 溶解性有机物的去除

（1）活性炭吸附

在生活污水中，溶解性有机物的主要成分是蛋白质、碳水化合物和阴离子表面活性剂。在经过二级处理的城市污水中的溶解性有机物多为丹宁、木质素、黑腐酸等难降解的有机物。

对这些有机物，用生物处理技术是难以去除的，还没有比较成熟的处理技术。当前，从经济合理和技术可行方面考虑，采用活性炭吸附和臭氧氧化法是适宜的。

①活性炭吸附：由煤或木等材料经一次炭化制成，高温下，用 CO 使其活化，使炭形成多孔结构。

②活性炭技术指标：碘值、亚甲兰值、糖蜜值。

③活性炭孔的分布：大孔（100 ~ 1 000 nm）、过渡孔（100 ~ 2 nm）、微孔（2 nm）。

④活性炭吸附处理二级处理水的特点：吸附时有微生物存在——提高处理效果（对有机物）但可能有生物泄漏的问题（代谢产物有毒性）。

（2）臭氧氧化处理

①目的（二级出水回用）：去除残余有机物、脱出污水的色度、杀菌消毒。

②形式：扩散板式（反应为主）、喷射式（扩散为主）、机械搅拌式。

3. 溶解性无机盐类的去除

二级处理技术对溶解性无机盐类是没有去除功能的，含有溶解性无机盐类的二级处理水，是不宜回用和灌溉农田的，因为这样做可能产生下列问题：

（1）金属材料与含有大量溶解性无机盐类的污水相接触，可能产生腐蚀作用。

（2）溶解度较低的 Ca 盐和 Mg 盐从水中析出，附着在器壁上，形成水垢。

（3）SO_4^{2-} 还原，产生硫化氢，放出臭气。

（4）灌溉用水中含有盐类物质，对土壤结构不利，影响农业生产。

当前，有效地用于二级处理水脱盐处理的技术主要有反渗透、电渗析以及离子交换等几项。

4. 细菌的去除

城市污水经二级处理后，水质已经改善，细菌含量也大幅度减少，但细菌的绝对值仍很可观，并存在有病原菌的可能。因此，在排放水体前或在农田灌溉时，应进行消毒处理。目前用于污水消毒的消毒剂有液氯、臭氧、次氯酸钠、紫外线等。

5. 脱氮技术

在自然界，氮化合物是以有机体（动物蛋白、植物蛋白）、氨态氮（NH_4^+、HN_3）、亚硝酸氮（NO_2^-）、硝酸氮（NO_3^-）以及气态氮（N_2）形式存在的。

在二级处理水中，氮则是以氨态氮、亚硝酸氮和硝酸氮形式存在的。

氮和磷同样都是微生物保持正常的生理功能所必需的元素，即用于合成细胞。但污水中的含氮量相对来说是过剩的，所以一般二级污水处理厂对氮的去除率较低。

（1）氮污染的危害

①富营养化——N、P 引起藻类问题。

②提高制水成本——应用水，污水消毒时，增加投氯量。

③污水回用填塞管道——NH_3-N 可促进设备中微生物的繁殖。

④农业灌溉——TN 不大于 1 mg/L，否则对农作物有影响。

（2）生物脱氮原理

①氨化反应与硝化反应。

②反硝化反应。

（3）生物脱氮技术

目前采用的生物除氮工艺有缺氧—好氧活性污泥法脱氮系统（A/O）、氧化沟、生物转盘等脱氮工艺。

活性污泥传统脱氮工艺：反应过程氨化、硝化、反硝化，如图 2.146 所示。

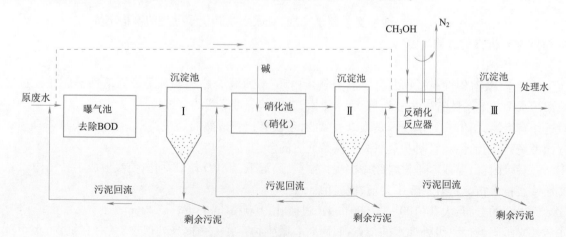

图 2.146　传统活性污泥法脱氮工艺（三级活性污泥流程）

6. 磷的去除

污水中的磷一般有三种存在形态,即正磷酸盐、聚合磷酸盐和有机磷。污水的除磷技术有:使磷成为不溶性的固体沉淀物,从污水中分离出去的化学除磷法和使磷以溶解态为微生物所摄取,与微生物成为一体,并随同微生物从污水中分离出去的生物除磷法。

(1)生物除磷原理

①好氧吸收(聚磷菌对磷的过量吸收)。

②厌氧释放。

(2)厌氧–好氧除磷工艺流程(An-O法)如图2.147所示。

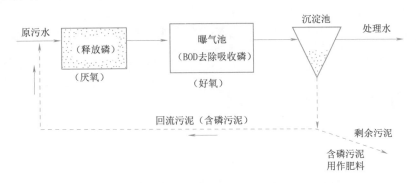

图2.147　厌氧–好氧除磷工艺流程(An-O法)

2.5.3　污水回用处理系统

污水回用处理系统由三部分组成:前处理技术、中心处理技术和后处理技术。

1. 深度处理组合工艺

工艺一:二级出水→砂滤→消毒。

工艺二:二级出水→混凝→沉淀→过滤→消毒。

工艺三:二级出水→混凝→沉淀→过滤→活性炭吸附→消毒。

此类工艺是目前常用的城市污水传统深度处理技术,在实际运行过程中可根据二级污水处理效果及回用水质要求对工艺进行具体调整。

工艺一是传统简单实用的污水二级处理流程,再进一步去除水中微细颗粒物并消毒的形式制出回用水,适用作工业循环冷却用水、城市浇洒、绿化、景观、消防、补充河湖等市政用水和居民住宅的冲洗厕所用水等杂用水。深度处理的运行费用约为 0.1 ~ 0.15 元/t。

工艺二是在工艺一的基础上增加了混凝沉淀,出水水质力:SS < 10 mg/L、BOD_5 < 8 mg/L,优于工艺一出水。这种回用水在工业回用方面作锅炉补给水、部分工艺用水等。

工艺三是在工艺二的基础上增加了活性炭吸附,这对去除微量有机污染物和微量金属离子,去除色度、病毒等污染物方面的作用是显著的。可去除:浊度 73% ~ 88% ,SS 60% ~ 70% ,色度 40% ~ 60% ,BOD_5,31% ~ 77% ,COD 25% ~ 40% ,总磷 29% ~ 90% ,此类工艺适用作除人体直接饮用外的各种工农业回用水和城市回用水。为此需要付出的运行费用约为 0.8 ~ 1.1 元/t 水。

2. 膜分离为主的组合工艺

在回用水处理中应用较广泛膜技术有微滤、超滤、纳滤、反渗透和电渗析等。膜分离技术。

工艺四:二级出水→混凝沉淀、砂滤→膜分离→消毒。

工艺五:二级出水→砂滤→微滤→纳滤→消毒。

工艺六:二级出水→臭氧→超滤或微滤→消毒。

工艺四是采用混凝沉淀作为膜处理的预处理工艺,混凝的目的是利用混凝剂将小颗粒悬浮胶体结成粗大矾花,以减小膜阻力提高透水通量;通过混凝剂的电中性和吸附作用,使溶解性的有机物变为超过膜孔径大小的微粒,使膜可截留去除,以避免膜污染。

工艺五:纳米过滤,比传统处理的臭氧和活性炭更便宜。

工艺六:采用臭氧氧化作为膜处理的预处理工艺,通常认为臭氧氧化的作用是将有机物低分子化,因此作为膜分离的预处理是不适合的,但臭氧能将溶解性的铁和锰氧化,生成胶体并通过膜分离加以去除,因而可以提高铁锰的去除率,此外,臭氧氧化可以去除异臭味。

3. 活性炭、滤膜分离为主的组合工艺

工艺七:二级出水→活性炭吸附或氧化铁微粒过滤→超滤或微滤→消毒。

工艺八:二级出水→混凝沉淀、过滤→膜分离→(活性炭吸附)→消毒。

工艺九:二级出水→臭氧→生物活性炭过滤或微滤→消毒。

工艺十:二级出水→混凝沉淀→生物曝气(生物活性炭)超滤→消毒。

此类处理工艺则将粉末活性炭(PAC)与 UF 或 MF 联用,组成吸附—固液分离工艺流程进行净水处理。

计 划 单

课 程	污水处理		
学习情境一	污水处理厂构筑物设计	学 时	48
工作任务2	污水处理设计	学 时	30
计划方式	小组讨论、团结协作共同制订计划		
序 号	实施步骤		使用资源
1			
2			
3			
4			
5			
6			
7			
8			
9			
制订计划说明			
计划评价	班 级	第 组	组长签字
	教师签字	日 期	
	评语:		

决 策 单

课　　程	污水处理		
学习情境一	污水处理厂构筑物设计	学　　时	48
工作任务2	污水处理设计	学　　时	30

方案讨论					
	组号	方案的合理性	实施可操作性	安全性	综合评价
方案对比	1				
	2				
	3				
	4				
	5				
	6				
	7				
	8				
	9				
	10				
方案评价	评语：				

班　　级	污水处理	组长签字		教师签字		月　日

实 施 单

课 程	污水处理		
学习情境一	污水处理厂构筑物设计	学 时	48
工作任务2	污水处理设计	学 时	30
实施方式	小组成员合作;动手实践		
序 号	实施步骤	使用资源	
1			
2			
3			
4			
5			
6			
7			
8			
9			
10			
11			

实施说明：

班 级		第 组	组长签字	
教师签字			日 期	
评 语				

作 业 单

课　　程	污水处理		
学习情境一	污水处理厂构筑物设计	学　　时	48
工作任务 2	污水处理设计	学　　时	30
实施方式	小组每个成员独立完成污水处理各构筑物设计计算		

班　　级		第　　组	组长签字	
教师签字			日　　期	
评　　语				

检 查 单

课　程	污水处理			
学习情境一	污水处理厂构筑物设计		学　时	48
工作任务2	污水处理设计		学　时	30
序号	检查项目	检查标准	学生自查	教师检查
1	咨询问题			
2	学习态度			
3	小组讨论			
4	小组展示			
5	工作过程			
6	团结同学			
7	爱护公物			
8	相互配合			

	班　级		第　组	组长签字	
	教师签字			日　期	
	评语：				
检查评价					

评 价 单

课　　程		污水处理				
学习情境一	污水处理厂构筑物设计			学　时		48
工作任务2	污水处理设计			学　时		30
评价类别	项　目		子项目	个人评价	组内互评	教师评价
专业能力	资讯 (10%)	搜集信息(5%)				
		引导问题回答(5%)				
	计划 (5%)					
	实施 (20%)					
	检查 (10%)					
	过程 (5%)					
	结果 (10%)					
社会能力	团结协作 (10%)					
	敬业精神 (10%)					
方法能力	计划能力 (10%)					
	决策能力 (10%)					
评价评语	班　级		姓　名		学　号		总　评	
	教师签字		第　组	组长签字			日　期	
	评语：						

工作任务3 污泥处理设计

任 务 单

课　程	污水处理		
学习情境一	污水处理厂构筑物设计	学　时	48
工作任务3	污泥处理设计	学　时	12
布置任务			
任务目标	1. 熟悉厌氧消化的原理； 2. 能够分析影响厌氧生物处理的主要因素； 3. 清楚污泥处理运行方式； 4. 清楚污泥处理工艺流程； 5. 熟悉污泥浓缩池和消化池类型、特点及构造； 6. 学会选择浓缩池和消化池类型； 7. 学会选用泥浓缩池和消化池设计参数； 8. 能够进行浓缩池、消化池设计计算； 9. 知道污泥的干化与脱水目的； 10. 明确污泥的综合利用； 11. 看懂泥浓缩池和消化池的施工图。		
任务描述	设计某城镇污泥处理设计,工作如下： 1. 根据设计要求,选择污泥处理的工艺流程； 2. 查找资料、网络搜索、观看视频； 3. 确定各构筑物的类型； 4. 通过利用设计手册,查找设计资料和有关的设计参数； 5. 进行各构筑物设计计算； 6. 绘制污泥处理的平面图和高程图。		

学时安排	布置任务与资讯	计划	决策	实施	检查	评价
	2学时	0.5学时	0.5学时	8学时	0.5学时	0.5学时

提供资料	1.《污水处理》校本教材； 2.《排水工程》,张自杰 ,中国建筑工业出版社； 3.《水处理工程》,符九龙,中国建筑工业出版社； 4.《污水处理》课程课件； 5. 污泥处理图片； 6. 污泥处理各构筑物结构图； 7. 污水处理厂视频。
对学生的要求	1. 小组讨论污泥处理的工艺流程； 2. 查找资料、网络搜索、观看视频录像,完成资讯； 3. 小组学习厌氧消化的原理； 4. 学会正确选择污泥处理各构筑物的设计参数； 5. 学会正确选用污泥处理各构筑物的类型； 6. 独立设计计算污泥处理各构筑物； 7. 具有一定的自学能力、协调能力和语言表达能力； 8. 具有团队合作精神,以小组的形式完成工作任务； 9. 实施结束后进行小组互评,教师评价； 10. 积极参与小组工作任务讨论,严禁抄袭。

资 讯 单

学习情境一	污水处理厂构筑物设计	学　时	48
工作任务3	污泥处理设计	学　时	6
资讯方式	在图书馆、专业杂志、教材、互联网及信息单上查询问题;咨询任课教师	学　时	1
资讯问题	1. 污泥是如何进行分类的?		
	2. 污泥性质及指标有哪些?		
	3. 厌氧生物处理机理及特点是什么?		
	4. 城市污水污泥处理方案的选择和确定要考虑的因素?		
	5. 污泥处理处置的方法有几种? 怎样选择?		
	6. 污泥处理的工艺流程如何确定?		
	7. 影响厌氧消化的因素有哪些?		
	8. 如何选择污泥浓缩池和消化池的类型?		
	9. 污泥浓缩池和消化池的构造及特点是什么?		
	10. 污泥浓缩池和消化池的设计参数怎样确定?		
	11. 污泥浓缩池和消化池的如何设计计算?		
	12. 污泥的干化与脱水的目的是什么?		
	13. 污泥为什么要综合利用?		
资讯引导	1. 信息单; 2.《排水工程》,张自杰,中国建筑工业出版社; 3.《水处理工程技术》,吕宏德,中国建筑工业出版社; 4.《给排水设计手册》第五册; 5.《污水处理》校本教材。		

信 息 单

3.1 污泥处理概述

在水处理过程中,产生一定数量污泥,它来自于原水中的杂质和在处理中投加的物质,其成分与原水及处理方法有关,原水中的杂质是无机的,产生的污泥也是无机的;原水中的杂质是有机的,则产生的污泥一般也是有机的;物理处理法产生的污泥与原水中的杂质相同,化学及物理化学处理法产生的污泥一般与原水中的杂质不同,生物处理法产生的污泥是生物性的。例如,以地面水为水源的净化处理中产生的主要是含铝或含铁的无机污泥;以含锰地下水为水源的净化处理中产生的是含铁锰无机污泥;在软化处理中产生的是含钙镁无机污泥;在生活污水物理处理中产生的是非生物性有机污泥;在生活污水生化处理中产生的是生物性有机污泥。

污泥中含有大量的有害有毒物质,如不及时地从处理系统中排出,会使水处理系统不能正常运行,难保水处理效果;如从处理系统中排出后直接排放到环境中,会再次造成环境污染,即二次污染。污泥中含有大量的有用物质,通过处理后回收利用,可以节省宝贵的资源,变害为利。因此,污泥的处理越来越受到人类的重视。在废水处理过程中,产生大量的污泥,其数量约占处理水量的 0.3% ~ 0.5% (以含水率为 97%)。

污泥中含有很多有毒物质,如细菌、病原微生物、寄生虫卵以及重金属离子等;有用的物质如植物营养素、氮、磷、钾、有机物等。污泥很不稳定,在排入自然环境前需要某种形式的处理:或者是稳定、浓缩或脱水,可能还接着干化和焚烧;污泥处置的费用约占全厂运行费用的 20% ~ 50% 。所以污泥处置是废水处理工程的重要方面,须予以充分注意。

污泥处理系统的外观如图 3.1 所示。

图 3.1 污泥处理

污泥处理的一般方法与流程如图 3.2 所示。

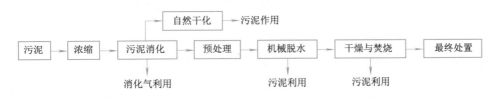

图 3.2 污泥处理的一般方法与流程

3.1.1 污泥的分类

按污水的处理方法,即污泥从污水中分离的过程,污泥可分为以下几类:

（1）初沉污泥:指污水一级处理过程中从初沉池分离出来的沉淀物。

（2）剩余污泥:指活性污泥处理工艺二沉池产生的沉淀物。

（3）腐殖污泥:指生物膜法污水处理工艺中二沉池产生的沉淀物。

（4）化学污泥:指用化学沉淀法处理污水后产生的沉淀物。

生活污水污泥易于腐化,可进一步区分如下:

（1）生污泥:指从水处理系统沉淀池排出来的沉淀物。

（2）消化污泥:指生污泥经厌氧分解后得到的污泥。

（3）浓缩污泥:指生污泥经浓缩处理后得到的污泥。

（4）脱水干化污泥:指经脱水干化处理后得到的污泥。

（5）干燥污泥:指经干燥处理后得到的污泥。

3.1.2 表示污泥性质的指标

1. 污泥含水率

污泥中所含水分的质量与污泥总质量之比称为污泥含水率。污泥含水率一般都很高,比重接近于1。污泥含水率、体积、重量及所含固体物浓度之间的关系可用式(3.1)表示

$$\frac{V_1}{V_2} = \frac{W_1}{W_2} = \frac{100 - p_1}{100 - p_2} = \frac{C_1}{C_2} \qquad (3.1)$$

式中: V_1, W_1, C_1——污泥含水率为 p_1 时的污泥体积、重量与固体物浓度;

V_2, W_2, C_2——污泥含水率变为 p_2 时的污泥体积、重量与固体物浓度。

【例3.1】 污泥合水率从99%降低到96%时,计算污泥体积的变化。

【解】 由式(3.1)得

$$V_2 = V_1 \frac{100 - p_1}{100 - p_2} = V_1 \frac{100 - 99}{100 - 96} = \frac{1}{4} V_1$$

可见污泥含水率从99%降低至96%,体积减少了3/4。

式(3.1)适应于含水率大于65%的污泥。含水率小于65%以后,体积内出现横多的气体体积与重量不再符合式(3.1)的关系。

2. 挥发性固体和灰分

挥发性固体可近似代表污泥中有机物含量;灰分代表无机物含量。

3. 湿污泥密度与干污泥密度

湿污泥质量等于干污泥所含水分质量与干固体质量之和。湿污泥密度等于湿污泥质量与同体积的水质量之比值。由于水密度为1,所以湿污泥密度 γ 可用下式计算:

$$\gamma = \frac{100\gamma_s}{p\gamma_s + (100 - p)} \qquad (3.2)$$

式中: γ——湿污泥密度;

p——污泥含水率,%;

γ_s——干污泥密度。

干固体物质由有机物(即挥发性固体)和无机物(即灰分)组成,有机物密度一般等于1,无机物密度约为2.5~2.65,以2.5计,则干污泥平均密度 γ_s 为

$$\gamma_s = \frac{250}{100 + 1.5 p_v} \qquad (3.3)$$

式中: p_v——污泥中有机物含量,%。

确定湿污泥密度和干污泥密度,对于浓缩池的设计、污泥运输及后续处理都有实用价值。

【例3.2】 已知初沉池污泥的含水率为97%,有机物含量为65%。求干污泥密度和湿污泥密度。

【解】 干污泥密度用式(3.3)计算

$$\gamma_s = \frac{250}{100 + 1.5 p_v} = \frac{250}{100 + 1.5 \times 65} = 1.26$$

湿污泥密度用式(3.2)计算

$$\gamma = \frac{100\gamma_s}{p\gamma_s + (100 - p)} = \frac{100 \times 1.26}{97 \times 1.26 \times (100 - 97)} = 1.006$$

4. 污泥肥分

污泥中含有大量的植物营养素(氮、磷、钾)、微量元素及土壤改良剂(有机腐殖质),我国城市污水处理厂不同种类污泥所含肥分如表3.1所示。

表3.1 我国城市污水处理厂污泥肥分表

污泥类别	总氮(%)	磷(以 P_2O_5 计)(%)	钾(以 K_2O 计)(%)	有机物(%)
初沉污泥	2~3	1~3	0.1~0.5	50~60
活性污泥	3.3~7.7	0.78~4.3	0.22~0.44	60~70
消化污泥	1.6~3.4	0.6~0.8	—	25~30

5. 污泥的可消化程度

污泥中的有机物是消化处理的对象。有一部分易于分解(或称可被气化、无机化)。另一部分不易于分解,如纤维素、橡胶制造等,可用可消化程度 R_d 表示。

6. 污泥重金属离子含量

污泥重金属离子含量,界定与城市污水中工业废水所占比例及工业性质。污泥重金属离子含量决定污泥能否作为肥料。

7. 污泥燃烧值

污泥的主要成分是有机物,可以燃烧,回收热值。

8. 污泥的毒性和危害性

主要由于其所含有的毒性有机物、致病微生物和重金属等,因此,可能对环境和人类具有长期危害性。污泥中的重金属离子含量一般都较高。

9. 污泥的脱水性能与污泥比阻

污泥的脱水性能是指污泥的脱水的难易程度,可用有关的过滤装置进行测算。污泥比阻也可以反映污泥的脱水性能。

3.1.3 污泥量计算

1. 经营数据估算

城市污水处理污泥量可按表3.2估算。

表3.2 城市污水处理厂污泥量

污泥种类		污泥量(L/m³)	含水率(%)	密度(kg/L)
沉砂池		0.03	60	1.5
初沉池		14~25	95~97.5	1.015~1.02
二沉池	膜法	7~19	96~98	1.02
	泥法	10~21	99.2~99.6	1.005~1.008

2. 公式估算

(1)初沉污泥量

①根据污水中悬浮物浓度、去除率、污水流量及污泥含水率,用式(3.4)计算

$$V = \frac{100C_0\eta Q}{1\,000(100 - p)\rho} \tag{3.4}$$

式中：V——初沉污泥量，m^3/d；

    Q——污水流量；m^3/d；

    η——去除率，%；

    C_0——进水悬浮物浓度，mg/L；

    p——污泥含水率，%；

    ρ——污泥密度，以 $1\ 000\ kg/m^3$ 计。

  ②按每人每天产泥量计算

$$V = NS/100 \tag{3.5}$$

式中：N——城市人口数，人；

    S——产泥量，$L/d \cdot$ 人。

（2）剩余活性污泥量

$$Q_S = \frac{\Delta X}{f X_r} \tag{3.6}$$

式中：Q_S——每日排出剩余污泥量，m^3/d；

    ΔX——挥发性剩余污泥量（干重），kg/d；

    f——污泥的 MLVSS/MLSS 的值，对生活污水 $f=0.75$，工业废水的 f 值通过测定确定；

    X_r——污泥浓度，g/L。

（3）硝化污泥量

$$V_d = \frac{(100 - p_1) V_1}{100 - p_d} \left[\left(1 - \frac{p_{V_1}}{100} \right) + \frac{p_{V_1}}{100} \left(1 - \frac{R_d}{100} \right) \right] \tag{3.7}$$

式中：V_d——消化污泥量，m^3/d；

    R_d——可消化程度，%，取周平均值；

    p_d——消化污泥含水率，%，取周平均值；

    V_1——生污泥量，m^3/d，取周平均值；

    p_1——生污泥含水率，%，取周平均值；

    p_{V_1}——生污泥有机物含量，%。

3.1.4 污泥的输送

污泥在处理、最终处置或利用时都需要进行短距离或长距离的输送。

1. 污泥输送方法

污泥输送的方法有管道、卡车、驳船以及它们的组合方法。

污泥管道输送是污水处理厂内或长距离输送的常用方法。

管道输送可分为重力管道与压力管道两种。重力管道输送时，距离不宜太长，管坡一般采用 0.01 ~ 0.02，管径不小于 200 mm，中途应设置清通口，以便在堵塞时用机械清通或高压水（污水处理厂出水）冲洗。压力管道输送时，需要进行详细的水力计算。

2. 污泥输送设备

污泥进行管道输送或装卸卡车、驳船时，需要抽升设备，可用污泥泵或渣泵。

当需要扬程较高时，可选用 PW 型及 PW1 型离心泵。

3.1.5 污泥处理处置的方法

从流程上来看，处理在前，处置在后。污泥处理可供选择的方案大致有：

（1）生污泥→湿污泥池→最终处置。

（2）生污泥→浓缩→自然干化→堆肥→最终处置。

（3）生污泥→浓缩→消化→最终处置。

扫一扫

（4）生污泥→浓缩→消化→自然干化→最终处置。

（5）生污泥→浓缩→消化→机械脱水→最终处置。

（6）生污泥→浓缩→机械脱水→干燥焚烧→最终处置。

第（1）（2）方案是以堆肥、农用为主。第（3）（4）（5）方案，以消化处理为主体，消化过程产生的生物能即沼气可作为能源利用。第（6）方案是以干燥焚烧为主。方案（1）～（6）的处理工艺由简到繁，工程投资和管理费用亦由低到高。污泥处理方案选择时，应根据污泥的性质与数量、资金情况与运行管理费用、环境保护要求及有关法律与法规、城市农业发展情况及当地气候条件等情况，进行综合考虑后选定。

3.2　污泥浓缩池

污泥的含水率很高，初沉污泥含水率介于95%～97%，剩余活性污泥达99%以上。因此，污泥的体积非常大，对污泥的后续处理造成困难。由例3.1可知，污泥含水率从99%降至96%，污泥体积可减小3/4，污泥体积的大幅度减小，为后续处理创造了条件。如后续处理是厌氧消化，消化池的容积、加热量、搅拌能耗都可大大降低；如后续处理为机械脱水，调节污泥所用的混凝剂用量、机械脱水设备的容量也可大大减小。

降低含水率的方法有：

（1）浓缩法，用于降低污泥中的空隙水。因空隙水所占比例最大，故浓缩是减容的主要方法。

（2）自然干化法和机械脱水法，可以脱除毛细水。

（3）干燥与焚烧，能够脱除吸附水与内部水。

污泥浓缩（见图3.3和图3.4）的方法主要有重力浓缩、气浮浓缩、离心浓缩等。

图3.3　污水浓缩池1

图3.4　污水浓缩池2

3.2.1　污泥的重力浓缩

重力浓缩法是利用自然的重力沉降作用，使污泥中的间隙水得以分离。重力浓缩构筑物称为重力浓缩池。根据运行方式的不同，可分为连续式重力浓缩池和间歇式重力浓缩池两种。前者主要用于大中型污水处理厂，后者多用于小型污水处理厂或工业企业的污水处理。

1. 连续式重力浓缩池

池形及工作原理同辐流式沉淀池。如图3.5所示。污泥连续由中心管1进入，经导流筒均匀布水进入泥水分离区，上清液由溢流堰2排出，浓缩污泥由刮泥机4缓缓刮至池中心的污泥斗并从排泥管3排出，刮泥机4上装有垂直搅拌栅5随着刮泥机转动，周边线速度为1 m/min左右，每条栅条后面，可形成微小涡流，有助于颗粒之间的絮凝，使颗粒逐渐变大，并可造成空穴，促使污泥颗粒的空隙水与气泡逸出，浓缩效果可提高20%以上。浓缩池池径一般为5～20 m，底坡采用1/100～1/12，一般取1/20。

连续式重力浓缩池（见图3.6）的其他形式有多层辐射式浓缩池，适用于土地紧缺地区；还有采用重力排泥的多斗连续式浓缩池。

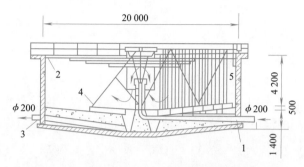
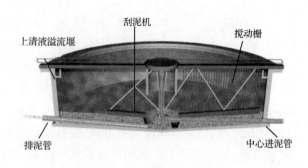

图 3.5　连续式重力浓缩池基本构造

1—中心进泥管;2—上清液溢流堰;3—排泥管;4—刮泥机;5—搅动栅

图 3.6　连续式重力浓缩池

（1）池面积计算

浓缩池面积通常采用固体通量法进行计算。固体通量即单位时间内,通过单位面积的固体物重量,单位为 kg/(m²·h)。浓缩池面积按式(3.8)计算。

$$A \geqslant \frac{QC_0}{G_L}$$

$$(3.8)$$

式中:A——浓缩池面积,m²;

Q——入流污泥量,m³/h;

C_0——入流污泥固体浓度,kg/m³;

G_L——极限固体通量,kg/(m³·h)。

固体通量应通过试验确定,如试验数据,可参考表 3.3 选用。

表 3.3　重力浓缩池生产运行数据表(入流污泥浓度 $C_0 = 2 \sim 6$ g/L)

污泥种类	污泥固体通量[kg/(m²·h)]	浓缩污泥浓度(g/L)
生活污水污泥	1~2	50~70
初沉污泥	4~6	80~100
改良曝气活性污泥	3~5.1	70~85
活性污泥	0.5~1.0	20~30
腐殖污泥	1.6~2.0	70~90
初沉污泥与活性污泥混合	1.2~2.0	50~80
初沉污泥与改良曝气活性污泥混合	4.0~5.1	80~120
初沉污泥与腐殖污泥混合	2.0~2.4	70~90

（2）池深度计算

浓缩池总深度由压缩区高度、上清液区高度、池底坡、超高四部分组成。压缩高度的计算见设计手册,一般上清液区高度取 1.5 m,超高取 0.3 m。

2. 间歇式重力浓缩池

间歇式重力浓缩池的构造如图 3.7 和图 3.8 所示。

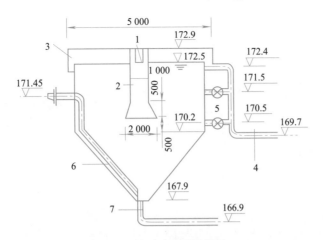

图 3.7 间歇式重力浓缩池 1

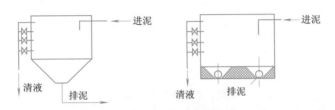

图 3.8 间歇式重力浓缩池 2

间歇式重力浓缩池的设计原理同连续式。运行时,应首先排除浓缩池中的上清液,腾出池容,再投入待浓缩的污泥。为此,在浓缩池深度方向的不同高度设上清液排出管。浓缩时间一般不宜小于 12 h。

3.2.2 污泥浓缩、干化与脱水

污泥经浓缩、消化后,尚有约 95% ~ 97% 的含水率,体积仍很大。为了综合利用和最终处置,需进一步将污泥减量,进行干化和脱水处理。两者对脱除污泥的水分具有同等的效果。各种脱水处理的方法及效果如表 3.4 所示。

表 3.4 不同脱水方法及脱水效果表

脱水方法		脱水装置	脱水后含水率(%)	脱水后状态
浓缩法		重力浓缩、气浮浓缩、离心浓缩	95 ~ 97	近似棚状
自然干化法		自然干化场、晒砂场	70 ~ 80	泥饼状
机械脱水	真空吸滤法	真空转鼓、真空转盘等	60 ~ 80	泥饼状
	压滤法	板框压滤机	45 ~ 80	泥饼状
	液压带法	液压带式压滤机	78 ~ 86	泥饼状
	离心法	离心机	80 ~ 85	泥饼状
干燥法		各种干燥设备	10 ~ 40	粉状、粒状
焚烧发		各种焚烧设备	0 ~ 10	灰状

1. 污泥的自然干化

(1)干化场的分类与构造

干化场分为自然滤层干化场与人工滤层干化场两种。

人工滤层干化场的构造如图 3.9 所示,它由不透水底层、排水系统、滤水层、输泥管、隔墙及围堤等部分组成。有盖式的,设有可移开(晴天)或盖上(雨天)的顶盖,顶盖一般用弓形复合塑料薄膜制成,移、置方便。

滤水层的上层用细矿渣或砂层铺设,厚度为 200 ~ 300 mm;下层用粗矿渣或砾石,层厚为 200 ~ 300 mm。排水管道系统用 100 ~ 150 mm 的陶土管或盲沟铺成,管道之间中心距 4 ~ 8 m,纵坡 0.002 ~ 0.003,排水管起

点复土深为 0.6 m。不透水底板由 200～400 mm 厚的黏土层或 150～300 mm 厚三七灰土夯实而成,也可用 100～150 mm 厚的素混凝土铺成,底板有 0.01～0.02 的坡度坡向排水管。

隔墙与围堤把干化场分隔成若干分块,通过切门的操作轮流使用,以提高干化场利用率。

在干燥、蒸发量大的地区,可采用由沥青或混凝土铺成的不透水层而无滤水层的干化场,依靠蒸发脱水。这种干化场的优点是泥饼容易铲除。

（2）干化场的脱水特点

干化场脱水主要依靠渗透、蒸发与撇除。渗透过程约在污泥排入干化场最初的 2～3 d 内完成,可使污泥含水率降低至 85% 左右。此后水分依靠蒸发脱水,约经 1 周或数周后,含水率可降低至 75% 左右。

（3）影响干化场脱水的因素

①气候条件。当地的降雨量、蒸发量、相对湿度、风速和年冰冻期。

②污泥性质。如初沉污泥或浓缩后的活性污泥,由于比阻较大,水分不易从稠密的污泥层中渗透下去,往往会形成沉淀,分离出上清液,故这类污泥主要依靠蒸发脱水。而消化污泥在消化池中承受着高于大气压的压力,污泥中含有许多沼气泡,排到干化场后,由于压力的降低,气体迅速释出,可把污泥颗粒挟带到污泥层的表面,使水的渗透阻力减小,提高渗透脱水性能。

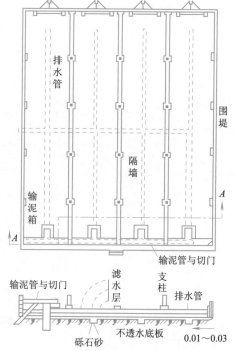

图 3.9 人工滤层干化场

（4）干化场的设计

干化场设计的主要内容是确定总面积与分块数。干化场总面积一般按面积污泥负荷进行计算。面积污泥负荷是指单位干化场面积每年可接纳的污泥量单位 $m^3/(m^2 \cdot a)$ 或 m/a。如干化天数为 8 d,则分为 8 块,每天铲泥饼和进泥用 1 块,轮流使用。每块干化场的宽度与铲泥饼的机械与方法有关,一般采用 6～10 m。

2. 污泥的机械脱水

机械脱水即利用机械设备脱除污泥中的水分。

（1）机械脱水前的预处理

①预处理的目的在于改善污泥脱水性能,提高机械脱水效果与机械脱水设备的生产能力。初沉污泥、活性污泥、腐殖污泥、消化污泥均由亲水性带负电荷的胶体颗粒组成,有机质含量高、比阻值大,脱水困难。若用水力或机械搅拌,污泥受到机械剪切,絮体被破坏,脱水性能恶化;若采用沼气搅拌脱水性能可改善。

②化学调理法。化学调理法就是在污泥中投加混凝剂、助凝剂一类的化学药剂,使污泥颗粒产生絮凝,比阻降低。

混凝剂常用的污泥化学调理混凝剂有无机、有机和生物混凝剂三类。有无机混凝剂主要有铝盐、铁盐及其高分子聚合物;有机混凝剂是高分子聚合电解质;生物混凝剂直接用微生物细胞为混凝剂、从微生物细胞提取的混凝剂和微生物细胞的代谢产物作为混凝剂。

助凝剂一般不起混凝作用。助凝剂的作用是调节污泥的 pH 值;供给污泥以多孔状格网的骨架;改变污泥颗粒结构,破坏胶体的稳定性;提高混凝剂的混凝效果;增强絮体强度等。有硅藻土、珠光体、酸性白土、锯屑、污泥焚烧灰、电厂粉尘、石灰及贝壳粉等。

③热处理法。热处理可使污泥中有机物分解,破坏胶体颗粒稳定性,污泥内部水与吸附水被释放脱水性能大大改善,因此污泥热处理兼有污泥稳定、消毒和除臭等功能。热处理后的污泥进行重力浓缩,可使其含水率从 97%～99% 浓缩至 80%～90%,如直接进行机械脱水,泥饼含水率可达 30%～45%。热处理法分为高温（170～200 ℃）加压热处理法与低温（60～80 ℃）加压热处理法两种,适用于各种污泥。

④冷冻法。冷冻法是将污泥进行冷冻处理。随着冷冻过程的进行,污泥中胶体颗粒被向上压缩浓集,水分被挤出,再进行融解,使污泥颗粒的结构被彻底破坏,脱水性能大大提高。

（2）机械脱水的基本原理

污泥的机械脱水是以过滤介质两面的压力差作为推动力,使污泥水分被强制通过过滤介质,形成滤液;而固体颗粒被截留在介质上,形成滤饼,从而达到脱水的目的。污泥机械脱水方法主要有:在过滤介质的一面形成负压作为推动力的真空吸滤法;已离心力作为推动的离心法。

3. 机械脱水设备

（1）真空过滤脱水构造及工艺流程

真空过滤脱水使用的机械是真空过滤机,主要用于初次沉淀污泥及消化污泥的脱水,如图3.10所示。

图3.10　机械脱水设备

①真空过滤脱水机的构造。国内使用较广泛的是 GP 型转鼓真空过滤机,其构造如图3.11所示。

真空过滤机脱水的优点是能够连续操作,运行平稳,可自动控制;主要缺点是附属设备较多,工序复杂,运行费用较高。

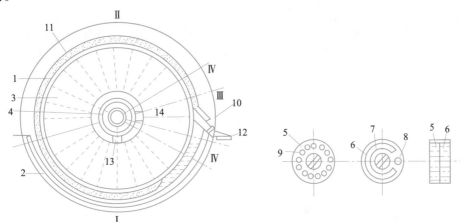

图3.11　转鼓真空过滤机

Ⅰ—滤饼形成区;Ⅱ—吸干区;Ⅲ—反吹区;Ⅳ—休止区

1—空心转筒;2—污泥槽;3—扇形格;4—分配头;5—转动部件;6—固定部件;7—与真空泵通的缝;

8—与空压机通的孔;9—与各扇形格相同的孔;10—刮刀;11—泥饼;12—皮带输送器;13—真空管路;14—压缩空气管路

②转鼓真空过滤机脱水的工艺流程如图3.12所示。

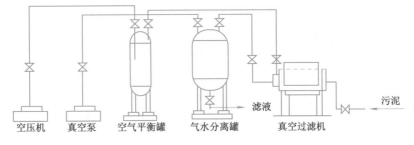

图3.12　转鼓真空过滤机工艺流程

③转鼓真空过滤机脱水计算。

所需过滤机面积

$$A = \frac{W\alpha f}{L} \tag{3.9}$$

式中:A——过滤机面积,m^2;

W——原污泥干固体重量,$W = Q_0 C_0$,kg/h;

Q_0——原污泥体积,m^3/h;

C_0——原污泥干固体浓度,kg/m^3;

α——安全系数,考虑污泥分布不匀及滤布阻塞,常用$\alpha = 1.15$;

f——助凝剂与混凝剂的投加量,以占污泥干固体重量百分数计,见例3.3;

L——过滤产率,一般取 3.6 $kg/(m^2 \cdot h)$。

【例3.3】 污泥量为 30 m^3/h,污泥浓度为2%,用化学调节预处理,投加混凝剂铁盐5%(占污泥干固体重量),助凝剂石灰10%(占污泥干固体重量),设计真空转鼓过滤机。

【解】 原污泥浓度 $C_0 = 2\% = 20$ kg/m^3,$Q_0 = 30$ m^3/h。

$$W = 20 \times 30 = 600 \text{ kg/h}$$

过滤产率 L 取 3.6 $kg/(m^2 \cdot h)$,所加混凝剂与助凝剂分别为 5% 和 10%。

$$f = 1 + (5/100) + (10/100) = 1.15$$

由式(3.9)得

$$A = \frac{W\alpha f}{L} = \frac{600 \times 1.15 \times 1.15}{3.6} = 220 \text{ m}^2$$

若每台真空过滤机的过滤面积为 22 m^2,则需真空过滤机 220/22 = 10 台。

(2)压滤脱水

① 板框压滤机的构造。压滤脱水设备是板框压滤机,如图 3.13 所示。其优点是构造较简单,过滤推动力大,适用于各种污泥;缺点是不能连续运行。其类型有人工板框压滤机和自动板框压滤机两种。人工板框压滤机需一块一块地卸下,剥离泥饼并清洗滤布后再逐块装上,劳动强度大,效率低。自动板框压滤机上述过程都是自动的,效率较高,劳动强度低,如图 3.14 所示。工作压力一般为 0.2 ~ 0.4 MPa。

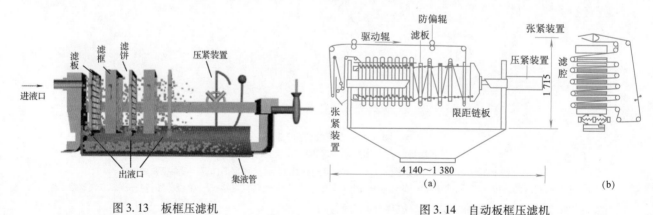

图 3.13 板框压滤机   图 3.14 自动板框压滤机

②板框压滤机脱水计算。

压力机的面积

$$A = 1\,000(1 - P)\frac{Q}{L} \tag{3.10}$$

式中 :A——所需机的面积,m^2;

P——污泥含水率;

Q——污泥量,m^3/h;

L——压滤机的产率,$kg/(m^3 \cdot h)$。

压滤机的产率与污泥性质、化学调节程度、压滤压力有关,通过实验确定或参考类似压滤运行的数据选用,一般为 2~4 kg/(m² · h),压力脱水的过滤周期为 1.5~4 h。

(3)滚压脱水——带式压滤机

污泥滚压脱水的设备是带式压滤机,如图3.15所示。其主要特点是把压力施加在滤布上,依靠滤布的压力和张力使污泥脱水。这种脱水方法不需要真空或加压设备,动力消耗少,可以连续生产,目前应用较为广泛。带式压滤机基本构造如图3.16所示。

带式压滤机由滚压轴及滤布带组成。污泥先经过浓缩段(主要依靠重力),使污泥失去流动性,以免在压榨段被挤出滤布,浓缩段的停留时间为10~20 s。然后进入压榨段,压榨时间为1~5 min。

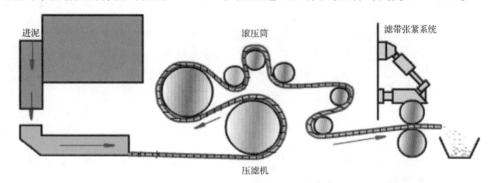

图 3.15　带式压滤机

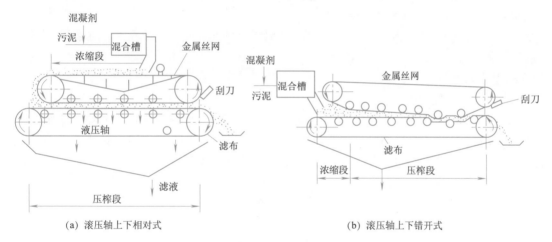

(a)滚压轴上下相对式　　　　　　　　(b)滚压轴上下错开式

图 3.16　带式压滤机

(4)离心脱水

污泥离心脱水采用的设备一般是低速离心机,如图3.17所示。其优点是污泥离心脱水可连续生产,操作方便,可自动控制,卫生条件好,占地面积小,是污泥脱水的主要方法。缺点是污泥的预处理要求较高,必须使用高分子调节剂进行污泥调节。常用的是转筒式离心机,其构造如图3.18所示。

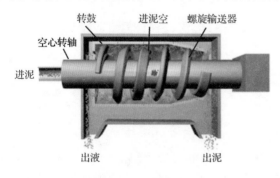

图 3.17　离心脱水机

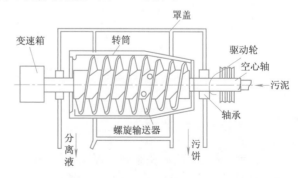

图 3.18　转筒式离心机

4. 污泥的消毒、干燥与焚烧

（1）污泥的消毒

污泥中含有大量病原菌、病虫卵及病毒。为避免在污泥利用和污泥处理过程中对人体产生危害，造成感染，必须对污泥进行经常性或季节性的消毒。

在污泥处理方法中，很多兼具有消毒功能。如高温消化病虫卵的杀灭率达95%～100%，伤寒与痢疾杆菌杀灭率为100%。其他如消化前的污泥加温、机械脱水前的热处理、污泥干燥与焚烧、湿式氧化、堆肥等方法均有很高的杀灭率。

专用的污泥消毒方法有巴氏消毒法、石灰稳定法、加氯消毒法等。

（2）污泥的干燥

污泥干燥的原理是让污泥与热干燥介质（热干气体）接触使污泥中水分蒸发而随干燥介质除去。污泥干燥处理后，含水率可降至约20%左右，体积可大大减小，从而便于运输、利用或最终处置。污泥干燥与焚烧各有专用设备，也可在同一设备中进行根据干燥器形状可分为回转圆筒式、急骤干燥器及带式干燥器三种。

（3）污泥的焚烧

符合下列情况可以考虑采用污泥焚烧工艺：

①当污泥有毒物质含量高或不符合卫生要求，不能加以利用，其他处置方式又受到限制。

②卫生要求高，用地紧张的大、中城市。

③污泥自身的燃烧热值高，可以自燃并利用燃烧热量发电。

④可与城市垃圾混合焚烧并利用燃烧热量发电。

污泥经焚烧后，含水率可降为0，使运输与最后处置大为简化。污泥焚烧分为两种：完全焚烧和湿式燃烧（即不完全焚烧）。

5. 污泥的最终处理与利用

（1）农肥利用与土地处理

①污泥的农肥利用。我国城市污水处理厂污泥中含有的氮、磷、钾等植物性营养物质非常丰富，可作为农业肥料使用，污泥中含有的有机物又可作为土壤改良剂。污泥作为肥料施用时必须符合：满足卫生学要求，污泥所含重金属离子浓度必须符合我国农林部制定的《农用污泥标准》；总氮含量不能太高，氮是作物的主要肥分，但浓度太高会使作物的枝叶疯长而倒伏减产。

②土地处理。土地处理有两种方式：改造土壤与污泥的专用处理场。

（2）污泥堆肥

堆肥方法有污泥单独堆肥、污泥与城市垃圾混合堆肥两种。

（3）污泥制造建筑材料

①可提取活性污泥中含有的丰富的粗蛋白与球蛋白酶制成活性污泥树脂，与纤维填料混匀压制生产生化纤维板。

②利用污泥或污泥焚烧灰可生产污泥砖、地砖。

6. 污泥裂解

污泥经干化、干燥后，可以用煤裂解的工艺方法将污泥裂解制成可燃气、焦油、苯酚、丙酮、甲醇等化工原料。

3.3 污泥消化池

3.3.1 厌氧生物处理

活性污泥法与生物膜法是在有氧条件下，由好氧微生物降解污水中的有机物，最终产物是水和二氧化碳，该方法作为无害化和高效化的方法被推广应用。但当污水中有机物含量很高时，特别是对于有机物含量大大超过生活污水的工业废水，采用好氧法就显得耗能太多，很不经济了。因此，需采用厌氧消化。厌氧消化即污泥在无氧的条件下,由兼性菌及专性厌氧细菌将污泥中可生物降解的有机物分解为二氧化碳和甲烷气(或称污泥气、消化气),使污泥得到稳定。厌氧生物处理具有高效、低耗的特点,因此在处理高浓度有机废水时,比好氧生物处理技术更具优越性。其中化粪池、双是沉淀池、堆肥等属于自然厌氧消化,消化池属于人工强化的厌氧消化(见图3.19)。

图3.19　厌氧消化　　　　　　　　　　　　　　扫一扫

1. 生物处理中的厌氧微生物

厌氧生物处理是以厌氧细菌为主构成的微生物生态系统。厌氧细菌有两种:一种是只要有氧存在就不能生长繁殖的细菌,称为绝对厌氧菌;另一种是不论有氧存在与否都能增长的细菌,称为兼性厌氧细菌(也称兼性细菌)。厌氧生物处理中的厌氧微生物主要有产甲烷细菌和产酸发酵细菌,常见的甲烷菌有四类:甲烷杆菌、甲烷球菌、甲烷八叠球菌、甲烷螺旋菌;产酸发酵细菌主要有气杆菌属、产碱杆菌属、芽孢杆菌属、梭状芽孢杆菌属、小球菌属、变形杆菌属、链球菌属等。

2. 厌氧生物处理技术

厌氧生物处理是利用厌氧生物微生物的代谢过程在无须提供氧气的情况下把有机物转化为无机物和少量细菌物质,这些无机物主要包括大量的生物气和水。厌氧生物处理是一种低成本的水处理技术,又是把水的处理和能源的回收利用相结合的一种技术。如处理过的洁净水可用于鱼塘养鱼和农田灌溉,产生的沼气可作为能源,剩余污泥可以作为肥料用于土壤改良。此生物气俗称沼气,沼气的主要成分是约2/3的甲烷和约1/3的二氧化碳,是一种可回收的能源。

(1)厌氧处理的优点

①处理成本低。约为好氧法成本的1/3;如所产沼气能被利用,则费用更会大大降低,甚至带来相当的利润。

②低能耗。厌氧处理不但能源需求很少而且还能产生大量的能源。厌氧法处理污水可回收沼气。回收的沼气可用于锅炉燃料或家用燃气。

③应用范围广。厌氧生物处理技术比好氧生物处理技术对有机物浓度适应性广。好氧生物处理只能处理中、低浓度有机污水,而厌氧生物处理则对高、中、低浓度有机污水均能处理。

④污泥负荷高。厌氧反应器容积负荷比好氧法要高得多,单位反应器容积的有机物去除量,也因此其反应器负荷高、体积小、占地少。厌氧法可直接处理高浓度有机废水和剩余污泥。

⑤剩余污泥量少。处理同样数量的废水仅产生相当于好氧法1/10~1/6的剩余污泥。

⑥厌氧方法对营养物的需求量较低。好氧方法氮和磷的需求量为 $BOD_5 : N : P = 100 : 5 : 1$ 而厌氧方法为 $(350~500) : 5 : 1$。

⑦易管理。厌氧方法的菌种可以在停止供给废水与营养的情况下保留其生物活性与良好的沉淀性能至少1年以上。厌氧颗粒污泥因此可作为新建厌氧处理厂的种泥出售。

⑧灵活性强。厌氧系统规模灵活,可大可小,设备简单,易于建设,无须昂贵的设备。

(2)厌氧处理的缺点

①采用厌氧生物法不能去除废水中的氮和磷。

②厌氧法启动过程较长。因为厌氧微生物的世代期长,增长速率低,污泥增长缓慢,所以厌氧反应器的启动过程很长,一般启动期长达 3~6 个月,快速启动,这就会增加启动费用。

③运行管理较为复杂。由于厌氧菌的种群较多,如产酸菌与产甲烷菌性质各不相同,而互相又密切相关,要保持这两大类种群的平衡,对运行管理较为严格。

④卫生条件较差。一般废水中均含有硫酸盐,厌氧条件下会产生硫酸盐还原作用而放出硫化氢等气体,其中硫化氢是一种有毒和具有恶臭的气体,引起二次污染。

⑤厌氧处理去除有机物不彻底。厌氧处理废水中有机物时往往不够彻底。一般单独采用厌氧生物处理不能达到排放标准,所以厌氧处理必须要与好氧处理相配合。

⑥厌氧微生物对有毒物质较为敏感。厌氧微生物对有毒物质较为敏感,因此,对于有毒废水性质了解的不足或操作不当可能导致反应器运行条件的恶化。

3.3.2 厌氧生物处理机理

污泥厌氧消化的过程极其复杂,可概括为三个阶段:第一阶段是在水解与发酵细菌作用下,使碳水化合物、蛋白质及脂肪水解与发酵转化成单糖、氨基酸、脂肪酸、甘油、二氧化碳及氢等,参与的微生物包括细菌、原生动物和真菌,统称水解与发酵细菌,大多数为专性厌氧菌,也有不少兼性厌氧菌;第二阶段是在产氢产乙酸菌的作用下,把第一阶段的产物转化成氢、二氧化碳和乙酸,参与的微生物是产氢产乙酸菌以及同型乙酸菌,它们能够在厌氧条件下,将第一阶段的产物转化为乙酸、二氧化碳、氢;第三阶段是通过两组生理上不同的产甲烷菌的作用,一组把氢和二氧化碳转化成甲烷,另一组是对乙酸脱羧产生甲烷,参与的微生物是甲烷菌或称为产甲烷菌,属于绝对的厌氧菌,主要代谢产物是甲烷。甲烷菌常见的有四种:甲烷杆菌,杆状细胞,连成链或长丝状,或呈短而直的杆状;甲烷球菌,球形细胞呈正圆或椭圆形,排列成对或成链;甲烷八叠球菌,它可繁殖成为有规则的、大小一致的细胞,堆积在一起;甲烷螺旋菌,呈有规则的弯曲杆状和螺旋丝状。

厌氧消化三阶段的模式如图 3.20 所示。

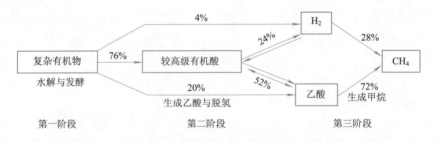

图 3.20 有机物厌氧消化三阶段模式图

3.3.3 厌氧消化的影响因素

1. 温度因素

甲烷菌对于温度的适应性可分为两类,即中温甲烷菌(适应温度区为 30~36 ℃)和高温甲烷菌适应温度区为 50~53 ℃)。温度与有机物负荷、产气量关系如图 3.21 所示。有机物负荷为 2.5~3.0 kg/(m³·d),产气量约 1~1.3 m³/(m³·d);而高温消化条件下,有机物负荷为 6.0~7.0 kg/(m³·d),产气量约 3.0~4.0 m³/(m³·d)。

中温或高温厌氧消化允许的温度变动范围为 ±1.5~2.0 ℃。当有 ±3 ℃ 的变化时,就会抑制消化速率,有 ±5 ℃ 的急剧变化时,就会突然停止产气,使有机酸大量积累而破坏厌氧消化进程。消化时间是指气量达到总量的 90% 所需时间。消化温度与消化时间的关系如图 3.22 所示。中温消化的时间约为 20~30 d,中温消化的时间约为 10~15 d。因中温消化的温度与人体温接近,故对寄生虫卵及大肠菌的杀灭率较低;高温消化对寄生虫卵的杀灭率可达 99%,对大肠菌指数可达 10~100,能满足卫生要求(卫生要求对蛔虫卵的杀灭率 95% 以上,大肠菌指数 10~100)。

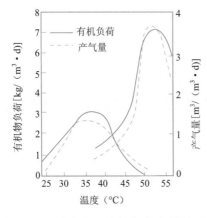

图 3.21 温度与有机物负荷、产气量关系图

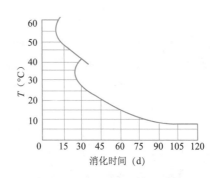

图 3.22 温度与消化时间的关系

2. 污泥投配率

污泥投配率是指每日投加新鲜污泥体积占消化池有效容积的百分数。其表达式为

$$V = \frac{V'}{n} \times 100\% \qquad (3.11)$$

式中：V——消化池的有效容积，m^3；

V'——新鲜污泥，m^3/d；

n——污泥投配率，%。

投配率是消化池设计的重要参数，投配率过高，消化池内脂肪酸可能积累，pH 值下降，污泥消化不完，产气率降低；投配率过低，污泥消化完全，产气率较高，消化池容积大多基建费用增高。据我国污水处理厂的运行经验，城市污水处理厂污泥中温消化的投配率以 5% ~ 8% 为宜，相应的消化时间为 12.5 ~ 20 d。

3. 搅拌和混合

厌氧消化是由细菌体的内酶和外酶与底物进行的接触反应，所以必须使两者充分混合。搅拌的方法一般有消化气循环搅拌法、泵加水射器搅拌法和混合搅拌法等。

4. 营养与 C/N 比

厌氧消化池中，细菌生长所需营养由污泥提供。合成细胞的 C/N 比约为 5:1，因此要求 C/N 达到 (10 ~ 20):1 为宜。如 C/N 太高，细胞的氮量不足，消化液的缓冲能力低，pH 值易降低；C/N 太低，pH 值可能上升，胺盐容易积累，会抑制消化进程。

从各种污泥底物含量及 C/N(见表 3.5)看，初沉池比较合适，混合污泥次之，而活性污泥不大适宜单独进行厌氧消化处理。

表 3.5 各种污泥底物含量及 C/N

底物名称	污 泥 种 类		
	初次沉淀池污泥	活性污泥	混合污泥
碳水化合物(%)	32.0	16.5	26.3
脂肪、脂肪酸(%)	36.0	17.5	28.5
蛋白质(%)	39.0	66.0	45.2
C/N	(9.40 ~ 10.35):1	(4.60 ~ 5.04):1	(6.80 ~ 7.50):1

5. 有毒物质

在消化过程中对消化有抑制作用的物质主要有重金属离子、S^{2-}、NH_3、有机酸等。任何一种物质对甲烷消化都有两方面的作用，即有促进甲烷细菌生长的作用与抑制甲烷细菌生长的作用，关键在于它们的浓度。

重金属离子多来源于工业废水中，其浓度远大于城市污水中的浓度，对甲烷消化的控制作用有两个方面：其一是与酶结合，产生变性物质，使酶的作用消失；其二是与氢氧化物的絮凝作用，使酶沉淀。S^{2-}的来源有两个方面:一是由无机硫酸盐还原而来;二是由蛋白质分解释放而来。氨来源于有机物的分解,可在消化液中离解成 NH_4^+,其浓度决定于 pH 值。当有机酸积累时,pH 值降低,NH_3 浓度减小,NH_4^+ 浓度才增大。当 NH_4^+ 浓度超过 150 mg/L 时,消化即受到抑制。

重金属的毒性可以用络合法降低。例如,当锌的浓度为 1 mg/L 时,具有毒性,用硫化物沉淀法,加入 Na_2S 后,产生 ZnS 沉淀,毒性得到降低。多种金属离子共存时,毒性有互相抵抗作用,允许浓度可提高。

6. 酸碱度、pH 值和消化液的缓冲作用

甲烷菌对 pH 值的适应范围在 6.6 ~ 7.5 之间,即只允许在中性附近波动。在消化系统中,第一、二阶段由于有机物的积累,使 pH 值下降,第三阶段由于有机物的分解,使 pH 值上升,如果第一、二阶段的反应速率超过甲烷阶段,则 pH 值会降低,影响甲烷菌的生活环境。

3.3.4 厌氧消化池池形、构造与设计

1. 消化池的构造

消化池的基本池形有圆柱形和蛋形两种。如图 3.23 至图 3.25 所示。消化池主体是由集气罩、池盖、池体、下椎体四部分组成。圆柱形厌氧消化池的池径一般为 6 ~ 35 m,池总高与池径之比取 0.8 ~ 1.0,池底、池盖倾角一般取 15°~20°,池顶集气罩直径取 2 ~ 5 m,高 1 ~ 3 m。大型消化池可采用蛋形,容积可做到 10 000 m^3 以上。消化池还包括污泥投配、排泥及溢流系统,消化排气、收集与贮气设备,搅拌设备,加温设备。

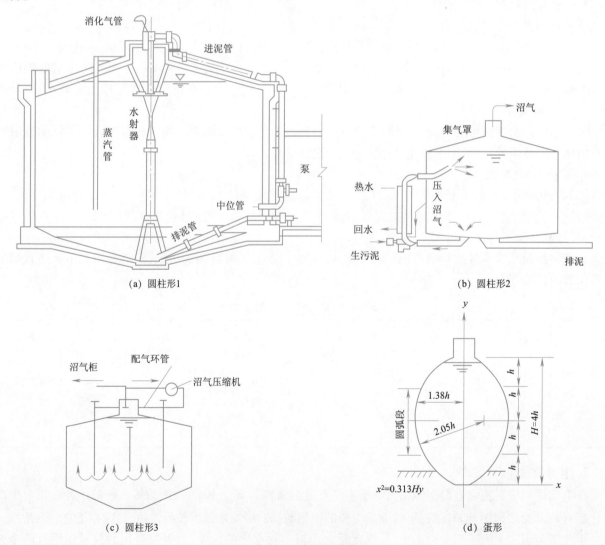

图 3.23 消化池基本池形

图 3.24　蛋形消化池

图 3.25　圆柱形消化池

(1)污泥投配、排泥与溢流系统

①污泥投配。生污泥需先排入污泥投配池,然后用污泥泵抽送至消化池。污泥投配池一般为矩形,至少设 2 个,池容根据生污泥量及投配方式确定,通常按 12 h 的贮泥量设计。投配池应加盖,设排气管及溢流管。如果采用消化池外加热生污泥的方式,则投配池可兼作污泥加热池。污泥管的最小管径为 150 mm 。

②排泥。消化池的排泥管设在池底,依靠消化池内的静压将熟污泥排至泻泥的后续处理装置。污泥可从溢流管排除,避免池内沼气受压缩。若沼气压力超过规定值,污泥也可冲开水封排出。

③溢流装置。为避免消化池的投配过量、排泥不及时或沼气产量与用气量不平衡等情况发生时,沼气室内的气压增高致使池顶压破,消化池必须设置溢流装置,及时溢流以保持沼气室压力恒定。溢流装置的设置原则是必须绝对避免集气罩与大气相通。溢流管径一般不小于 200 mm 。溢流装置常用形式有倒虹管式、大气压式及水封式等三种,如图 3.26 所示。

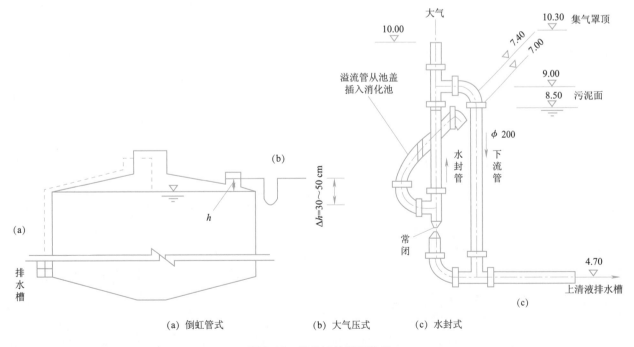

(a) 倒虹管式　　　(b) 大气压式　　　(c) 水封式

图 3.26　消化池的溢流装置

（2）消化气排出、收集与贮气设备

沼气管的管径按日平均产气量计算，管内流速按 7~8 m/s 计，当消化池采用沼气循环搅拌时，则计算管径时应增加搅拌循环所需沼气量。由于产气量与用气量的不平衡，所以设贮气柜调节和储存沼气。沼气从集气罩通过沼气管道输送至贮气柜。贮气柜有低压浮盖式与高压球形罐两种，如图 3.27 所示。贮气柜的容积一般按平均日产气量的 25%~40%，即 6~10 h 的平均产气量计算。

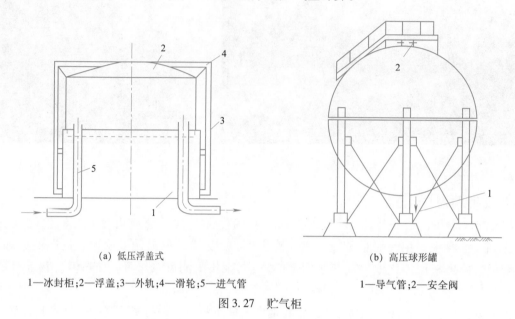

　　　　（a）低压浮盖式　　　　　　　　　　　　　　　（b）高压球形罐

1—冰封柜；2—浮盖；3—外轨；4—滑轮；5—进气管　　　　　　1—导气管；2—安全阀

图 3.27　贮气柜

（3）搅拌设备

搅拌的目的是使池内污泥温度与浓度均匀，防止污泥分层或形成浮渣层，均匀池内碱度，从而提高污泥分解速度。当消化池内各处污泥浓度相差不超过 10% 时，即认为混合均匀。

消化池的搅拌方法有沼气搅拌、泵加水射器搅拌、联合搅拌三种。可连续搅拌，也可间歇搅拌，即在 2~5 h 内将全池污泥搅拌一次。

①沼气搅拌。经空压机压缩后的沼气通过消化池顶盖上面的配气环管，通入每根立管，立管末端在同一标高上，距池底 1~2 m，立管数量根据搅拌气量及立管内的气流速度决定。立管气流速度按 7~15 m/s 设计，搅拌气量按每 1 000 m³ 池容 5~7 m³/min 计，空气压缩机的功率按每 m³ 池容所需功率 5~8 W 计。沼气搅拌的优点是没有机械磨损，搅拌比较充分，可促进厌氧分解，缩短消化时间。

②泵加水射器搅拌。生污泥甩污泥泵加压后，射入水射器顶端位于污泥面以下 0.2~0.3 m。泵压应大于 0.2 MPa，生污泥量与水射器吸入的污泥量之比为 1:3~5。当消化池池径大于 10 m 时，应设水射器 2 个或 2 个以上。

③联合搅拌。把生污泥加温、沼气搅拌联合在一个热交换器装置内完成，经空气压缩机加压后的沼气以及经污泥泵加压后的生污泥分别从热交换器的下端射入，并把消化池内的熟污泥抽吸出来共同在热交换器中加热混合，然后从消化池的上部污泥面下喷入，完成加温搅拌过程，如池径大于 10 m，可设 2 个或 2 个以上热交换器。

（4）加温设备

消化池加温的目的在于维持消化池的消化温度（中温或高温），使消化能有效地进行。加温的方法有池内加温和池外加温两种。池内加温可采用热水或蒸汽直接通入消化池的直接加温方式或通入设在消化池内的盘管进行间接加温的方式。池外加温方法是在污泥进入消化池之前，把生污泥加温到足以达到消化温度和补偿消化池壳体及管道的热损失。室外间接加热用套管式泥—水热交换器兼混合器完成。

2. 两级厌氧消化

两级消化是污泥消化先后在两个消化池中进行。第一级消化池有加温、搅拌设备,并有集气罩收集沼气,消化温度为 33 ~ 35 ℃;第二级消化池没有加温与搅拌设备,依靠余热继续消化,消化温度约为 20 ~ 26 ℃,消化气可收集或不收集。

两级消化是根据消化过程沼气产生的规律进行设计。图 3.28 所示为中温消化的消化时间与产气率的关系,由此可见,在消化的前 8 d,产生的沼气量约占全部产量的 80% 左右,因此,两级消化仅有约 20% 沼气量没有收集,却能减小运行管理复杂的第一级消化池的容积;第二级消化池亦有污泥浓缩池作用,并具有减少了耗热量,减少搅拌所需能耗和熟污泥含水率低等优点。两级消化池的设计主要是计算消化池的总有效容积用式。按式(3.12)计算,然后按容积比为一级: 二级等于 1∶1、2∶1 或 3∶2 分成两个池子即可。常采用 2∶1 的比值。

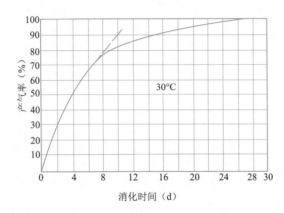

图 3.28　消化时间与产气率的关系

3. 消化池容积计算

消化池的数量应在 2 座或 2 座以上,以满足检修时消化池正常工作。消化池的有效容积的计算见式(3.12)

$$V = \frac{Q_0}{n} \times 100 \tag{3.12}$$

式中:Q_0——生污泥量,$\mathrm{m^3/d}$;

　　　n——污泥投配率%,中温消化一般取 5% ~ 8%;

　　　V——消化池的有效容积,$\mathrm{m^3}$。

【例 3.4】　某城市污水处理厂,初沉污泥量为 300 $\mathrm{m^3/d}$,浓缩后的剩余活性污泥 180 $\mathrm{m^3}$,它们的含水率均为 96%,采用两级中温消化,计算消化池各部分尺寸。

【解】　由于剩余活性污泥量较多,故采用污泥投配率为 5%,消化池总容积

$$V = \frac{Q_0}{n} \times 100 = \frac{300 + 180}{5} \times 100 = 9\ 600\ \mathrm{m^3}$$

用两级消化池容积比采用一级: 二级 = 2∶1,则一级消化池容积为 6 400 $\mathrm{m^3}$,用 2 个,每个消化池容积 3 200 $\mathrm{m^3}$;二级消化池 1 个容积为 3 200 $\mathrm{m^3}$。

一级消化池拟用尺寸如图 3.29 所示。

消化池直径 $D = 19$ m,集气罩直径 $d_1 = 2$ m,高 $h_1 = 2$ m,池底锥底直径 $d_2 = 2$ m,锥角 15°,$h_4 = 2.4$ m。消化池柱体高度 h_3 应大于 $D/2 = 9.5$ m,采用 $h_3 = 10$ m。

消化池总高度

$$H = h_1 + h_2 + h_3 + h_4 = 2 + 2.4 + 10 + 2.4 = 16.8\ \mathrm{m}$$

消化池各部分容积:

集气罩容积

$$V_1 = \frac{\pi d_1^2}{4} h_1 = \frac{3.14 \times 2^2}{4} = 6.28\ \mathrm{m^3}$$

上盖容积

$$V_2 = \frac{1}{3} \times \frac{\pi D^2}{4} \times h_2 = \frac{1}{3} \times \frac{3.14 \times 19^2}{4} \times 2.4 = 226.7 \ \text{m}^3$$

下锥体容积：等于上盖容积 $V_4 = 226.7 \text{m}^3$

柱体容积

$$V_3 = \frac{\pi D^2}{4} \times h_3 = \frac{3.14 \times 19^2}{4} \times 10 = 2\ 833.8 \ \text{m}^3$$

消化池有效容积

$$V = V_1 + V_2 + V_3 + V_4 = 2.26 + 2\ 833.8 + 226.7 + 226.7 = 3\ 287.2 > 3\ 200 \ \text{m}^3 (\text{合格})$$

二级消化池的尺寸同一级消化池尺寸。

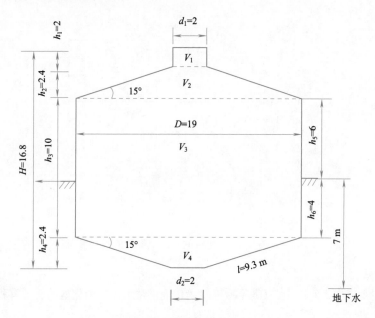

图 3.29　消化池计算尺寸

计 划 单

课　　程	污水处理		
学习情境一	污水处理厂构筑物设计	学　时	48
工作任务3	污泥处理设计	学　时	12
计划方式	小组讨论、团结协作共同制订计划		
序　　号	实施步骤		使用资源
1			
2			
3			
4			
5			
6			
7			
8			
9			
制订计划说明			
计划评价	班　级	第　组	组长签字
	教师签字	日　期	
	评语：		

决 策 单

课　　程	污水处理		
学习情境一	污水处理厂构筑物设计	学　　时	48
工作任务3	污泥处理设计	学　　时	12

		方案讨论			
方案对比	组号	方案的合理性	方案的可操作性	安全性	综合评价
	1				
	2				
	3				
	4				
	5				
	6				
	7				
	8				
	9				
	10				
方案评价	评语：				

班　　级		组长签字		教师签字		月　日

实　施　单

课　　程	污水处理			
学习情境一	污水处理厂构筑物设计		学　　时	48
工作任务3	污泥处理设计		学　　时	12
实施方式	小组成员合作;动手实践			
序　号	实施步骤		使用资源	
1				
2				
3				
4				
5				
6				
7				
8				
9				
10				
11				
12				

实施说明:

班　　级		第　　组	组长签字	
教师签字			日　　期	
评　　语				

作 业 单

课　程	污水处理		
学习情境一	污水处理厂构筑物设计	学　时	48
工作任务 3	污泥处理设计	学　时	12
作业方式	小组每个成员独立完成污泥处理各构筑物设计计算		

班　级		第　组		组长签字	
教师签字				日　期	
评　语					

检 查 单

课　　程	污水处理			
学习情境一	污水处理厂构筑物设计		学　时	48
工作任务3	污泥处理设计		学　时	12
序号	检查项目	检查标准	学生自查	教师检查
1	咨询问题			
2	学习态度			
3	小组讨论			
4	小组展示			
5	工作过程			
6	团结同学			
7	爱护公物			
8	互相配合			

	班　　级		第　　组	组长签字	
	教师签字			日　期	
检查评价	评语：				

评 价 单

课　程	污水处理				
学习情境一	污水处理厂构筑物设计			学　时	48
工作任务3	污泥处理设计			学　时	12
评价类别	项　　目	子项目	个人评价	组内互评	教师评价
专业能力	资讯（10%） 搜集信息(5%)				
	引导问题回答(5%)				
	计划 （5%）				
	实施 （20%）				
	检查 （10%）				
	过程 （5%）				
	结果 （10%）				
社会能力	团结协作 （10%）				
	敬业精神 （10%）				
方法能力	计划能力 （10%）				
	决策能力 （10%）				

班　级		姓　名		学　号		总　评	
教师签字		第　组	组长签字			日　期	

评价评语	评语：

教学反馈表

课　程	污水处理厂			
学习情境一	污水处理厂构筑物设计	学　　时		48
序　号	调查内容	是	否	理由陈述
1	针对学习任务你是否学会如何进行资讯？			
2	你对任课教师在本任务的教学满意吗？			
3	你对自己的表现是否满意？			
4	你认为学习任务对你将来的工作有帮助吗？			
5	影响厂址选择的因素有哪些？			
6	通过本任务的学习，你了解了污泥处理各构筑物的构造及特点吗？			
7	通过本任务的学习，你了解了各构筑物的构造及特点吗？			
8	你知道城市污水处理采用活性污泥法和生物处理法有什么区别吗？如何选择？			
9	你学会如何选择污水处理各构筑物设计参数了吗？			
10	通过理论学习你能够合理选择污水处理的工艺流程了吗？			
11	你能够独立进行各污水处理构筑物设计计算吗？			
12	通过理论学习你能够合理选择污泥处理的工艺流程了吗？			
13	你能够独立进行污泥处理各构筑物设计计算吗？			
14	你对小组成员之间的合作是否满意？			
15	你认为本任务还应学习哪些方面的内容？（请在下面空白处填写）			

你的意见对改进教学非常重要，请写出你的建议和意见。

被调查人签名		调查时间	

学习情境 二

污水处理厂（站）设计与运行管理

学 习 指 南

🔍 学习目标

　　学生在教师的讲解和引导下,明确工作任务的目标和污水处理厂(站)设计与运行与管理中的关键因素,通过学习污水处理厂设计原则,明确污水处理厂设计内容和设计步骤,掌握典型城市污水处理的工艺流程,能够借助设计文件及资料选定污水处理厂的地址,进行污水处理厂平面布置,正确计算污水、污泥处理的高程。要求学生在学习过程中锻炼职业素质,养成"严谨认真、吃苦耐劳、诚实守信"的工作作风。

🛒 工作任务

　　(1)污水处理厂(站)设计。
　　(2)污水处理厂(站)运行与管理。

⬇ 学习情境描述

　　以编制污水处理厂(站)设计、污水处理厂(站)运行与管理的两个真实的工作任务为载体,使学生通过设计掌握作为技术员、质检员、监理员等应具备污水处理厂(站)的基本知识,根据污水处理厂(站)有关设计任务的资料,确定污水处理厂(站)的工艺流程,合理布置污水处理厂(站)平面图,正确计算污水、污泥处理的高程,绘制城市污水处理厂(站)平面图和高程图,从而胜任这些岗位工作。学习的内容与组织如下:

　　污水处理厂(站)设计原则及厂(站)址的选择;污水处理水量、水质设计计算;计算污水、污泥处理的高程;确定污水处理厂(站)的工艺流程;布置污水、污泥处理的平面图绘制城市污水处理厂(站)平面图和高程图;污水处理厂(站)运行管理;污水处理厂(站)的异常情况进行分析、排除及应对措施。

工作任务4　污水处理厂（站）设计

任 务 单

课　　程	污水处理		
学习情境二	污水处理厂（站）设计与运行管理	学　时	12
工作任务4	污水处理厂（站）设计	学　时	6
布置任务			
任务目标	1. 收集和整理污水处理厂（站）设计相关资料； 2. 学会查找有关污水处理厂（站）的设计参数； 3. 清楚污水处理厂（站）厂（站）址选择； 4. 学会选用污水处理厂（站）的工艺流程； 5. 掌握污水处理厂（站）的设计方法和步骤； 6. 能够编制典型污水处理厂（站）设计。		
任务描述	完成典型污水处理厂（站）设计工作如下： 1. 根据原始资料； 2. 确定污水处理厂（站）厂（站）址； 3. 合理选择污水处理厂（站）的工艺流程； 4. 布置污水处理的平面图； 5. 正确设计计算污水、污泥处理的高程； 6. 绘制城市污水处理厂（站）平面图和高程图； 7. 完成典型污水处理厂（站）的设计。		

学时安排	布置任务与资讯	计划	决策	实施	检查	评价
	1学时	0.5学时	0.5学时	3学时	0.5学时	0.5学时

提供资料	1.《污水处理》校本教材； 2.《排水工程》，张自杰，中国建筑工业出版社； 3.《水污染控制工程》，高廷耀，高等教育出版社； 4.《污水处理》课程课件； 5. 污水处理厂视频。
对学生的要求	1. 小组讨论污水处理厂（站）厂（站）址的选择； 2. 小组学习污水处理厂（站）设计方法和步骤； 3. 查找资料、网络搜索、观看视频、录像，完成资讯； 4. 独立完成污水处理厂（站）的设计； 5. 实施结束后进行小组互评，教师评价； 6. 具有一定的自学能力、协调能力和语言表达能力； 7. 具有团队合作精神，以小组的形式完成工作任务； 8. 严格遵守课堂纪律和工作纪律，不迟到、不早退、不旷课； 9. 积极参与小组工作任务讨论，严禁抄袭。

资 讯 单

学习情境二	污水处理厂(站)设计与运行管理	学　　时	12
工作任务4	污水处理厂(站)设计	学　　时	6
资讯方式	在图书馆、专业杂志、教材、互联网及信息单上查询问题;咨询任课教师	学　　时	1
资讯引导	1. 污水处理厂(站)规划设计需要哪些基础资料?		
	2. 污水处理厂(站)厂(站)址选择考虑的因素有哪些?		
	3. 污水处理的水质与水量如何计算?		
	4. 污水处理厂(站)设计的方法和步骤有哪些?		
	5. 污水处理厂(站)工艺系统应考虑的因素有哪些?		
	6. 污水处理厂(站)工艺流程如何确定?		
	7. 污水处理厂(站)平面图与高程图怎样布置才合理?		
	8. 污水与污泥高程计算的方法有哪些?		
	9. 污水处理厂(站)平面与高程布置有什么相互关系?		
	10. 污水处理流程与进、出水的水质有何关系?		
	11. 污水处理厂(站)工艺流程的组成有哪些?		
	1. 信息单;		
	2.《排水工程》,张自杰 ,中国建筑工业出版社;		
	3.《水污染控制工程》,高廷耀,高等教育出版社;		
	4. 污水处理厂(站)视频;		
	5.《水处理工程技术》,吕宏德 ,中国建筑工业出版社;		
	6.《给排水设计手册》第五册,中国建筑工业出版社。		

信 息 单

4.1 污水厂设计内容及其原则

4.1.1 污水厂设计内容

污水要达标排放,一般需经预处理、一级处理、二级处理才能达到要求,甚至需要三级处理才能达到目的。

污水厂的设施,一般可以分为处理构筑物、辅助生产构(建)筑物、附属生活建筑物。

根据污水的特征、水质、水量、处理后排放标准,比较确定了污水处理方案之后,就应根据批准的设计方案,完成设计计算与绘图工作。

污水处理工艺设计一般包括以下内容:根据城市或企业的总体规划或现状与设计方案选择处理厂厂址;处理工艺流程设计说明;处理构筑物型式选型说明;处理构筑物或设施的设计计算;主要辅助构(建)筑物设计计算;主要设备设计计算选择;污水厂总体布置(平面或竖向)及厂区道路、绿化和管线综合布置;处理构(建)筑物、主要辅助构(建)筑物、非标设备设计图绘制;编制主要设备材料表。

4.1.2 污水厂设计原则

(1)首先必须确保污水厂处理后达到排放要求。考虑现实的经济和技术条件,以及当地的具体情况(如施工条件),在可能的基础上,选择的处理工艺流程、构(建)筑物型式、主要设备、设计标准和数据等。应最大限度地满足污水厂功能的实现,使处理后污水符合水质要求。

(2)污水厂设计采用的各项设计参数必须可靠。设计时必须充分掌握和认真研究各项自然条件,如水质水量资料、同类工程资料。按照工程的处理要求,全面分析各种因素,选择好各项设计数据,在设计中一定要遵守现行的设计规范,保证必要的安全系数,对新工艺、新技术、新结构和新材料的采用持积极慎重的态度。

(3)污水处理厂(站)设计必须符合经济的要求。污水处理工程方案设计完成后,总体布置、个体设计及药剂选用等要尽可能采取合理措施降低工程造价和运行管理费用。

(4)污水厂设计应当力求技术合理。在经济合理的原则下,必须根据需要,尽可能采用先进的工艺、机械和自控技术,但要确保安全可靠。

(5)污水厂设计必须注意近远期的结合,不宜分期建设的部分,如配水井、泵房及加药间等,其土建部分应一次建成;在无远期规划的情况下,设计时应为今后发展留有挖潜和扩建的条件。

(6)污水厂设计必须考虑安全运行的条件,如适当设置分流设施、超越管线、甲烷气的安全贮存等。

(7)污水处理厂设计在经济条件允许情况下,场内布局、构(建)筑物外观、环境与卫生等可以适当注意美观和绿化。

(8)建设规模应考虑近期的投资能力。从城市污水处理总体上来说,根据排水出路确定污水处理厂规模,也不考虑投资能力,单纯从经济上分析。当然污水处理厂规模大,其单方造价、管理费用都比修建小型污水处理厂显得经济。

(9)城市污水就近处理、就近排放有利于污水再生回用,被证实是可靠的水资源,而随着水处理技术的进步,污水再生技术已经广为应用。在这种情况下,增加一些投资,改善污水处理厂本身的环境保护条件,使城市污水可就近处理、就近回用是非常值得的。

4.1.3 污水厂设计应达到的标准

(1)设计应符合污水处理达标排放标准。

(2)选择的工艺流程、建(构)筑物布置、设备等能满足生产需要。

(3)设计中采用的数据、公式和标准必须正确可靠。

(4)设计中在满足生产需要的基础上,在经济合理的原则下,尽可能地采用先进技术。

(5)在设计中要尽可能降低工程造价,使工程取得最大的经济效益和社会环境效益。

(6)设计应注意近远期相结合,一般采用分期建设。

(7)设计时应适当考虑厂区的美观和绿化。

4.1.4　污水处理厂厂址选择

污水厂厂址选择是进行设计的前提,应根据选址条件和要求综合考虑,选出适用可靠、管道系统优化、工程造价低、施工及管理条件好的厂址。污水处理厂厂址的选定与城市的总体规划,城市排水系统的走向、布置,处理后污水的出路都密切相关,它是制定城市污水处理系统方案的重要环节。污水处理厂厂址选择,应进行综合的技术、经济比较与最优化分析,并通过专家的反复论证后再行确定。一般应遵循以下原则:

(1)应与选定的污水处理工艺相适应。

(2)尽量做到少占农田和不占良田。

(3)应位于城市集中给水水源下游;设在城镇、工厂厂区及生活区的下游,并保持约300 m的距离,但也不宜太远;并位于夏季主风向的下风向。

(4)应考虑与处理后的污水或污泥的利用用户靠近,或靠近受纳水体,并便于运输。

(5)不宜设在雨季易受水淹的低洼处;靠近水体的处理厂要考虑不受洪水威胁;应尽量设在地质条件较好的地方,以方便施工,降低造价。

(6)要充分利用地形,选择有适当坡度的地区,来满足污水处理构筑物高程布置的需要,以减少土方工程量,降低工程造价。

(7)应与城市污水管道系统布局统一考虑。

(8)应考虑城市远期发展的可能性,留有扩建余地。

4.2　污水处理厂原始资料

污水处理厂(站)的设计一般包括扩大初步设计和施工图设计两个阶段。工程规模较大的,在设计开始之前,需要先进行环境影响评价和工程可行性研究,由专家和主管部门论证和审批后才能开始设计。

在可行性研究和设计开始之前,必须认真、全面地调查研究,收集所需的原始资料。在采用新的处理工艺时,应进行小型和中型试验,取得可靠的设计参数,才能使设计建立在适用、经济、安全的基础之上。

4.2.1　有关设计任务的资料

(1)设计范围和设计题目。

(2)城市(或工业企业)现状和总体发展规划的资料,如人口、建筑居住标准、道路、河流、输电网、工业分布与生产规模、农业、渔业等。

(3)近、远期的处理规模与处理标准。城市或工业的发展有个过程,投资也有一定限制,因此,设计时需要考虑近、远期的分期建设,远期可适当提高处理规模与处理标准。

4.2.2　有关水量、水质的资料

设计污水处理厂时,应着重调查工业污染源,了解企业的性质、规模、生产工艺、原料、产品及排出的废水量、水质、水温情况及其变化规律,研究有无可能通过改革生产工艺或重复利用废水,以减少排水量并降低其排放的污染物数量。

4.2.3　有关自然条件的资料

(1)气象资料:包括历年最热月与最冷月的平均气温,多年土壤最大冰冻深度,多年平均风向玫瑰图、雨

量资料等。

(2)水文资料:包括当地河流百年一遇的最大洪水量、洪水位,枯水期95%保证率的月平均最小流量、最低水位,各特征水位时的流速,水体水质及污染情况,水体在城镇给水、灌溉、渔业、景观及娱乐等方面的使用资料等。

(3)水文地质资料:包括地下水的最高、最低水位、流动方向、运动状态及其综合利用资料等。

(4)地质资料:包括处理厂区的地质钻孔柱状图、地基的承载力、有无流砂、地震等级等。

(5)地形资料:处理厂区附近1:5 000的地形图,厂址和废水排放或取水口附近的1:200或1:500的地形图。

4.2.4 有关编制预算和施工图方面的资料

(1)当地建筑材料、设备的供应情况和价格。

(2)施工力量(技术水平、设备、劳动力)的资料。

(3)编制概算的定额资料,包括地区差价、间接费用定额、运输费等。

(4)租地、买地、征税、青苗补偿、拆迁补偿等规章和费用。

4.3 城市污水的水质水量设计

城市排水系统一般都接纳由工业企业排放的工业废水。由于各地的工业废水的水量、水质千变万化,造成每个城市的污水水量和水质的各不相同。

1. 城市污水的设计水质

(1)生活污水

生活污水的BOD_5和SS的设计值可取为

$$BOD_5 = 20 \sim 35 \ g/(人 \cdot d)$$
$$SS = 35 \sim 50 \ g/(人 \cdot d)$$

(2)工业废水

工业废水的水质可参照不同类型的工业企业的实测数据或经验数据确定。

(3)水质浓度

水质浓度按下式计算

$$S = \frac{1\ 000a_s}{Q_s} \tag{4.1}$$

式中:S——某污染物质的浓度,mg/L;

α_s——每日生活污水和工业废水中该污染物质的总排放量,kg;

Q_s——每日的总排水量,以m^3计。

2. 城市污水处理厂的设计水量

用于城市污水处理厂的设计水量有以下几种:

(1)平均日流量(m^3/d)。表示污水处理厂的规模,即处理总水量。用于计算污水处理厂的年抽升电耗与耗药量,产生并处理的污泥总量。

(2)设计最大流量(m^3/h或L/s)。用于污水处理厂的进厂管道的设计。如果污水处理厂的进水为水泵抽升,则用组合水泵的工作流量作为设计最大流量。

(3)降雨时的设计流量(m^3/d或L/s)。这一流量包括旱天流量和截流n倍的初期雨水流量。用于校核初沉池前的处理构筑物和设备。

(4)污水处理厂的各处理构筑物及厂内连接各处理构筑物的管渠,都应满足设计最大流量的要求。但当曝气池的设计反应时间在6 h以上时,可采用平均日流量作为曝气池的设计流量。

(5)当污水处理厂分期建设时,以相应的个期流量作为设计流量。

4.4　污水处理厂设计步骤

城市污水处理厂的设计可分为设计前期工作、扩大初步设计、施工图设计三个阶段。

4.4.1　设计前期工作

设计前期工作主要有预可行性研究(项目建议书)和可行性研究(设计任务书)。

1. 预可行性研究

预可行性研究报告是建设单位向上级送审的《项目建议书》的技术附件。须经专家评审,并提出评审意见,经上级机关审批后立项,然后可进行下一步的可行性研究。我国规定,投资在 3 000 万元以上的较大的工程项目必须进行预可行性研究。

2. 可行性研究

可行性研究报告是对与本项工程有关的各个方面进行深入调查和研究,进行综合论证的重要文件,它为项目的建设提供科学依据,保证所建项目在技术上先进、可行;在经济上合理、有利;并具有良好的社会与环境效益。

城市污水处理厂工程的可行性研究报告的主要内容包括:项目概述;工程方案的确定;工程投资估算及资金筹措;工程远近期的结合;工程效益分析;工程进度计划;存在问题及建议;附图、附表、附件等。

行性研究报告是国家控制投资决策的重要依据。可行性研究报告经上级有关部门批准后,可进行扩大初步设计。

4.4.2　扩大初步设计

由下列五部分组成:

(1)设计说明书:设计依据及有关文件;城市概况及自然条件资料;工程设计说明等。

(2)工程量:包括工程所需的混凝土量、挖填土方量等。

(3)材料与设备,即工程所需钢材、水泥、木材的数量和所需设备的详细清单。

(4)工程概算书:计算本工程所需各项费用。

(5)图样:主要包括污水处理厂工艺流程图、总平面布置图等。

4.4.3　施工图设计

施工图设计是以扩大初步设计为依据,并在扩大初步设计被批准后进行,原则上不能有大的方案变更及概算额超出。

施工图设计是将污水处理厂各处理构筑物的平面位置和高程,精确地表示在图纸上,并详细表示出每个节点的构造、尺寸,每张图纸都应按一定的比例,用标准图例精确绘制,要求达到能够使施工人员按图准确施工的程度。

4.5　污水处理工艺流程

污水处理的工艺系统是指在保证处理水达到所要求的处理程度的前提下,所采用的污水处理技术各单元的组合。

对于某种污水,采用哪几种处理方法组成系统,要根据污水的水质、水量,回收其中有用物质的可能性、经济性,受纳水体的具体条件,并结合调查研究与经济与技术比较后决定,必要时还需进行试验。

在选定处理工艺流程的同时,还需要考虑确定各处理技术单元构筑物的形式,两者互为制约,互为影响。

4.5.1 选定污水处理工艺系统应考虑的因素

1. 污水的处理程度

污水处理程度是污水处理工艺流程选择的主要依据,而污水处理程度又主要取决于原污水的水质特征、处理后水的去向及相应的水质要求。

污水的水质特征表现为污水中所含污染物的种类、形态及浓度,它直接影响到工艺流程的简单与复杂。处理后水的去向和水质要求,往往决定着污水治理工程的处理深度。

2. 工程造价与运行费用

工程造价和运行费用也是工艺流程选定的重要考虑因素,前提是处理水应达到水质标准的要求。这样,以原污水的水质、水量及其他自然状况为已知条件,以处理水应达到的水质指标为制约条件,而以处理系统最低的总造价和运行费用为目标函数,建立三者之间的相互关系。减少占地面积是降低建设费用的一项重要措施。

3. 当地的各项条件

当地的地形、气候等自然条件,原材料与电力供应等具体情况,也是选定处理工艺应当考虑的因素。

4. 原污水的水量与污水流入工况

原污水的水量与污水流入工况也是选定处理工艺需要考虑的因素,直接影响处理构筑物的选型及处理工艺的选择。

5. 处理过程是否产生新的问题

污水处理过程中应注意避免造成二次污染。

另外,工程施工的难易程度和运行管理需要的技术条件也是选定处理工艺流程需要考虑的因素,所以,污水处理工艺流程的选定是一项比较复杂的系统工程,必须对上述各项因素进行综合考虑,进行多种方案的技术经济比较,选定技术先进可行、经济合理的污水处理工艺。

4.5.2 典型的城市污水处理工艺

城市污水处理的典型工艺流程由完整的二级处理系统和污泥处理系统所组成,如图4.1所示。

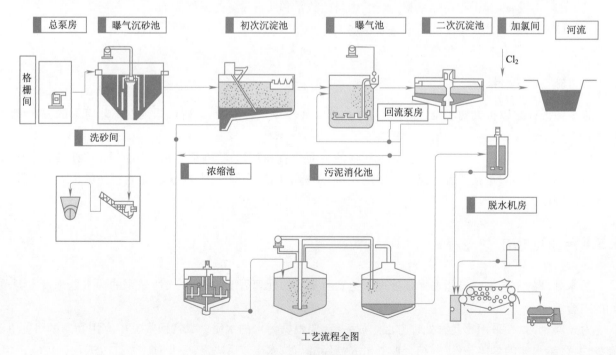

图 4.1 城市污水处理的典型工艺流程

该流程的一级处理由格栅、沉砂池和初次沉淀池所组成,其作用是去除污水中的无机和有机性的悬浮污染物,污水的 BOD 值能够去除 20% ~ 30% 。

二级处理系统是城市污水处理厂的核心,其主要作用是去除污水中呈胶体和溶解状态的有机污染物,BOD 去除率达 90% 以上。通过二级处理,污水的 BOD_5 值可降至 20 ~ 30 mg/L,一般可达排放水体和灌溉农田的要求。

应用于二级处理的各类生物处理技术有活性污泥法、生物膜法及自然生物处理技术,只要运行正常,都能取得良好的处理效果。

污泥是污水处理过程的副产品,也是必然的产物。污泥包括从初次沉淀池排出的初沉污泥和从生物处理系统排出的生物污泥。在城市污水处理系统中,对污泥的处理多采用浓缩、厌氧消化、脱水等技术单元组成的系统。处理后的污泥可作为肥料用于农业。

4.5.3 污水处理厂的平面布置与高程布置

平面布置的主要包括:各处理构筑物的平面位置定位连通各处理构筑物之间的管、渠及其他管线,辅助性建筑物,道路以及绿地等。

处理构筑物是污水处理厂的主体建筑物,在进行平面布置时,应根据各构筑物的功能要求和水力要求,结合地形和地质条件,合理布局,确定它们在厂区内平面的位置,以减少投资并使运行方便。在进行厂区平面规划、布置时,应从以下几方面进行考虑。

1. 污水处理厂的平面布置

(1)各处理构筑物的平面布置

①按功能分区,配置得当。主要是指对生产、辅助生产、生产管理、生活福利等各部分布置,要做到分区明确、配置得当而又不过分独立分散。

②功能明确、布置紧凑。应根据各构筑物的功能和水力要求,结合地形和地质条件,尽量减少占地面积,减少连接管(渠)的长度,但应考虑施工和运行操作的方便。

③顺流排列,流程简洁。处理构筑物尽量按流程方向布置,避免与进出水方向安排相反;各构筑物连接管线(渠)应尽量避免不必要的转弯和用水泵提升,严禁将管线埋在构筑物下面,减少能量损失、节省管材、便于施工和检修。

④充分利用地形,平衡土方,降低工程费用。要充分利用地形,结合处理构筑物高程布置的需要,尽量使土方量基本平衡,减少土方工程量。

⑤处理构筑物之间保持一定的距离。应有保证敷设连接管、渠要求的间距,一般可取值 5 ~ 10 m,某些有特殊要求的构筑物,如污泥消化池、消化气贮罐等,其间距应按有关规定确定。必要时应预留适当余地,考虑扩建和施工可能。

⑥构(建)筑物布置应注意风向和朝向。将排放异味、有害气体的构(建)筑物布置在居住与办公场所的下风向;为保证良好的自然通风条件,构(建)筑物布置应考虑主导风向。

(2)管、渠的平面布置

在污水处理厂各处理构筑物之间,设有贯通、连接的管渠;此外,还有放空管及超越管渠,放空管的作用是在构筑物内设施需要检修时,构筑物内污水的放空。超越管的作用是在构筑物发生故障或污水没必要进构筑物处理时,能越过该处理构筑物。污水处理厂一般设有超越全部处理构筑物直接排放水体的超越管。管渠的布置应尽量短,避免曲折和交叉。

在污水处理厂内还设有给水管、空气管、消化气管、蒸汽管以及输配电线路等。在布置时,应避免相互干扰,既要便于施工和维护管理,又要占地紧凑;既可敷设在地下,也可架空敷设。

另外,在厂区内还应有完善的雨水收集及排放系统,必要时应考虑设防洪沟渠。

(3)辅助建筑物的平面布置

污水处理厂内的辅助建筑物有:泵房、鼓风机房、加药间、办公室、集中控制室、水质分析化验室、变电所、机修车间、仓库、食堂等,它们是污水处理厂不可缺少的组成部分。其建筑面积大小应按实际情况与条件而定。有条件时,可设立试验车间,以不断研究与改进污水处理技术。

辅助建筑物的布置应根据方便、安全等原则确定。如泵房、鼓风机房应尽量靠近处理构筑物附近,变电所宜设于耗电量大的构筑物附近。操作工人的值班室应尽量布置在使工人能够便于观察处理构筑物运行情况的位置。办公室、分析化验室等均应与处理构筑物保持一定距离,并处于它们的上风向,以保证良好的工作条件。贮气罐、贮油罐等易燃易爆建筑的布置应符合防爆、防火规程。

(4)污水处理厂平面图

在污水处理厂内应合理的修筑道路和停车场地。一般主干道 4 ~ 6 m,车行道 3 ~ 4 m,人行道 1.5 ~ 2 m,并合理植树,绿化美化厂区,改善卫生条件。按规定,污水处理厂厂区的绿化面积不得少于 30% 。

另外,要预留适当的扩建场地,并考虑施工方便和相互间的衔接。

总之,在工艺设计计算时,除应满足工艺设计上的要求外,还必须符合施工、运行上的要求。对于大、中型处理厂,还应作多方案比较,以便找出最佳方案。

总平面布置图可根据污水厂的规模采用 1:200 ~ 1:1 000 的比例绘制,常用的比例尺为 1:500 。

图 4.2 所示为 A 市污水处理厂总平面布置图。

该厂的主要处理构筑物有机械清渣格栅、曝气沉砂池、初次沉淀池、鼓风深水中层曝气池、二次沉淀池、消化池等及若干辅助建筑物。

该厂的平面布置特点为:流线清楚,布置紧凑。鼓风机房和回流污泥泵房位于曝气池和二次沉淀池一侧,节约了管道与动力消耗,方便操作管理。污泥消化系统构筑物靠近处理厂西侧的四氯化碳制造厂,使消化气、蒸汽输送管较短,节约了建设投资。办公楼与处理构筑物、鼓风机房、泵房、消化池等保持一定距离,卫生条件与工作条件均较好。在管线布置上,尽量一管多用,如超越管、处理水出厂管都借雨水管泄入附近水体,而剩余污泥、污泥水、各构筑物放空管等,又都汇入厂内污水管,并流入泵房集水井。不足之处是由于厂东西两侧均为河浜,使得用地受到限制,无远期发展余地。

图 4.3 所示为 B 市污水处理厂总平面布置图。该厂泵站设于厂外,主要处理构筑物有格栅、曝气沉砂池、初次沉淀池、曝气池、二次沉淀池等。该厂污泥通过污泥泵房直接加压送往农田作为肥料利用。

该厂平面布置的特点是:布置整齐、紧凑。两期工程各自独成系统,对设计与运行相互干扰较小。办公室等建筑物均位于常年主风向的上风向,且与处理构筑物有一定距离,卫生、工作条件较好。在污水流入初次沉淀池、曝气池与二次沉淀池时,先后经三次计量,为分析构筑物的运行情况创造了条件。利用构筑物本身的管渠设立超越管线,既节省了管道,运行又较灵活。

二期工程预留地设在一期工程与厂前区之间,若二期工程改用其他工艺或另选池型时,在平面布置上将受到一定的限制。泵站与湿污泥地均设于厂外,管理不甚方便。此外,三次计量增加了水头损失。

2. 污水处理厂的高程布置

污水处理厂高程布置的目的是:确定各处理构筑物和泵房的标高,确定处理构筑物之间连接管渠的尺寸及其标高,计算确定各部位的水面标高,使水能按处理流程在处理构筑物之间靠重力自流,以降低运行和维护管理费用,从而保证污水处理厂的正常运行。

(1)高程布置原则

①选择一条距离最长,水头损失最大的流程进行水力计算,并应留有适当余地。

②计算水头损失时,一般应以近期最大流量作为构筑物和管渠的设计流量;计算涉及在作高程布置时还应注意污水流程与污泥流程的配合,尽量减少需抽升的污泥量。在决定污泥浓缩池、消化池等构筑物的高程时,应注意它们的污泥水能自流排入厂区污水干管。

③进行构筑物高程布置时,应于厂区的地形、地质条件相联系。

(2)水头损失计算

相邻两构筑物之间的水面相对高差,即为流程中的水头损失。

①污水流经各处理构筑物的水头损失可参考表 4.1 选取或进行详细的水力计算。一般来讲,污水流经处理构筑物的水头损失,主要产生在进口、出口和需要的跌水处(多在出口),而流经处理构筑物本体的水头损失则较小。远期流量的管渠和设备时,应以远期最大流量为设计流量,并酌加扩建时的备用水头。

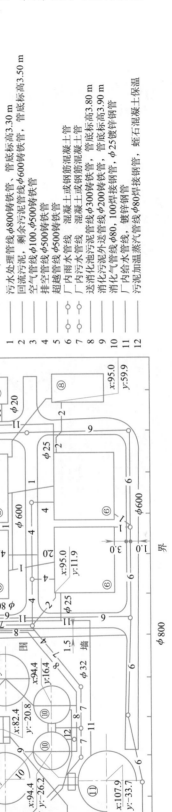

图 4.2　A 市污水处理厂总平面布置图

编号	构筑物名称
①	格栅井
②	污水泵房
③	曝气沉砂池
④	初次沉淀池
⑤	深层曝气池
⑥	二次沉淀池
⑦	鼓风机房
⑧	回流污泥泵房
⑨	消化池
⑩	污泥池
⑪	贮气罐
⑫	水泵控制室
⑬	变电室
⑭	配电间
⑮	综合楼
⑯	集中控制室
⑰	值班室
⑱	机修车间

管线图图例：

1　污水处理管线 φ800 铸铁管，管底标高 3.30 m
2　回流污泥，剩余污泥管线 φ600 铸铁管
3　空气管线 φ100、φ500 铸铁管
4　排空管线 φ500 铸铁管
5　超越管线 φ500 铸铁管
6　厂内雨水管线　混凝土管或钢筋混凝土管
7　厂内污水管线　混凝土或钢筋混凝土管
8　送消化池污泥管线 φ300 铸铁管，管底标高 3.80 m
9　消化污泥管 φ200 铸铁管，管底标高 3.90 m
10　消化气管线 φ80、100 焊接钢管，φ25 镀锌管
11　厂内给水管线，镀锌钢管
12　污泥加温蒸汽管 φ80 焊接钢管，蛭石混凝土保温

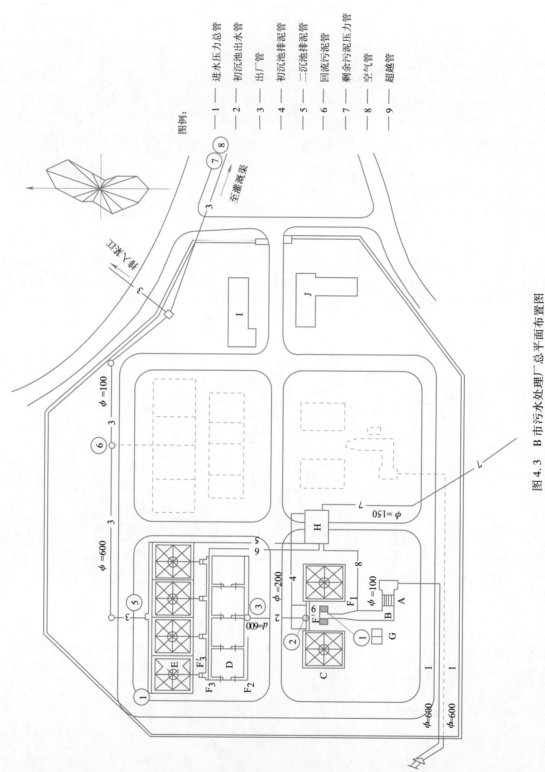

图 4.3 B 市污水处理厂总平面布置图

A—格栅；B—曝气沉砂池；C—初沉池；D—曝气池；E—二沉池；F₁、F₂、F₃—计量堰；G—除渣池；H—污泥泵房；I—机修车间；J—办公及化验室等

图例：
1——进水压力总管
2——初沉池出水管
3——出厂管
4——初沉池排泥管
5——二沉池排泥管
6——回流污泥管
7——剩余污泥压力管
8——空气管
9——超越管

166

表 4.1　污水流经各处理构筑物的水头损失

构筑物名称	水头损失(cm)	构筑物名称	水头损失(cm)
格栅	10～25	生物滤池(工作高度为 2 m 时):	
沉砂池	10～25	1)装有旋转式布水器	270～280
沉淀池:平流	20～40	2)装有固定喷洒布水器	450～475
竖流	40～50	混合池或接触池	10～30
辐流	50～60	污泥干化场	200～350
双层沉淀池	10～20		
曝气池:污水潜流入池	25～50		
污水跌水入池	50～150		

②污水流经连接前后两处理构筑物管渠(包括配水设备)的水头损失,包括沿程与局部水头损失,需要通过水力计算得出。

③污水流经计量设备的水头损失。

(3)高程布置的方法

以接纳处理水的水体的最高水位作为起点,逆污水处理流程向上倒推计算,以使处理后污水在洪水季节也能自流排出,而水泵需要的扬程则较小,运行费用也较低。但同时应考虑到构筑物的挖土深度不宜过大,以免土建投资过大和增加施工难度。还应考虑因维修等原因需将池水放空而在高程上提出的要求。

高程布置图可绘制成污水处理与污泥处理的纵断面图或工艺流程图。绘制纵断面图时采用的比例尺,一般横向与总平面图相同,纵向为 1:50～1:1 000。

现以图 4.3 所示 B 市污水处理厂为例,说明污水处理厂污水处理流程高程计算过程。

该厂初次沉淀池和二次沉淀池均为方形,周边均匀出水。曝气池为四座方形池,完全混合式,用表面机械曝气器充氧与搅拌。曝气池,如四池串联,则可按推流式运行,也可按阶段曝气法运行。这种系统兼具推流与完全混合两种运行方式的优点。

在初沉池、曝气池和二沉池之前,分别各设薄壁计量堰(F_1 为梯形堰,底宽 0.5 m,F_3 为矩形堰,堰宽 0.7 m)。

该厂设计流量为:

近期 $Q_{avg} = 174$ L/s,$Q_{max} = 300$ L/s;远期 $Q_{avg} = 348$ L/s,$Q_{max} = 600$ L/s

回流污泥量按污水量的 100% 计算。

各处理构筑物间连接管渠的水力计算见表 4.2。

表 4.2　处理构筑物之间连接管渠水力计算表

设计点编号	管渠名称	设计流量(L/s)	管渠设计参数					
			尺寸 D(mm) 或 $B \times H$(m)	$\dfrac{h}{D}$	水深 h(m)	i	流速 v(m/s)	长度 l(m)
1	2	3	4	5	6	7	8	9
⑧～⑦	出厂管入灌溉渠	600	1 000	0.8	0.8			
⑦～⑥	出厂管	600	1 000	0.8	0.8	0.001	1.01	390
⑥～⑤	出厂管	300	600	0.75	0.45	0.003 5	1.37	100
⑤～④	沉淀池出水总渠	150	0.6×1.0		0.35～0.25④			28
④～E	沉淀池集水槽	75/2	0.30×0.53③		0.38⑤			28
E～F'_3	沉淀池入流管	150①	450			0.002 8	0.94	10
F'_3～F_3	计量堰	150						
F_3～D	曝气池出水总渠	600	0.84×1.0		0.64～0.42			48
	曝气池集水槽	150	0.6×0.55		0.26⑥			

设计点编号	管渠名称	设计流量（L/s）	管渠设计参数					
			尺寸 D(mm) 或 $B \times H$(m)	$\dfrac{h}{D}$	水深 h(m)	i	流速 v(m/s)	长度 l(m)
1	2	3	4	5	6	7	8	9
$D \sim F_2$	计量堰	300						
$F_2 \sim$ ③	曝气池配水渠	300②	0.84×0.85		0.62~0.54			
③ ~ ②	往曝气池配水渠	300	600			0.002 4	1.07	27
② ~ C	沉淀池出水总渠	150	0.6×1.0		0.35~0.25			5
	沉淀池集水槽	150/2	0.35×0.53		0.44			28

处理后的污水排入农田灌溉渠道以供农田灌溉,农田不需水时排入某江。由于某江水位远低于渠道水位,故构筑物高程受灌溉渠水位控制,计算时,以灌溉渠水位作为起点,逆流程向上计算各水面标高。考虑到二次沉淀池挖土太深时不利于施工,故排水。底标高与灌溉渠中的设计水位平接(跌水 0.8 m)。

污水处理厂的设计地面高程为 50.00 m。

高程计算中,沟管的沿程水头损失按所定的坡度计算,局部水头损失按流速水头的倍数计算。堰上水头按有关堰流公式计算,沉淀池、曝气池集水槽系平底,且为均自由跌水出流,故按下列公式计算

$$B = 0.9Q^{0.4}$$
$$h_0 = 1.25B \qquad (4.2)$$

式中:Q——集水槽设计流量,为确保安全,对设计流量再乘以 1.2~1.5 的安全系数,m^3/s;

B——给水槽宽,m;

h_0——集水槽起端水深,m。

高程计算如表 4.3 所示。

表 4.3　污水高程计算表

水位名称	水头损失(m)						水面标高(m)
	沿程损失	局部损失	自由跌落	构筑物	集水槽起端水深	合计	
灌溉渠道(点8)水位							49.25
排水总管(点7)水位			0.8			0.8	50.05
管井6后水位	0.001×390=0.39					0.39	50.44
管井6前水位			管顶平接,两端水位差0.05			0.05	50.49
二次沉淀池出水井水位	0.003 5×100=0.35					0.35	50.84
二次沉淀池出水总渠起端水位	0.35−0.25=0.10					0.10	50.94
二次沉淀池中水位		堰上水头0.02	0.10		0.38	0.50	51.44
堰 F_3 后水位	0.002 8×10=0.03	$6.0 \times \dfrac{0.94^2}{2g}=0.28$				0.31	51.75
堰 F_3 前水位		堰上水头0.26	0.15			0.41	32.10

水位名称	水头损失（m）						水面标高（m）
	沿程损失	局部损失	自由跌落	构筑物	集水槽起端水深	合计	
曝气池出水总渠起端水位	$0.64-0.42=0.22$					0.22	52.38
曝气池中水位					0.26	0.26	52.64
堰 F_2 前水位		堰上水头 0.38	0.2			0.58	53.22
点 3 水位	$0.62-0.54=0.08$	$5.85\times\dfrac{0.69^2}{2g}=0.14$				0.22	53.44
初次沉淀池出水井（点 2）水位	$0.0024\times27=0.07$	$2.46\times\dfrac{1.07^2}{2g}=0.15$				0.22	53.66
初次沉淀池中水位	$0.35-0.25=0.10$	堰上水头 0.03	0.1		0.44	0.67	54.33
堰 F_1 后水位	$0.0028\times11=0.04$	$6.0\times\dfrac{0.94^2}{2g}=0.28$				0.32	54.65
堰 F_1 前水位		堰上水头 0.30	0.15			0.45	55.10
沉砂池起端水位	$0.48-0.38=0.10$	0.05		0.20		0.35	55.45
格栅前（A 点）水位				0.15		0.15	55.60

上述计算中，沉淀池集水槽中的水头损失由堰上水头、自由跌落和槽起端水深三部分组成，如图 4.4 所示。

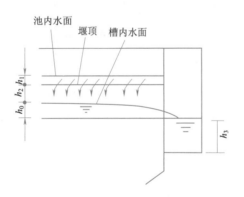

图 4.4　沉淀池集水槽水头损失计算图

h_1—堰上水头；h_2—自由跌落；

h_0—集水槽起端水深；h_3—总渠起端水深

计算结果表明：终点泵站应将污水提升至标高 55.52 m 处才能满足流程的水力要求。根据计算结果绘制流程图，如图 4.5 所示。

从图 4.5 及上述高程计算结果可见，整个污水处理流程，从栅前水位 55.60 m 开始到排放点（灌溉渠水位）49.25 m，全部水头损失为 6.35 m，这是比较高的。应考虑降低其水头损失。从另一方面看，这一处理系统在降低水头损失、节省能量方面，是有潜力可挖的。

该系统所采用的初次沉淀池、二次沉淀池，在形式上都是不带刮泥设备的多斗辐流式沉淀池，而且都是用配水井进行配水。曝气池采用的是四座完全混合型曝气池，而且污水由初次沉淀池采用的是水头损失较大的倒虹管进入曝气池。

初次沉淀池进水处的水位标高为 54.33 m，二次沉淀池出水处的标高为 50.84 m，这一二段的水头损失为 3.49 m，为整个系统水头损失的 56%。

如将初次沉淀池和二次沉淀池都改用平流式,曝气池也改为廊道式的推流式。而且将初次沉淀池—曝气池—二次沉淀池这一区段直接串联连接,中间不用配水井,采用相同的宽度,这一措施将大大降低水头损失。

经粗略估算,这一区段的水头损失可降至 1.4 m 左右,可将水头损失降低 2.09 m,整个系统的水头损失能够降至 4.18 m,这样能够显著地节省能量,降低运行成本,这是完全可行的。

以图 4.2 所示的 A 市污水处理厂的污泥处理流程为例,作污泥处理流程的高程计算。

该厂污泥处理流程如图 4.5 所示。

图 4.5　污泥处理流程

同污水处理流程,高程计算从控制点标高开始。

A 市污水处理厂厂区地面标高为 4.2 m,初次沉淀池水面标高点为 6.7 m,二次沉淀池剩余污泥重力流排入污泥泵站。剩余污泥由污泥泵站打入初次沉淀池,在初次沉淀池起到生物凝聚作用,提高初次沉淀池的沉淀效果,并与初次沉淀池的沉淀污泥一道排入污泥投配池。

污泥处理流程的高程计算从初次沉淀池开始。

初次沉淀池排出的污泥,其含水率为 97% ,污泥消化后,经静沉,含水率降至 96% 。初次沉淀池至污泥投配池的管道用铸铁管,长 150 m,管径 300 mm。污泥在管内呈重力流,流速为 1.5 m/s,求得水头损失为 1.2 m。

自由水头 1.5 m,则管道中心标高为

$$6.7 - (1.2 + 1.5) = 4.2 \text{ m}$$

流入污泥投配池的管底标高为

$$4.0 - 0.15 = 2.85 \text{ m}$$

确定污泥投配池的标高。

消化池至贮泥池的各点标高受河水位的影响,故以此向上推算。设要求贮泥池排泥管的管中心标高至少应为 3.0 m,才能自流向运泥船排净贮泥池污泥,贮泥池有效水深 20 m。消化池至贮泥池为管径 200 mm、长 70 m 的铸铁管,设管内流速为 1.5 m/s,则求得水头损失为 1.20 m,自由水头设为 1.5 m。消化池采用间歇排泥方式,一次排泥后泥面下降 0.5 m,则排泥结束时消化池内泥面标高至少应为

$$3.0 + 2.0 + 0.1 + 1.2 + 1.5 = 7.8 \text{ m}$$

开始排泥时泥面标高

$$7.8 + 0.5 = 8.3 \text{ m}$$

由此选定污泥泵。根据计算结果,绘制污泥处理流程的高程图,如图 4.6 所示。

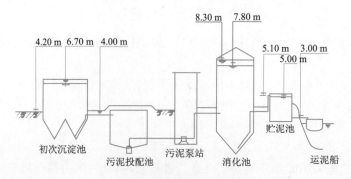

图 4.6　污泥处理流程高程图

污水处理厂污水处理流程高程图如图 4.7 所示。

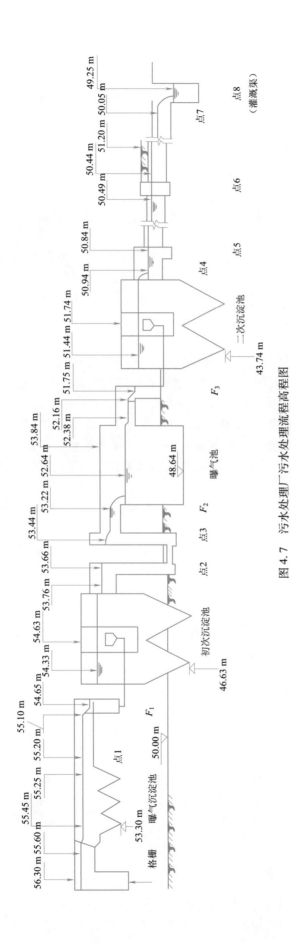

图 4.7 污水处理厂污水处理流程高程图

4.6 污水处理厂的构筑物及配水与计量

4.6.1 处理构筑物的结构要求

1. 构筑物的结构要求

构筑物的结构设计应遵循如下原则：

(1)结构为工艺需要服务,应能保证稳定运行,符合水力运动规律。

(2)构筑物上要便于人员操作、检修,巡检要有安全通道及防护措施。

(3)与构筑物相连接的管渠要考虑易于清通。

设计构筑物时,要保证构筑物功能的良好发挥,需注意以下三方面的要求:

(1)进水

构筑物进水位置一般处于构筑物中心或进水侧中部,要尽可能采取缓冲手段,防止进水速度过大,因惯性直线前进,造成短流,影响构筑物正常功能的发挥。一般采用放大口径进水和多孔进水以降低水流速度。中心管进水需外套稳流筒,起到缓冲作用。传统进水方式采用指缝墙的较多,但会受到进水中漂浮杂质的影响,所以应在杂质进入构筑物前彻底去除,否则运行中的清理非常困难。

(2)出水

出水有两种类型:一种是澄清型出水,另一种是非澄清型出水。澄清型出水是指沉淀池、浓缩池等构筑物,需要控制出水含带悬浮性杂质,主要有集水孔出水和锯齿堰出水等方式。由于集水、出水小孔易堵塞,通常应用锯齿堰较多,但要有较好的施工质量和密封手段,以保证锯齿堰处的出水均匀。但因堰口承受负荷较低,尤其是活性污泥法的二沉池中,污泥密度低,持水性强,沉淀效果不好,单层堰口出水局部上升流速相对偏大。现在,采用增加集水槽及集水槽双侧集水的方式来降低堰口负荷,已取得较好的效果。一般大型初沉池采用双侧集水,二沉池采用两道集水槽集水,沉淀效果比较理想。

(3)放空

污水处理构筑物必须设有放空的结构部分,并能保证在需要的情况下将构筑物内的污水或污泥全部排放干净,以便进行设备检修和构筑物自身的清理。一般放空管应设在构筑物最低位置并低于构筑物内池底最低处。同时,与构筑物连通的放空排水管线要保证低于放空管,以避免污水回灌。否则需要在构筑物内最低处设计放置潜水泵的泵坑。另外,放空管线在构筑物外要在尽可能短的距离内设检查井,以便于对放空管线进行清通和检查。

2. 构筑物的运行方式

构筑物运行方式主要有连续和间断两种。一般小规模污水处理可采用间断运行,但间断运行存在操作麻烦、不易管理等缺点。因此,构筑物最好选用连续运行方式,采取较稳定的控制手段。

4.6.2 处理构筑物之间连接管渠的设计

从便于维修和清通的要求考虑,连接污水处理构筑物之间的管渠,以矩形明渠为宜。明渠多由钢筋混凝土制成,也可采用砖砌。为了安全起见,或在寒冷地区,为了防止冬季污水在明渠内结冰,一般在明渠上加设盖板。必要时或在必要部位,也可以采用钢筋混凝土管或铸铁管。

为了防止污水中的悬浮物在管渠内沉淀,污水在管渠内必须保持一定的流速。在最大流量时,明渠内流速可介于 1.0 ~ 1.5 m/s 之间,在最低流量时,流速不得小于 0.4 ~ 0.6 m/s(特殊构造的渠道,流速可减至0.2 ~ 0.3 m/s),在管道中的流速应大于在明渠中的流速,并尽可能大于 1 m/s,因为在管道中产生的沉淀难于清除,使维修工作量增加。

4.6.3 配水设备

污水处理厂中,同类型的处理构筑物一般都应建 2 座或 2 座以上,向它们均匀配水是污水处理厂设计的重要内容之一。若配水不均匀,各池负担不一样,一些构筑物可能出现超负荷,而另一些构筑物则又没有充分发挥作用。用于实现均匀配水的配水设备的类型如图4.8所示，可按具体条件选用。

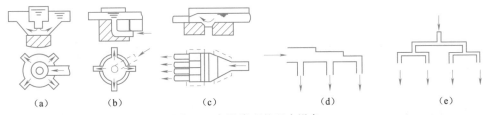

图4.8 各种类型的配水设备

图4.8中，(a)为中管式配水井。(b)为倒虹管式配水井，通常用于2座或4座为一组的圆形处理构筑物的配水，该形式的配水设备的对称性好，效果较好。(c)为挡板式配水槽，可用于多个同类型的处理构筑物。(d)为一简单形式的配水槽，易修建，造价低，但配水均匀性较差。(e)是它的改进形式，可用于同类型构筑物多时的情况，配水效果较好，但构造稍复杂。

4.6.4 污水计量设备

准确地掌握污水处理厂的污水量，并对水量资料和其他运行资料进行综合分析，对提高污水处理厂的运行管理水平是十分必要的。为此，应在污水处理系统上设置计量设备。

现用于污水处理厂的水量计量设备有：

1. 计量槽

计量槽又称巴氏槽，精确度达95%~98%，其优点是水头损失小，底部冲刷力大，不易沉积杂物。但对施工技术要求高，施工质量不好会影响量测精度。

2. 薄壁堰

这种计量设备比较稳定可靠，为了防止堰前渠底积泥，只宜设在处理系统之后。常用的薄壁堰有矩形堰、梯形堰和三角堰，后者的水头损失较大，适于量测小于100 L/s的小流量。

3. 电磁流量计

电磁流量计由电磁流量变送器和电磁流量转换器组成。前者装于需量测的管道上，当导电液体（污水）流过变送器时，切割磁力线面产生感应电势，并以电信号输至转换器进行放大、输出。

电磁流量计可与其他仪表配套，进行记录、指示、计算、调节控制等。

该计量设备的优点为：

(1)变送器结构简单可靠，内部无活动部件，维护清洗方便。

(2)压力损失小，不易堵塞。

(3)量测精度不受被测污水各项物理参数的影响。

(4)无机械惯性，反应灵敏，可量测脉动流量。

(5)安装方便，无严格的前置直管段的要求。

这种计量设备在目前价格昂贵，需精心保养，难于维修。安装时要求变送器附近不应有电动机、变压器等强磁场或强电场，以免产生干扰。

近年来，国内还开发了几种测定管道中流量的设备，如插入式液体涡轮流量计、超声波流量计等。

计 划 单

课　程	污水处理		
学习情境二	污水处理厂(站)设计与运行管理	学　时	12
工作任务4	污水处理厂(站)设计	学　时	6
计划方式	小组讨论、团结协作共同制订计划		
序　号	实施步骤		使用资源
1			
2			
3			
4			
5			
6			
7			
8			
9			
制订计划说明			

计划评价	班　级		第　组	组长签字	
	教师签字			日　期	
	评语:				

决　策　单

课　程	污水处理				
学习情境二	污水处理厂(站)设计与运行管理		学　时		12
工作任务4	污水处理厂(站)设计		学　时		6

			方案讨论		
方案对比	组号	方案合理性	实施可操作性	安全性	综合评价
	1				
	2				
	3				
	4				
	5				
	6				
	7				
	8				
	9				
	10				
方案评价	评语:				

班　级		组长签字		教师签字		月　日

实 施 单

课　程	污水处理		
学习情境二	污水处理厂(站)设计与运行管理	学　时	12
工作任务4	污水处理厂(站)设计	学　时	6
实施方式	小组成员合作;动手实践		
序　号	实施步骤		使用资源
1			
2			
3			
4			
5			
6			
7			
8			
9			
10			
11			
12			

实施说明:

班　级		第　组	组长签字	
教师签字			日　期	
评　语				

作 业 单

课　　程	污水处理		
学习情境二	污水处理厂(站)设计与运行管理	学　时	12
工作任务4	污水处理厂(站)设计	学　时	6
实施方式	小组每个成员独立完成污水处理厂(站)设计		

班　级		第　组		组长签字	
教师签字				日　期	
评　语					

检 查 单

课　程	污水处理			
学习情境二	污水处理厂(站)设计与运行管理		学　时	12
工作任务4	污水处理厂(站)设计		学　时	6
序号	检查项目	检查标准	学生自查	教师检查
1	咨询问题			
2	学习态度			
3	小组讨论			
4	小组展示			
5	工作过程			
6	团结同学			
7	爱护公物			
8	相互配合			

班　级		第　组	组长签字	
教师签字			日　期	

检查评价	评语:

评　价　单

课　程	污水处理				
学习情境二	污水处理厂（站）设计与运行管理			学　时	12
工作任务4	污水处理厂（站）设计			学　时	6
评价类别	项　目	子项目	个人评价	组内互评	教师评价
专业能力	资讯（10%）	搜集信息(5%)			
		引导问题回答(5%)			
		计划（5%）			
		实施（20%）			
		检查（10%）			
		过程（5%）			
		结果（10%）			
社会能力		团结协作（10%）			
		敬业精神（10%）			
方法能力		计划能力（10%）			
		决策能力（10%）			

班　级		姓　名		学　号		总　评	
教师签字		第　组	组长签字			日　期	
评价评语	评语：						

工作任务5　污水处理厂（站）运行与管理

任　务　单

课　　程	污水处理		
学习情境二	污水处理厂（站）设计与运行管理	学　时	12
工作任务5	污水处理厂（站）运行与管理	学　时	6
布 置 任 务			
任务目标	1. 熟悉污水处理厂（站）运行管理内容； 2. 了解运行管理的注意事项； 3. 清楚运行管理要求； 4. 正确分析污水处理厂（站）异常问题及其解决对策； 5. 学会污水处理厂（站）工艺异常问题分析与排除。		
任务描述	分析污水处理厂（站）运行管理中的异常情况的应对措施工作如下： 1. 清楚污水处理厂（站）工艺异常解决的一般流程； 2. 查找资料、网络搜索、观看视频和录像； 3. 收集和整理资料； 4. 寻找工艺异常的可能相关因素； 5. 按照一定的原则及顺序逐一排除； 6. 确定污水处理厂（站）工艺异常成因； 7. 寻求污水处理厂（站）工艺异常对策。		

学时安排	布置任务与资讯	计划	决策	实施	检查	评价
	1 学时	0.5 学时	0.5 学时	3 学时	0.5 学时	0.5 学时

提供资料	1.《污水处理》校本教材； 2.《排水工程》，张自杰，中国建筑工业出版社； 3.《水处理工程技术》，吕宏德，中国建筑工业出版社； 4.《污水处理》课程课件； 5. 污水处理厂视频。
对学生的要求	1. 小组学习研究污水处理厂（站）运行管理过程中遇到的异常情况； 2. 小组讨论； 3. 查找资料、网络搜索、观看视频录像，完成资讯； 4. 独立完成污水处理厂（站）工艺异常解决的一般流程； 5. 实施结束后进行小组互评，教师评价； 6. 具有一定的自学能力、协调能力和语言表达能力； 7. 具有团队合作精神，以小组的形式完成工作任务； 8. 严格遵守课堂纪律和工作纪律，不迟到、不早退，不旷课。 9. 积极参与小组工作任务讨论，严禁抄袭。

资　讯　单

学习情境二	污水处理厂(站)设计与运行管理	学　时	12
工作任务5	污水处理厂(站)运行与管理	学　时	6
资讯方式	在图书馆、专业杂志、教材、互联网及信息单上查询问题;咨询任课教师	学　时	1
资讯问题	1. 污水处理厂(站)运行管理的内容有哪些? 2. 污水处理厂(站)运行管理的要求有哪些? 3. 污水处理厂(站)运行管理的安全操作要求有哪些? 4. 如何进行格栅间运行管理? 5. 如何进行沉砂池的运行管理? 6. 如何进行二沉池的运行管理? 7. 如何进行活性污泥系统运行管理? 8. 如何进行污泥处理运行管理? 9. 如何进行水泵的运行管理? 10. 如何进行鼓风机房运行管理? 11. 如何进行污泥脱水房运行管理? 12. 如何进行各构筑物日常操作管理维护? 13. 如何进行各构筑物水处理异常情况? 14. 如何进行各构筑物故障分析? 15. 如何进行各构筑物维护管理? 16. 如何进行活性污泥的培养与驯化? 17. 如何进行活性污泥的镜检方法与步骤?		
资讯引导	1. 信息单; 2.《排水工程》,张自杰 ,中国建筑工业出版社; 3.《水污染控制工程》,高廷耀 ,高等教育出版社; 4.《水处理工程技术》,吕宏德 ,中国建筑工业出版社; 5.《给排水设计手册》第五册,中国建筑工业出版社; 6.《废水生物处理的运行管理与异常对策》,徐亚同,化学工业出版社。		

信 息 单

污水处理厂的工艺涉及许多方面,设备的种类也非常多,为了保证处理厂的高效正常运转,每座污水处理厂必须进行相应的运行管理、安全操作和维护保养。

5.1 污水处理厂运行管理

5.1.1 污水处理厂运行管理意义和内容

1. 运行管理的意义

城市污水处理厂作为城市发展的重点基础设施,是整个水污染控制系统最重要的部分,是社会可持续发展的有力保证,也是做好节约水资源工作的重要部分。近十年来,各级地方政府投资建设了大批污水厂,但很多污水处理厂没能很好地运行起来,尤其工业污水的处理设施,这其中主要原因之一就是运行管理工作没有搞好。

今后,国家和各级地方政府还要投资建设大批污水厂,城市污水处理事业需要一大批具有高度责任感和事业心、较高专业技能和一定法规意识、肯于奉献的技术人员、操作人员和管理人员,需要他们钻研技术、勤于管理,工作中不断创新,节能降耗,使污水厂运行起来并运行良好。

2. 运行管理的内容

城市污水厂的运行管理是指从接纳原污水到净化处理排出"达标"污水的全过程管理。它包括准备、计划、组织以及控制等四方面的内容。

(1)准备:包括物资、人力、资金、能源及组织等的准备。

(2)计划:是指编制污水、污泥处理的运行控制方案和执行阶段计划,使企业在生产中有据可依,节能降耗,提高管理效益。

(3)组织:是指合理安排运行过程中操作岗位,制订好岗位操作规程以及岗位责任制,做好各岗位之间的协调。

(4)控制:是指运行计划的实施,是对运行过程实行包括进度、消耗、成本、质量、故障等全面的控制。

5.1.2 污水处理厂运行管理的要求

(1)运行管理人员必须熟悉本厂处理工艺和设施、设备的运行要求与技术指标。

(2)操作人员必须了解本厂处理工艺,熟悉本岗位设施、设备的运行要求和技术指标。

(3)各岗位应有工艺系统网络图、安全操作规程等,并应示于明显部位。

(4)运行管理人员和操作人员应按要求巡视检查构筑物、设备、电器和仪表的运行情况。

(5)各岗位的操作人员应按时做好运行记录。数据应准确无误。

(6)操作人员发现运行不正常时,应及时处理或上报主管部门。

(7)各种机械设备应保持清洁,无漏水、漏气等。

(8)水处理构筑物堰口、池壁应保持清洁、完好。

(9)根据不同机电设备要求,应定时检查,添加或更换润滑油或润滑脂。

5.1.3 污水处理厂运行管理的安全操作要求

(1)各岗位操作人员和维修人员必须经过技术培训和生产实践,并考试合格后方可上岗。

(2)启动设备应在做好启动准备工作后进行。

(3)电源电压大于或小于额定电压5%时,不宜启动电动机。

(4)操作人员在启闭电器开关时,应按电工操作规程进行。

(5)各种设备维修时必须断电,并应在开关处悬挂维修标牌后,方可操作。

5.1.4 污水处理厂运行管理的维护保养要求

(1)运行管理人员和维修人员应熟悉机电设备的维修规定。

(2)应对构筑物的结构及各种闸阀、护栏、爬梯、管道等定期进行检查、维修及防腐处理,并及时更换被损坏的照明设备。

(3)应经常检查和紧固各种设备连接件,定期更换联轴器的易损件。

(4)各种管道闸阀应定期做启闭试验。

(5)应定期检查、清扫电器控制柜,并测试其各种技术性能。

(6)应定期检查电动闸阀的限位开关、手动与电动的联锁装置。

(7)在每次停泵后,应检查填料或油封的密封情况,进行必要的处理。并根据需要添加或更换填料、润滑油、润滑脂。

(8)凡设有钢丝绳的装置,绳的磨损量大于原直径10%,或其中的一股已经断裂时,必须更换。

(9)各种机械设备除应做好日常维护保养外,还应按设计要求或制造厂的要求进行大、中、小修。

(10)检修各类机械设备时,应根据设备的要求,必须保证其同轴度、静平衡等技术要求。

(11)不得将维修设备更换出的润滑油、润滑脂、实验室废水及其他杂物丢入污水处理设施内。

(12)维修机械设备时,不得随意搭接临时动力线。

(13)建筑物、构筑物等的避雷、防爆装置的测试、维修及其周期应符合电业和消防部门的规定。

(14)应定期检查和更换消防设施等防护用品。

5.1.5 污水厂处理运行管理的重要考核指标

1. 运行管理技术指标

(1)运行指标

①处理污水量。污水厂处理水量是运行管理中的一个主要指标,处理后达标污水的多少,一般通过巴氏计量槽测定,并应与管道流量计的测量作比较。对于污水厂,利用现有系统,在保证处理效果时,处理的污水量越多越能发挥规模效益。一般记录每日平均时流量、最大时流量、平均日流量、年流量等。目前城市污水处理厂的处理水量指标由上级主管部门根据该厂的处理能力和实际进厂的水量决定。

②污染物去除指标。包括 COD_{cr}、BOD_5、SS、TN 或 NH_3-N 等污染物指标的总去除量、去除效果,通常用百分数来表示。必要时应分析主要处理单元的污染物去除指标。

③出水水质达标率。出水水质达标率是全年出水水质的达标天数与全年总运行的天数之比。通常要求出水质达标率在95%以上。

④微生物浓度指标。常用混合液悬浮固体浓度(MLSS)和混合液挥发性悬浮固体浓度(MLVSS)两个指标表示。这两个指标都间接表示反应池内参与反应的微生物的浓度,MLVSS 表示的更为准确些。两者的比值一般为 MLVSS/MLSS = 0.75。

⑤活性污泥的沉降性能及其相关指标。常用的两个指标是污泥沉降比(SV)和污泥容积指数(SVI)。污泥的沉降比是指曝气池的混合液在 1 000 mL 的量筒中,静置 30 min 后,沉降污泥与混合液的体积之比,一般用 SV_{30} 表示,是衡量活性污泥沉降性能和浓缩性能的一个指标。对于某浓度的活性污泥,SV_{30} 越小,说明其沉降性能和浓缩性越好。正常的活性污泥,其 MLSS 浓度为 1 500 ~ 4 000 mg/L,SV_3 一般在 15% ~ 30% 内。污泥沉降比能够反映运行过程的活性污泥量,可用以控制、调节剩余污泥的排放量。

污泥的体积指数是指曝气池混合液在 1 000 mL 的量筒中,静置 30 min 后,1 g 活性污泥悬浮固体所占的体积,常用 SVI_{30} 表示,单位为 mL/g。SVI_{30} 与 SV_{30} 存在以下关系

$$SVI_{30} = \frac{SV_{30}}{MLSS} \times 1\ 000 \tag{5.1}$$

污泥容积指数能够反映活性污泥的凝聚、沉降性能。对生活污水及城市污水,此值介于 70～100 mL/g 之间。SVI 值过低,说明泥粒细小。无机质含量高,缺乏活性;此值过高,则说明污泥的沉降性能不好,并且有产生膨胀现象的可能。

⑥活性污泥的耗氧速率(SOUR)。SOUR 是衡量活性污泥的生物活性的一个重要指标。如果 F/M 较高,或 SRT 较小,则性污泥的生物活性也较高,其 SOUR 值也较大。反之,F/M 较低,SRT 太大,其 SOUR 值也较低。

SOUR 在运行管理中的重要作用在于指示入流污水是否有太多难降解物质,以及活性污泥是否中毒。一般来说,污水中难降解物质增多,或者活性污泥由于污水中的有毒物质而中毒时,SOUR 值会急剧降低,应立刻分析原因并采取措施,否则出水会超标。

⑦污泥龄(SRT)。污泥龄也称生物固体平均停留时间,是活性污泥处理系统保持正常、稳定运行的一项重要条件。通过控制污泥龄可以对系统中的优势菌种进行筛选。

⑧水力停留时间(HRT)。水力停留时间是指污水在系统中的平均停留时间,也是污水和微生物的反应时间,停留时间越短,处理系统在单位时间处理的水量就越大。

⑨BOD 污泥负荷和 BOD 体积负荷。BOD 污泥负荷是指单位时间内,单位质量的活性污泥(MLSS)所接受的有机污染物量 BOD_5,用 kg/(kg·d)表示。

BOD 体积负荷是指单位时间内,单位体积的反应池(曝气池)所接受的有机污染物量(BOD_5),用 kg/(m^3·d)表示。从运行来讲,在满足出水水质的前提下,这两个指标越高,就说明反应器的生物污水处理效能越高。

⑩污水、渣、沼气产量及其利用指数。城市污水厂的预处理与一级处理,每天都要去除栅渣、砂及浮渣。运行记录应有各种设施或设备的渣、砂净产量及单位产量。

不论是污泥干重或湿重产量,一般都与污水水质、污水处理工艺、污泥处理工艺有关,应记录其湿、干污泥和总产量、单化产量及污泥利用产量等指标。若采用传统活性污泥法处理污水,每处理 1 000 m^3 污水可由带式脱水机产生湿泥、污泥饼 0.7 m^3(含水率 75%～80%)。

当生污泥进行厌氧消化时,均会产生沼气。一般每消化 1.0 kg 的挥发性有机物可产生 0.75～1.0 m^3 的沼气。沼气的甲烷含量约 55%～70%,其热值约为 23 MJ/m^3。运行指标应包括沼气产量、单位沼气产量、沼气利用量。

(2)水质指标

①污水的有机物浓度。污水中的有机物质充当了活性污泥系统中的食物源,因此废水特征(即 BOD 负荷)的任何变化都会影响处理系统中的微生物繁殖。

如果 BOD 负荷有效地增加,系统中就会出现大量食料,供微生物吞食。

如果 BOD 负荷减少,微生物就不能获得足够的食物,其繁殖速率将陷入衰减状态,处理系统的生物群体就会减少。

②营养物质。正如每个生命物质需要营养物质维持自身的生命体系一样,活性污泥中的微生物也需要营养物质。

通常生活污水中含有足够量的营养物质,而对于工业废水,则必须经常性地投加营养物质,以保持废水中有足够的氮和磷。在许多情况下,氮以氨形式、磷以磷酸形式加入废水中。细菌需要氮以产生蛋白质,需要磷以产生分解废水中有机物质的酶。

BOD∶N∶P 大约为 100∶5∶1,缺乏氮元素能够导致丝状的或分散状的微生物群体产生,使其沉降性能差。另外,缺氮使新的细胞难以生成,而老的细胞继续去除 BOD 物质,结果微生物向细胞壁外排泄过量的副产物——绒毛状絮凝物,这些絮凝物沉淀性能差。根据经验,从废水中每去除 100 kg BOD 需要 5 kg 氮和 1 kg 磷。

③溶解氧。在污水的好氧处理中,微生物以好氧菌为主,为了维持好氧群体,需要向曝气池中补充氧气。如果溶解氧不足,好氧微生物的活性由于得不到足够的氧,正常的生长规律将遭到影响,甚至被破坏。轻则好氧微生物的活性受到影响,新陈代谢能力降低。而同时对溶解氧要求较低的微生物将应运而

生。这样,正常的反应过程将受到影响,污水中的有机物质的氧化不能彻底进行,出水 BOD 浓度将升高,处理效果下降。如若环境严重缺氧,厌氧菌将大量繁殖,好氧微生物受到抑制而大量死亡,导致厌氧微生物生长占优势。在这种情况下,曝气池中的活性污泥恶化变质,发黑发臭,出水水质显著下降。污水厂曝气池中溶解氧浓度应该维持在 1 ~ 2 mg/L。当然氧供应过多是没有必要的,这不仅是个浪费问题。而且也会因代谢活动增强,营养供应不上而使微生物缺乏营养,促使污泥老化,结构松散。故在运转过程中应该经常测定溶解氧,使得曝气池中的溶解氧控制在合理的水平,以保证好氧微生物的正常生长、发育,取得较好的处理效果。

④ pH 值。微生物的生长、繁殖和环境中的 pH 值关系密切。它要求一定的 pH 值范围,不同的微生物有不同的 pH 值适应范围。一般细菌、放线菌、藻类和原生动物的 pH 值适应范围为 4 ~ 10。而在中性或偏碱性(pH = 6.5 ~ 8.5)的环境污染中,则生长繁殖最好。

⑤毒物。一些有机物质可能产生对微生物的毒性,甚至高浓度的氨也会引起微生物中毒。但通常产生毒性的物质归结于一些高浓度的重金属,如铜、铅、锌等。可能出现的两种中毒症状:急性中毒与慢性中毒。

急性中毒将导致曝气池中的生物群体迅速死亡。因此,通常容易觉察出这种情况。急性中毒过程则发生得很缓慢,因而往往难以识别。

如当金属铜为 150 mg/L 时,活性污泥也受到 75% 抑制,三价铬浓度达到 118 mg/L 时,活性污泥也受到 75% 抑制。

⑥温度。温度是一个重要的操作因素,但是污水厂的操作者通常无法控制污水的温度。温度很大程度上影响了活性污泥中的微生物的活性程度。

整个微生物界来说,生长温度范围是 5 ~ 80 ℃。在微生物可以生长繁殖的温度范围内,各类微生物大体可分成三个基点,即最低生长温度、最高生长温度和最适应生长温度。

根据运行经验,曝气池系统内的水温,以 20 ~ 30 ℃ 为适宜温度,若水温超过 35 ℃ 或低于 10 ℃ 时,处理效果就下降。

温度对硝化的影响与对异养好氧微生物的影响相似,一般在 10 ~ 22 ℃ 的温度范围内硝化菌有良好的生长速率。温度较高时,如 30 ~ 35 ℃ 下,生长速率恒定,在 35 ~ 40 ℃ 范围内,增长速率开始递减,直至零。与其他细菌一样,硝化菌对温度变化很敏感;当温度很快升高时,增长速率很快,而当温度下降时,活性减弱也超出了预期。

在实际运行当中,冬天应当适当延长污泥的泥龄,以利于硝化菌的存在,若硝化系统被破坏,就很难恢复,只有等待天气转暖。如果温度太高,如达 50 ~ 60 ℃,硝化反应也不再发生,当然在城市污水处理厂这种情况很少。反硝化细菌对温度变化不如硝化细菌那么敏感,但反硝化也会随着温度变化而变化,温度越高,反硝化速率也越高,在 30 ~ 35 ℃ 时最大,当低于 15 ℃ 时,反硝化速率将明显下降;5 ℃ 以下时,反硝化趋于停止。在冬季要保证脱氮效果,就必须增大污水的停留时间,或提高污泥浓度,减少排泥量。

2. 运行管理经济指标

(1)电耗指标

城市污水处理厂的电耗指标是指处理单位体积的污水或降解单位质量的有机物,工艺所消耗的电量。包括污水厂全天消耗的电量、每处理 1 t 污水的电耗,各处理单元(包括污泥处理部分)的电耗。

(2)药材消耗指标

包括各种药品、水、蒸汽和其他消耗材料的总用量、单位用量指标。

(3)维修费用指标

各种机电设备检查、养护、维修费用指标。

(4)产品收益指标

沼气、污泥或再生水等副产品销售量、销售收入指标。

(5)处理成本指标

城市污水厂处理污水污泥发生的各种费用之和扣去副产品销售收益后的费用,为污水处理成本,并计算单位污水处理成本。

3. 处理过程中的监测指标

恰当地对污水处理厂的处理过程进行监测是绝对必要的。通常有两类监测方法,即感官判断方法和化学分析方法。为有效地管理好活性污泥处理厂,这两种方法都必须采用。

(1)感观指标

①颜色。混合液的颜色应该呈现黑巧克力一样的颜色。颜色能够作为不良污泥或健康污泥的指标,一个健康的好氧活性污泥的颜色应是类似巧克力的棕色。深黑色的污泥典型地表明它的曝气不足,污泥处于厌氧状态(即腐败状态),曝气池中一些不正常的颜色也可能表明某些有色物质(例如化学染料废水)进入处理厂。

②气味。曝气混合液应具有轻微的霉烂味道。气味也能够指示污水厂运行是否正常。正常的污水厂不应该产生令人讨厌的气味,从曝气池采集到的完好的混合液样品应有点轻微的霉味。一旦污泥的气味转变成腐败性气味,污泥的颜色则会显得非常黑,污泥还会散发出类似臭鸡蛋的气味(硫化氢气味)。

③泡沫。泡沫能够成为指示污水厂的运行情况的一条线索。泡沫可分为两种:一种是化学泡沫,另一种是生物泡沫。化学泡沫是由于污水中的洗涤剂以及倾入工厂污水系统中的化学药品中的表面活性物质在曝气的搅拌和吹脱下形成的。在活性污泥的培养初期,化学泡沫较多,有时在曝气池表面会堆成高达几米的白色泡沫山,这主要是因为初期活性污泥尚未形成,曝气池中轻微的浪花状泡沫表明污泥不成熟,随着活性污泥的生长、数量的增多,大量的洗涤剂会被微生物所吸收,泡沫也就消失了。在日常的运行当中,若在曝气池内发现有白浪状的泡沫,应当减少剩余污泥的排放量。浓黑色的泡沫表明污泥衰老,应当增加剩余污泥排放量。生物泡沫呈褐色,也可在曝气池上堆积很高,并进入二沉池随水流走,这可能是由于诺卡氏菌引起的生物泡沫,通常原因是由于入流污水中进入了大量含油及脂类物质较多的水,如宾馆污水等。

④藻类生长物。藻类生长物可以指出废水富营养化程度。曝气池壁上和堰壁上的藻类生长物是污水厂出水中富营养化程度的标志。藻类生长需要磷和氮,一些藻类具有从空气中获得氮肥的能力。因此,即使废水中氮的含量比较低,若磷的浓度较高,也会导致藻类生长问题。进水中氮浓度过高也会促使藻类的繁殖增长。

⑤曝气器的水花式样。如果说浪花显得非常小,可能意味着曝气机浸没深度不适合。曝气池中的溶解氧浓度低,也表示叶片入水深度不适合,应注意观察叶片的浸没深度,使之达到最佳的充氧效率。

⑥出水清澈程度不合适。污水厂最终目的是流出较好的出水,观察出水的情况如出水中悬浮固体的浓度,可直接反应运行状况,反应污泥的沉降性能。

⑦气泡。二沉池中出现气泡表明在池中的污泥停留时间太长,应该加大污泥回流率。如果沉淀池中的污泥层太厚,底层污泥会处于厌氧状态,产生硫化氢、甲烷、二氧化碳等气体。这些气体以气泡形式逸出水面。这样一来就会引起操作问题。因为,当气泡上升时,它们是处于生物絮凝体之下,致使絮凝体与气泡一起上升,最后与沉淀池出水一起流过沉淀池出水堰。

⑧悬浮浮垢过量的浮垢表明油脂成分高或曝气过量。如果在曝气池内的表面有悬浮物质或浮垢,表明污水厂进水的油脂偏高。这些油脂物质妨碍固体物沉淀,并使 BOD 去除率下降,而且容易引起泡沫问题。二次沉淀池中的浮垢可能表明大量的空气被注入到曝气池中。

⑨固体积累量。在曝气池的角落或者说在曝气池中设置适当的挡板能够改进混合形式并缓解这个问题。

⑩水流形式。观察水流的形式,可确定短流情况。短流是指废水从进口直接流到出水口,它导致停留的有效时间低于设计值,并使操作无法进行。有时废水流的短流形式可通过观察池中的泡沫、悬浮固体和漂浮物质的流动情况而识别。设置合适的挡板能解决这个问题。

(2)水质分析测定指标

①BOD 测定。BOD 即为生化需氧量,它指的是在规定的条件下,微生物分解氧化废水中有机物所需要的氧量。BOD 是一种衡量标准,不是一种污染物,而是测量污水有机物总量的一种定量。一般目前都采用 20 ℃培养 5 d 的五日生化需氧量(BOD_5)作为检验指标。

②COD 测定。BOD 的测定存在测定时间长和不适宜于某些工业废水有机物的测定,可采用 COD 测定。

COD 即化学需氧量,是指用化学方法氧化废水水样的有机物过程中所消耗的氧化剂量折合氧量计。它是量度水中有机污染物质的一个重要水质指标。在一定条件下,强氧化剂能氧化有机物为二氧化碳。

③TS,即总固体,在水质分析中是指一定水量经 105～110 ℃烘干后的残渣,以称重表示。

④SS,即污水中的悬浮固体,是总固体中处于悬浮状态的那部分,即用滤纸滤出固体物的干重。

⑤VSS,为挥发性悬浮固体,指的是悬浮固体中的有机部分含量,测定时以悬浮固体重量减去悬浮固体 600 ℃加热灼烧后的质量。

⑥TN,为总氮,是废水中一切含氮化合物以氮计量的总称,包括有机氮、无机氮。无机氮主要为氨氮、亚硝酸盐氮和硝酸盐氮。总氮是了解废水中含氮总量的水质指标。

⑦TP 为废水中的含磷化合物,分有机和无机两大类,废水中和一切含磷化合物都是先设法转化成正磷酸盐(PO_4^{3-}),其结果即为总磷。

⑧pH 值也影响到生物处理系统中微生物的活性,因此,应该每天检查污水的 pH 值在 6.5～8.5 之间。

5.2　污水处理系统运行管理

5.2.1　格栅间运行管理

1. 过栅流速的控制

合理控制过栅流速,最大程度地发挥拦截作用,保持最高拦污效率。栅前渠道流速一般应控制在 0.4～0.8 m/s。过栅流速应控制在 0.6～1.0 m/s,具体情况应视实际污物的组成、含砂量的多少及格栅距离等具体情况而定。

在实际运行中可通过开、停格栅的工作台数来控制过栅流速。当发现过栅流速超过本厂要求的最高值时,应增加投入工作的格栅数量,使过栅流速控制在要求范围内。反之,则应减少投入工作的格栅数量。

2. 栅渣的清除

及时清除栅渣是控制过栅流速在合理范围内的重要措施。投运清污机台数太少,栅渣在格栅滞留时间长,使污水过栅断面减少,造成过栅流速增大,拦污效率下降,如果格栅清除不及时,由于阻力增大,会造成流量在格栅上分配不均匀,同样会降低拦渣的效果,软垃圾会被带入系统。

单纯从清渣来看,利用栅前、栅后液位差来实现自动清渣是最好的办法。还可根据时间的设定,实现自动运行,但必须掌握不同季节的栅渣量变化规律,不断总结经验,确保参数设置合理。

在特殊情况下,当清污不及时的时候,也可采取手动开、停方式。

3. 格栅除污机的维护保养

格栅除污机是污水处理厂内最容易发生故障的设备之一。巡检时应注意有无异常声音,观察栅条是否变形,应定期加油保养。

4. 卫生安全

污水在长途输送过程中腐化,产生硫化氢和甲硫醇等恶臭毒气,将在格栅间大量释放出来,因此,要加强格栅间通风设施管理,使通风设备处于通风状态。另外,清除的栅渣应及时运走,防止腐败产生恶臭;栅渣堆放处应经常冲洗,很少的一点栅渣腐败后,也能在较大的空间内产生强烈的恶臭。栅渣压榨机排出的压榨液中恶臭物含量也非常高,应及时将其排入污水渠中,严禁明沟流入或在地面漫流。

5. 格栅的操作管理

(1)清污间隔不能太长,不要等格栅上的垃圾积得很多时才清除。

(2)该加注润滑油的部分要经常检查和加油。

(3)注意避免钢丝绳错位,当发现钢丝绳已断股或损伤时,应及时换掉。

(4)注意齿耙的位置,当倾斜或搁刹时,不要强行开机,以免损坏机器。

(5)经常检查电气限位开关是否失灵。

(6)及时油漆保养。

5.2.2 沉砂池的运行管理

1. 除砂与洗砂

在沉砂池沉积下来的沉砂需要及时清除,沉砂中的有机物较多需要进行有效的清洗,并进行砂水分离,如表5.1所示。

表 5.1 经常性检查及维护

经常性检查及维护	操　作	异常时的对策
1. 格栅应经常维修,使其充分捕捉、分离筛渣。 2. 设备各部分应根据其磨损标准,定期补修和更换。 3. 平常不使用时,每日至少进行1次10～15 min 的运转。 4. 涂刷层有剥落的地方,应在锈蚀之前补修。 5. 操作中有异音、振动,应查明来源和原因。 6. 应经常清理附属设备,需要投放防臭剂、除虫剂等,以避免发生恶臭	1. 附着于格栅的栅渣,会导致前后水位差加大,应随时注意排除,以避免上游淹水或从阴井溅出。 2. 在抽水机连续抽水时,以能连续操作除渣为宜。 3. 当沉砂池水位下降或大型抽水机启动操作时,会有大量贮集在管内的杂物流入,应更注意栅渣的附着及清除	1. 粗大杂物卡住格栅的间隙时,可使耙逆转再除去杂物。 2. 应防止闲人擅自进入操作

除砂洗砂设备较多,小型污水厂采用重力排砂,采用阀门控制,大型水厂采用机械除砂。目前有些污水厂采用气提方式排砂。

洗砂采用旋流砂水分离器和螺旋洗砂器,经清洗分离出来的沉砂含有机成分较低,且基本变成固态,可直接装车外运。

2. 砂水分离设备的运行管理

(1)有机物的影响

泵吸式或气提式除砂机工作时,可能将沉在池底的有机物连同污泥、砂与水一起抽出,砂浆中含有机物较少时,水力旋流器可将大部分的有机物与砂水分离,并使之随水一起从溢流堰排出,而螺旋洗砂机也可将部分有机物进一步分离,使之随水从溢流堰排出,从而使出砂中的有机物的含量低于35%。

除砂机抽取的砂浆所含的有机物太多时,部分无机沙粒会被黏稠的有机物裹挟,从水力旋流器的上部的溢流口排出,使除砂率降低;

若系统设备运行都正常,但螺旋洗砂机长时间不除砂时,其可能原因是由于进入螺旋洗砂机的有机物过多,在螺旋的搅拌下砂子、有机物和水会形成胶状物,使砂子无法沉入砂斗底部,螺旋提升机无法将砂子分离出来。

(2)埋泵与堵塞

对于采用平流式曝气沉砂池或平流式沉砂池,一般排砂机的砂水排入集砂井,集砂井的砂泵也会出现埋泵的情况,应采取措施避免这种情况的发生,运行时应积累经验,砂井内不要积砂过多。若积砂过多,可打开下部的排污口,将砂排出一部分,或放入另一台潜水砂泵排出过多的积砂。

(3)对污泥处理的影响

① 从格栅流走的是一些破布条、塑料袋等杂物,这些杂物进入浓缩池后,在浓缩机上缠绕,增加阻力,并影响浓缩效果,大量纤维还会堵塞排泥管路、切割机、泥泵,这些杂物如进入离心脱水机,会使转鼓失去平衡,从而产生振动或出现严重噪声,以致无法运行;

② 大量泥砂进入浓缩池后,可能堵塞管路,使排泥管过度磨损,如大量砂粒进入离心脱水机,将严重磨损进泥管的喷嘴以及螺旋外缘和转鼓,增加更换次数,增加维修费用。

5.2.3 初沉池的运行管理

1. 工艺控制

(1)根据入流污水的污水量、水温及 SS 负荷的变化,及时改变投运池数,使初沉池 SS 的去除率基本保持稳定。大部分污水厂初沉池都有一部分余量。

(2)对污水参数的短期变化,也可以采用控制入池的方法,将污水在上游管网内进行短期贮存,有的污水厂初沉池的后续处理单元允许入流的 SS 有一定的波动,此时可不对初沉池进行调节。

(3)在没有其他措施的情况下,向初沉池的配水渠道内投加一定量的化学絮凝剂,但配水渠道内需要有搅拌或混合措施。

(4)运行管理人员在运转实践中摸索出本厂各种季节的污水特征以及要达到要求的 SS 去除率,水力负荷要控制在最佳范围。水力负荷太高,SS 的去除率将会下降,水力负荷过低,不但造成浪费,还会因污水停留过长使污水腐败。运行过程中应控制好水力停留时间、堰板水力负荷和水平流速在合理的范围内,水力停留时间不应大于 1.5 h,堰板溢流负荷一般不应大于 $10\ m^3/(m\cdot h)$,水平流速不能大于冲刷流速 50 mm/s。

2. 刮泥操作

污泥在排出初沉池之前首先被收集在污泥斗中,刮泥有两种方式:平流沉淀池采用行车刮泥机,只能间歇刮泥;辐流沉淀池应采用连续刮泥方式,运行中应特别注意周边刮泥机的线速度不能太高,一定不能超过 3 m/min,否则会使周边污泥泛起,直接从堰板溢流走。

3. 排泥操作

平流沉淀池采用行车刮泥机只能间歇排泥,每次排泥持续时间取决于污泥量、排泥泵的容量和浓缩池要求的进泥浓度。若浓缩池有足够的面积,不一定追求较高的排泥浓度。

小型污水厂可以人工控制排泥泵的开停,大型污水处理厂一般采用自动控制,最常用的控制方式是时间程序控制,即定时排泥,定时停泵。这种排泥方式要达到准确排泥,需要经常对污泥浓度进行测定,同时调整泥泵的运行时间。

4. 初沉池运行管理的注意事项

(1)根据初沉池的形式和刮泥机的形式,确定刮泥方式、刮泥周期的长短,避免沉积污泥停留时间过长造成浮泥,或刮泥过于频繁或刮泥过快扰动已沉下的污泥。

(2)初沉池一般采用间歇排泥,最好实现自动控制;无法实现自动控制时,要总结经验,人工掌握好排泥次数和排泥时间;当初沉池采用连续排泥时,应注意观察排泥的流量和排泥的颜色,使排泥浓度符合工艺的要求。

(3)巡检时主要观察各池出水量是否均匀,还要观察出水堰口的出水是否均匀,堰口是否被堵塞,并及时调整和清理。

(4)巡检时注意观察浮渣斗上的浮渣是否能顺利排除,浮渣刮板与浮渣斗是否配合得当,并应及时调整,如果刮板橡胶板变形应及时更换。

(5)巡检时注意辨听刮泥机、刮渣、排泥设备是否有异常声音,同时检查是否有部件松动等,并及时调整或检修。

(6)按规定对初沉池的常规的检测项目进行化验分析,尤其是 SS 等重要项目要及时比较,确定 SS 的去除率是否正常,若下降应采取整改措施。

5. 初沉池的操作管理

(1)取水样,进水、出水都应取样分析,以测定其处理效果。

(2)撇浮渣。浮渣用漏水勺捞起进行专门收集处置,不宜投入排泥井。集渣斗中的浮渣需用水冲或人工捞出。

(3)排泥。一般间歇进行,注意掌握排泥间隔时间和每次排泥的持续时间。间隔时间太长,污泥可能积累厌氧发酵而上浮;持续时间太长,则增加了排泥含水率,增加了污泥处理构筑物负担。排泥间隔时间在冬天长些,夏天短些,一般间隔时间为 8~12 h,冬天少数池可间隔 24 h。

(4)清洗。初沉池的出水堰应定期用射水冲洗。挂在齿堰上的污物应及时清除,走道和栏杆也应保持清洁。

(5)校正堰板。堰板应保持水平,但使用若干年后,由于不均匀沉降等因素,堰板常发生倾斜,有的堰口出水过多,有的出水过少,甚至不出水,应校正堰板使其水平。校正螺丝可采用不锈螺丝或铜螺丝以避免生锈拧不动。

（6）机件油漆保养。初沉池栏杆、排泥阀、配水阀及其他铁件易生锈,需经常油漆保养。

（7）刮泥机检查、保养。每2 h 巡视一次运行情况,巡视内容有:机件紧固状态、运转部位的温升、振动和噪声、撇渣板的运行情况等。每班检查一次减速器润滑油情况,连续运行3个月全部更换润滑油一次。驱动链轮和链条经常加油,其他润滑部分也应注意油量是否适宜。

5.2.4　二沉池的运行管理

1. 二沉池的日常操作管理及故障分析

（1）二沉池的日常操作程序

①配水、配泥。配水、配泥是所有污水处理厂的必要工作,其目的在于保证污水和污泥在各构筑物之间均匀分配,通常由配水(泥)井或配水(泥)槽完成的。

②巡视。操作者每班须定时上池巡视数次,检查排泥装置、撇渣器、泵等运行状况。观察二沉池的液面高度、出水是否清澈、是否带泥,从中可确定活性污泥系统的运行状况及污泥的形状。

③去浮渣。撇浮渣过多会使随同浮渣带走的浮泥过多。撇浮渣不足会使浮渣散布在挡板下随出水带走。

④出水堰。应保持清洁。堰口须保持水平,以使整个池各相同部位流量相等、流速相等,必要时可在沉淀池进口处安装控制孔(淹没出水孔)或挡板以使流量分布更均匀。

⑤回流污泥。应使进出二沉池的污泥保持平衡,若出池污泥大于进池污泥,则抽出的污泥中水分过多;若出池污泥小于进池污泥,则二沉池会积泥。剩余污泥被送至污泥浓浓缩池、消化池以作进一步处置。

⑥数据的测定。

固体浓度。出水固体浓度(ESS)对出水水质有很大的影响,测定进出二沉池的固体浓度即可得知二沉池的效率。一般 SS 小于 30 mg/L 为正常。

溶解氧含量。若二沉池出水中 DO 显著下降,表明废水处理不完全,出水中仍残留较多未得到分解和净化的有机污染。

pH 值。二沉池中若出现 pH 值明显下降并同时有较多小气泡产生,则表明污泥已处于厌氧状态。

温度。温度会改变水的密度和黏滞力。温度低时二沉池的水为停留时间应适当延长,温度下降会使出水的 BOD 升高,浮渣增多。

BOD 和 COD。测定 BOD 和 COD 值可得知处理系统的负荷及处理效果。若出水 BOD_5/COD 值同进水相比已大大下降,则表明废水中易于生物分解的有机物已基本被去除。

（2）二沉池异常问题分析及其解决对策

①出水带有细小悬浮污泥颗粒。产生原因主要有:因短流导致实际停留时间减少,使污泥颗粒未来及沉淀即流出;污泥曝气过度;超负荷运行;因操作或水质关系产生针状絮凝体,解决办法有:延长停留时间,调整出水堰的水平,以减少或避免短流;降低曝气强度;降低运行负荷;投加化学絮凝剂;调控曝气池中运行条件,以改善污泥的性质,例如缺营养时应补加营养;缩短泥龄。

②污泥上浮。因污泥结块、堆积并引起污泥解絮,泥升至表面。解决办法有:缩短排放周期,增加排泥次数;更换损坏的刮泥板;将粘附在池壁及构件上的污泥用刮板刮去。

③出水堰脏。主要原因是污泥聚集、黏附以及有藻类在堰板上生长。解决办法有:擦洗与废水接触的所有表面,如池壁、堰板等;加氯以加速污泥和藻垢的清除。

④污泥管道堵塞。产生原因为管道中流速低,沉积物含量高。解决办法有:疏通沉积的物质;用水、气等冲洗堵塞的管线;增加排泥次数;改造污泥管线。

⑤短流。产生原因主要有:超负荷运行;出水堰不平;刮泥装置损坏;污泥或砂石过多地积累,因此减少了停留时间。解决办法有:减少流量;调整出水堰水平;修理或更换刮泥装置。

⑥刮泥器扭力过大。主要原因是刮泥器上承受负荷过高。解决办法有:将池子放空并检查是否有砖、石、冰块或松动的零件等卡住刮泥板;及时更换损坏的链环、刮泥板等部件;当二沉池表面结冰时应破冰;减

慢刮泥器的转速。

2. 二沉池运行管理的注意事项

(1)经常检查并调整二沉池的排水设备,确保进入各池的混合液流量均匀。

(2)检查集渣斗的集渣情况并及时排除,还要经常用水冲洗浮渣斗,注意浮渣刮板与浮渣斗挡板配合是否得当,并及时调整和修复。

(3)经常检查并调整出水堰口的平整度,防止出水不均匀和短流现象的发生,及时清除挂在堰板上的浮渣和挂在出水堰口的生物膜和藻类。

(4)巡检时仔细观察出水的感官指标,比如污泥界面的高低变化、悬浮污泥的多少、是否有污泥上浮现象,发现异常现象应采取相应措施解决,以免影响出水水质。

5.3 活性污泥系统运行管理

5.3.1 活性污泥的培养与驯化

活性污泥菌种一般为相同水质或不同水质污水处理系统的活性污泥、厌氧消化污城市污水、可生化性强的工业废水和粪便水等。

1. 间歇式培养驯化

当菌种来自不同水质的处理系统时,应先驯化后培养(异步法)。

(1)驯化

活性污泥的接种量按曝气池有效容积的5%~10%计算。接种后加少量低浓度污水闷曝几日(约3天),使溶解氧升至1.0 mg/L左右,污泥恢复活性。

污泥复活后投加低浓度污水(应加入适量粪便水或生活污水调整营养比),进水量和浓度(COD≤500 mg/L)视具体情况而定。进水后曝气20 h左右,静置沉淀1~1.5 h,排去上清液。用同浓度污水每天换水重复操作1次,运行3~7天。通过镜检和检测,发现微生物量增加,污泥浓度增大,可增加一级浓度(级差COD≤100 mg/L),再按前一级的方法运行。以后每3~7天增加一级浓度,直到加入原污水为止。

(2)培养

污泥驯化后连续进入原污水曝气培养。开始时流量较小,通过镜检和出水水质来控制培养进度,逐步增大进水流量。培养过程中,菌胶团结构紧密,原生动物以钟虫为主,也有轮虫出现。直到全面形成大颗粒活性污泥絮团,结构紧密,沉降性能良好,沉降比达到30%以上,污泥指数达到100 mg/L。各项指标达到设计要求时,结束培养,进入正式运行阶段。在培养过程中,溶解氧一般控制在2~3 mg/L。

间歇式培养驯化时,为防止污泥出现厌氧状态,两次曝光的时间间隔应小于2.0 h。

2. 连续式培养驯化

当采用相同(或相近)水质的污泥或相同(或相近)水质的粪便水等污水作菌种培养液时,可省去驯化过程,直接用连续进水曝气培养法培养活性污泥。连续培养驯化时,必须进行污泥回流。

(1)采用水质相同的污泥作菌种

污泥接种量为曝气池有效容积的5%~10%,注满污水闷曝数日,使溶解氧保持在1.0 mg/L左右,让污泥恢复活性。然后以小流量进入污水,约每3~5 d增加一个流量级别,直到达到设计流量。开始时的停留时间为1 d,直至达到设计停留时间。随着进水量的增大,溶解氧浓度要逐渐提高。当进水量达到设计流量,污泥浓度和性能及净化效果符合要求时,溶解氧浓度应维持在2~3 mg/L。此时已完成培养,可转入正常运行。

(2)采用水质相同的污水作菌种如培养液粪便水等

将菌种培养污水注满曝气池,闷曝几日。待出现模糊不清的污泥絮体时,开始小流量进入待处理污水,停留时间为1 d。再根据生物相和污泥浓度的变化及出水水质,控制培养进度,直至正常运行。

在污泥的培养驯化过程中,无论采用哪一种方法,都应为微生物的生长创造良好的条件。

5.3.2 活性污泥的镜检

活性污泥和生物膜是生物法处理废水的主体,污泥中微生物的生长、繁殖、代谢活动以及微生物之间的演替情况往往直接反映了处理状况。因此,在操作管理中除了利用物理、化学的手段来测定活性污泥的性质,还可借助于显微镜观察微生物的状况来判断废水处理的运行状况,以便及早发现异常状况,及时采取适当的对策,保证稳定运行,提高处理效果。为了监测微型动物演替变化状况还需要定时进行计数。

所需材料与器皿有:显微镜、载玻片、盖玻片、微型动物计数板、目镜测微尺、台镜测微尺;活性污泥(或生物膜)样品。

1. 压片标本的制备

(1)取活性污泥曝气池混合液一小滴,放在洁净的载玻片中央(如混合液中污泥较少可待其沉淀后,取沉淀的活性污泥一小滴加到载玻片上,如混合液中污泥较多,则应稀释后进行观察)。

(2)盖上盖玻片,即制成活性污泥压片标本。在加盖玻片时,要先使盖玻片的一边接触水滴,然后轻轻加下,否则易形成气泡,影响观察。

(3)在制作生物膜标本时,可用镊子从填料上刮取一小块生物膜,用蒸馏水稀释,制成菌液,以下步骤与活性污泥标本的制备方法相同。

2. 显微镜观察

(1)低倍镜观察。观察生物相的全貌,要注意污泥絮粒的大小,污泥结构的松紧程度,菌胶团和丝状菌的比例及其生长状况,并加以记录和作出必要的描述。观察微型动物的种类、活动状况,对主要种类进行计数。污泥絮粒大小对污泥初始沉降速率影响较大,絮粒大的污泥沉降快。污泥絮粒大小按平均直径可分成三等:大粒污泥,絮粒平均直径 > 500 μm;中粒污泥,絮粒平均直径 150 ~ 500 μm 之间;细小污泥,絮粒平均直径 < 150 μm。污泥絮粒性状是指污泥絮粒的形状、结构、紧密度及污泥中丝状菌的数量。实践证明,圆形、封闭、紧密的絮粒相互间易于凝聚、浓缩,沉降性能良好,反之则沉降性能差。根据活性污泥中丝状菌与菌胶团细菌的比例,可将丝状菌分成五个等级:O 级,污泥中几乎无丝状菌存在;± 级,污泥中存在少量丝状菌;+ 级,存在中等数量的丝状菌,总量少于菌胶团细菌;+ + 级,存在大量丝状菌,总量与菌胶团细菌大致相等;+ + + 级,污泥絮粒以丝状菌为骨架,数量超过菌胶团细菌而占优势。

(2)高倍镜观察。用高倍镜观察,可进一步看清微型动物的结构特征,观察时注意微型动物的外形和内部结构,例如钟虫体内是否存在食物胞,纤毛环的摆动情况等。观察菌胶团时,应注意胶质的厚薄和色泽,新生菌胶团出现的比例。观察丝状菌时,注意菌体内是否有类脂物质和硫粒积累,以及丝状菌生长,丝体内细胞的排列,形态和运动特征,以便判断丝状菌的种类,并进行记录。

3. 微型动物的计数

(1)取活性污泥曝气池混合液盛于烧杯内,用玻璃棒轻轻搅匀,如混合液较浓,可稀释一倍后观察。

(2)取洁净滴管(滴管每滴水的体积应预先测定,一般可选用一滴水的体积为 1/20 mL 的滴管),吸取搅匀的混合液,加一滴 1/20 mL 液体到计数板中央的方格内,然后加上一块洁净的大号盖玻片,使其四周正好搁在计数板四周凸起的边框上。

(3)用低倍镜进行计数。注意所滴加的液体不一定要求布满整个 100 个小方格。计数时只要把充有污泥混合液的小方格挨着次序依次计数即可。观察时同时注意各种微型动物的活动能力、状态等。若是群体,则需将群体上的个体逐个计数。

(4)计算:假定在被稀释一倍的一滴样品水样中测得钟虫 50 只,则每毫升活性污泥混合液中含钟虫数应为:50 只 × 20 × 2 = 2 000 只。

4. 结果与分析

将观察结果,填入表 5.2。

表 5.2　活性污泥的镜检记录

絮体大小		大、中、小、平均(μm)
絮体状态		圆形、不规则形
絮体结构		开放、封闭
絮体紧密度		紧密、疏松
丝状菌数量		0、±、+、++、+++
游离细菌		几乎不见、少、多
微型动物	优势种(数量及状态)	
	其他种(数量及状态)	

5.3.3　活性污泥法运行中的异常现象与对策

1. 污泥膨胀

污泥膨胀是活性污泥法系统常见的一种异常现象。污泥膨胀时 SVI 值异常升高,二沉池出水的 SS 值将大幅度增加,甚至超过排放标准,也导致出水的 COD 和 BOD_5 超标。严重时造成污泥大量流失,生化池微生物数量锐减,导致生化系统性能下降甚至系统崩溃。

(1)临时措施

①加入絮凝剂,增强活性污泥的凝聚性能,加速泥水分离,但投加量不能太多,否则可能破坏微生物的生物活性,降低处理效果。

②向生化池投加杀菌剂,投加剂量应由小到大,并随时观察生物相和测定 SVI 值,当发现 SVI 值低于最大允许值时或观察丝状菌已溶解时,应当立即停止投加。

(2)采用调节工艺运行的控制措施

①在生化池的进口投加黏泥、消石灰、消化泥,提高活性污泥的沉降性能和密实性。

②使进入生化池污水处于新鲜状态,采取预曝气措施,同时起到吹脱硫化氢等有害气体的作用,提高进水的 pH 值。

③加大曝气强度,提高混合液 DO 浓度,防止混合液局部缺氧或厌氧。

④补充 N、P 等营养,保持系统的 C、N、P 等营养的平衡。

⑤提高污泥回流比,减少污泥在二沉池的停留时间,避免污泥在二沉池出现厌氧状态。

⑥利用在线仪表等自控手段,强化和提高化验分析的实效性,力争早发现早解决。

(3)永久性控制措施

对现有的生化池进行改造,在生化池前增设生物选择器。其作用是防止生化池内丝状菌过度繁殖,避免丝状菌在生化系统成为优势菌种,确保沉淀性能良好的菌胶团、非丝状菌占优势。

活性污泥法系统中污泥形状异常现象主要有:污泥膨胀、污泥上浮、泡沫问题、污泥老化、污泥解体等。具体分析与对策如表 5.3 所示。

表 5.3　活性污泥法系统中污泥形状异常现象的分析与对策

异常现象	分析与判断	防止对策
曝气池有臭味	池内供氧不足,DO 偏低	增加供氧,使 DO 高于 2 mg/L
污泥发黑	DO 偏低,厌氧产生硫化氢,生成黑色硫化铁	增加供氧或加回流污泥
污泥变白	丝状菌大量繁殖、PH 值小于6,导致丝状霉菌过多	控制丝状菌,提高 PH 值
沉淀池黑泥上浮	局部厌氧,CH_4、CO_2,附于泥粒上浮、出水氨氮高	冲洗二沉淀池,防止积泥

续表

异常现象	分析与判断	防止对策
二沉淀池表面有解絮污泥	微型动物死亡、污泥解絮、出水水质恶化、进水中有毒物浓度高	停止进水、投加营养污泥或重新接种
二沉淀池上清液浑浊	污泥负荷过高,有机分解不全	降低曝气池负荷,提高处理效果
二沉淀池泥面升高初期出水清,流量大时,泥外溢	SV > 90%,SVI > 200 mL/g,污泥中丝状菌占优势,丝状污泥膨胀	加液氯、次氯酸钠、石灰等杀菌,加颗粒碳、黏土、消化污泥凝聚、提高 DO 间隙进水等
曝气池泡沫多、色白	进水洗涤剂过多	水冲,加消泡剂
曝气池泡沫不易碎、发黏	进水负荷过高,有机分解不全	降低负荷,加药抑制起泡微生物
曝气池泡沫茶色或灰色	污泥龄长,污泥老化,解絮污泥附于泡沫上	增加排泥

2. 生化池内活性污泥不增长或减少

(1)二沉池出水 SS 过高,污泥流失过多,可能是因为污泥膨胀所致或是二沉池水力负荷过大。

(2)进水有机负荷偏低。活性污泥繁殖增长所需的有机物相对不足,使活性污泥中的微生物处于维持状态,甚至微生物处于内源代谢阶段,造成活性污泥量减少,此时应减少曝气量或减少生化池运转个数,以减少水力停留时间。

(3)曝气量过大。使活性污泥过氧化,污泥总量不增加,对策是合理调整曝气量,减少供风量。

(4)营养物不平衡。造成活性污泥微生物的凝聚性变差,对策是应补充足量的 N、P 等营养。

(5)剩余污泥量过大。使活性污泥的增长量小于剩余污泥的排放量,对策是应减少剩余污泥的排放量。

3. 活性污泥解体

SV 和 SVI 值特别高,出水非常浑浊,处理效果急剧下降,往往是活性污泥解体的征兆。其原因是:

(1)污泥中毒,进水中含有毒物质或有机物含量突然升高造成活性污泥代谢功能丧失,活性污泥失去净化活性和絮凝活性。

(2)有机负荷长时间偏低,进水浓度、水量长时间偏低,而曝气量却维持正常,出现过度曝气,污泥过度氧化造成菌胶团絮凝性下降,最终导致污泥解体,出水水质恶化。对策是减少鼓风量或减少生化池运行个数。

4. 污泥上浮

(1)大块污泥上浮

①反硝化污泥。上浮污泥色泽较淡,有时带有铁锈色。

原因:曝气池内硝化程度较高,含氮化合物经氨化作用及硝化作用被转化为硝酸盐,氨氮浓度较高,此时若沉淀池因回流比过小或回流不畅等原因使泥面升高,污泥长期得不到更新,沉淀池底部污泥可因缺氧而使硝酸盐反硝化,产生的氮气呈小气泡集结于污泥上,使污泥上浮。

对策:使沉淀池污泥更新并降低沉淀池泥层;减少泥龄,多排泥以降低污泥浓度;还可适当降低曝气池的 DO 水平。

②腐化污泥。污泥色黑,并有强烈恶臭。

原因:二沉池有死角造成积泥,时间长后即厌氧腐化,产生 H_2S、CO_2、H_2 等气体,使污泥上浮。

对策:消除死角区的积泥,如经常采用压缩空气在死角区充气,增加污泥回流等。对容易积泥的区域,应在设计中设法予以改进。

(2)小颗粒污泥上浮

原因:

①进水水质,如 pH 值、毒物等突变,使污泥无法适应或中毒,造成解絮。

②污泥因缺乏营养或充氧过度造成老化。

③进水氨氮过高、C/N 过低,使污泥胶体基质解体而解絮。

④池温过高,往往超过 40 ℃。

⑤合建式曝气沉淀池回流比过大,造成沉淀区不稳定,曝气池内气泡带入沉淀区。

⑥机械曝气翼轮转速过高,使絮粒破碎。

对策:弄清原因,分别对待。在污泥中毒时应停止有毒废水的进入;对缺乏营养,污泥老化和解絮污泥须适当投加营养,采取复壮措施。

5. 二沉池出水SS含量增大

(1)活性污泥膨胀使污泥沉降性能变差,泥水界面接近水面,造成出水大量带泥。解决办法是找出污泥膨胀原因加以解决。

(2)进水负荷突然增加,增加了二沉池水力负荷,流速增大,影响污泥颗粒的沉降,造成出水带泥。解决办法是均衡水量,合理调度。

(3)生化系统活性污泥浓度偏高,泥水界面接近水面,造成出水带泥。解决办法是加强剩余污泥的排放。

(4)活性污泥解体造成污泥絮凝性下降,造成出水带泥。解决办法是查找污泥解体原因,逐一排除和解决。

(5)刮(吸)泥机工作状况不好,造成二沉池污泥和水流出现短流,污泥不能及时回流,污泥缺氧腐化解体后随水流出。解决办法是及时检修刮(吸)泥机,使其恢复正常状态。

(6)活性污泥在二沉池停留时间太长,污泥因缺氧而解体。解决办法是增大回流比,缩短在二沉池的停留时间。

(7)水中硝酸盐浓度较高,水温在15 ℃以上时,二沉池局部出现污泥反硝化现象,氮类气体裹挟泥块随水溢出。解决办法是加大污泥回流量,减少污泥停留时间。

6. 二沉池溶解氧偏低或偏高

(1)活性污泥在二沉池停留时间太长,造成DO下降,污泥中好氧微生物继续好氧。对策是加大污泥回流量,减少污泥停留时间。

(2)刮(吸)泥机工作状况不好,污泥停留时间过长,污泥中好氧微生物继续好氧,造成DO下降。对策是及时检修刮(吸)泥机,使其恢复正常状态。

(3)生化池进水有机负荷偏低或曝气量过大,可提高进水水力负荷或减少鼓风量,以便节能运行。

(4)二沉池出水水质浑浊,DO却升高,可能是活性污泥中毒所至。对策是查明有毒物质的来源并予以排除。

7. 二沉池出水BOD5和COD突然升高

(1)进入生化池的污水量突然增大,有机负荷突然升高或有毒物质浓度突然升高,造成活性污泥活性的降低。解决办法是及时检修刮(吸)泥机,使其恢复正常状态。加强进水水质的检测,合理调动使进水均衡。

(2)生化池管理不善,活性污泥净化功能降低。解决办法是加强生化池运行管理,及时调整工艺参数。

(3)二沉池管理不善也会使二沉池功能降低。对策是加强二沉池的管理,定期巡检,发现问题及时整改。

8. 出现泡沫现象

泡沫分类:启动泡沫、反硝化泡沫、生物泡沫。

生物泡沫的危害:

(1)泡沫的黏滞性在曝气池表面阻碍氧气进入曝气池。

(2)混有泡沫的混合液进入二沉池后,泡沫会裹挟污泥,增加出水SS浓度,并在二沉池表面形成浮渣层。

(3)泡沫蔓延到走道板,会产生一系列卫生问题。

(4)回流污泥含有泡沫会引起类似浮选现象,损坏污泥的性能,生物泡沫随排泥进入泥区,干扰污泥浓缩和污泥消化。

(5)回流厌氧消化池上的上清液。厌氧消化池上的上清液能抑制丝状菌的生长,但有可能影响出水水质,应慎重采用。

(6)向生化池投加填料,使容易产生污泥膨胀和泡沫的微生物固着在载体上生长。既能提高生化池的生物量和处理效果,又能减少或控制泡沫的产生。

(7)投加絮凝剂,使混合液表面失稳,进而使丝状菌分散重新进入活性污泥絮体中。

9. 活性污泥污丝状膨胀及控制对策

(1)活性污泥丝状膨胀的成因

由于丝状细菌极度生长引起的活性污泥膨胀称活性污泥丝状膨胀。活性污泥丝状膨胀的致因微生物种类很多。上海地区污水处理厂活性污泥丝状膨胀的致因微生物,出现频率较多的是浮游球衣菌、发硫菌属、贝日阿托氏菌属、亮发菌属、纤发菌属、微丝菌等。

活性污泥丝状膨胀的成因有环境因素和微生物因素。主导因素是丝状微生物过度生长,环境因素促进丝状微生物过度生长。

主要因素:温度、溶解氧、可溶性有机物及其种类、有机物浓度(或有机负荷)。

(2)控制活性污泥丝状膨胀的对策

解决活性污泥丝状膨胀的问题,根本的是要控制引起丝状微生物过度生长的具体环境因子,如温度、溶解氧、可溶性有机物及其种类、有机物浓度或有机负荷等。

①控制溶解氧:曝气池内溶解氧 2 mg/L 左右,曝气池适当的浓度 MLSS(mg/L)。

②控制有机负荷:活性污泥要保持正常状态,BOD 污泥负荷在 0.2 ~ 0.3 kg/(MLSS·d)为宜。BOD 污泥负荷高,在 0.38 kg/(MLSS·d)以上时,就容易发生活性污泥丝状膨胀。

③改革工艺:为解决丝状膨胀问题,将活性污泥法改为生物膜法,如在曝气池中加填料变成生物接触氧化法。新工艺如:A—B 法、A/O(缺氧—好氧)系统、A²/O 缺氧—缺氧—好氧)系统、A²/O²(缺氧—好氧—缺氧—好氧)系统及 SBR(即序批式间歇曝气反应器)法等等。上述的处理工艺可以提高有机物的处理效果,脱氮除磷,还能有效地克服活性污泥丝状膨胀。

5.4 污泥处理系统运行管理

5.4.1 重力浓缩池日常维护和异常问题分析

1. 日常维护管理

重力浓缩池的日常维护管理,包括以下内容:

(1)由浮渣刮板刮至浮渣槽内的浮渣应及时清除。无浮渣刮板时,可用水冲方法,将浮渣冲至池边,然后清除。

(2)初沉污泥与活性污泥混合浓缩时,应保证两种污泥混合均匀,否则进入浓缩池会由于密度流扰动污泥层,降低浓缩效果。

(3)温度较高,极易产生污泥厌氧上浮。当污水生化处理系统中产生污泥膨胀时,丝状菌会随活性污泥进入浓缩池,使污泥继续处于膨胀状态,致使无法进行浓缩。对于以上情况,可向浓缩池入流污泥中加入 Cl_2、$KMnO_4$、O_3、H_2O_2 等氧化剂,抑制微生物的活保证浓缩效果。同时,还应从污水处理系统中寻找膨胀原因,并予以排除。

(4)浓缩池入流污泥中加入部分二沉池出水,可以防止污泥厌氧上浮,提高浓缩效果,同时还能适当降低恶臭程度。

(5)浓缩池较长对间没排泥时,应先排空清池,严禁直接开启污泥浓缩机。

(6)由于浓缩池容积小,热容量小,在寒冷地区的冬季浓缩池液面会出现结冰现象。此时应先破冰并使之溶化后,再开启污泥浓缩机。

(7)应定期检查上清液溢流堰的平整度;如不平整应予以调节,否则导致池内流态不均匀,产生短路现象,降低浓缩效果。

(8)浓缩池是恶臭很严重的一个处理单元,因而应对池壁、浮渣槽、出水堰等部位定期清刷,尽量使恶臭降低。

2. 异常问题分析及排除

(1)现象一:污泥上浮。液面有小气泡逸出,且浮渣量增多。

其原因及解决对策如下:

①集泥不及时。可适当提高浓缩机的转速,从而加大污泥收集速度。

②排泥不及时。排泥量太小,或排泥历时太短,应加强运行调度,做到及时排泥。

③进泥量太小,污泥在池内停留时间太长,导致污泥厌氧上浮。解决措施之一是加 Cl_2、O_3 等氧化剂,抑制微生物活动,措施之二是尽量减少投运池数,增加每池的进泥量,缩短停留时间。

④由于初沉池排泥不及时,污泥在初沉池内已经腐败。此时应加强初沉池的排泥操作。

(2)现象二:排泥浓度太低,浓缩比太小。

其原因及解决对策如下:

①进泥量太大,使固体表面负荷增大,超过了浓缩池的浓缩能力。应降低入流污泥量。

②排泥太快。当排泥量太大或一次性排泥太多时,排泥速率会超过浓缩速率,导致排泥中含有一些未完成浓缩的污泥。应降低排泥速率。

③浓缩池内发生短流。能造成短流的原因有很多,溢流堰板不平整使污泥从堰板较低处短路流失,未经过浓缩,此时应对堰板予以调节。

5.4.2　厌氧消化日常维护和异常问题分析

1. 日常维护管理

(1)定期取样分析检测。定期取样分析检测,并根据情况随时进行工艺控制。

(2)运行一段时间后,一般应将消化池停用并泄空,进行清砂和清渣。一般来说,连续运行 5 年以后应进行清砂。实际上,用消化池的放空管定期排砂,也能有效防止砂在消化池的积累。

(3)搅拌系统应予以定期维护。搅拌立管常有被污泥及污物堵塞的现象,可以将其他立管关闭,大气量冲洗被堵塞的立管。

(4)加热系统亦应定期检查维护。蒸汽加热立管常有被污泥和污物堵塞现象,可用大气量冲吹。当采用池外热水循环加热时,泥水热交换器常发生堵塞的现象,可用大水量冲洗或拆开清洗。

(5)消化过程的特点,使系统内极易结垢。原因是进泥中的硬度(Mg^{2+})以及磷酸根离子(PO_4^{3-})在消化液中会与产生的大量 NH_4^+ 离子结合,生成磷酸铵镁沉淀。如果在管道内结垢,将增大管道阻力;如果热交换器结垢,则降低热交换效率。在管路上设置活动清洗口,经常用高压水清洗管道,可有效防止垢的增厚。当结垢严重时,最基本的方法是用酸清洗。

(6)消化池使用一段时间后,应停止运行,进行全面的防腐防渗检查与处理。消化池内的腐蚀现象很严重,既有电化学腐蚀也有生物腐蚀。消化池停运放空之后,应根据腐蚀程度,对所有金属部件进行重新防腐处理,对池壁应进行防渗处理。

(7)一些消化池有时会产生大量泡沫,呈半液半固状,严重时可充满气相空间并带入沼气管路系统,导致沼气利用系统的运行困难。当产生泡沫时,一般说明消化系统运行不稳定,因为泡沫主要是由于 CO_2 产量太大形成的,当温度波动太大,或进泥量发生突变等,均可导致消化系统运行不稳定;CO_2 产量增加,导致泡沫的产生。消化池的泡沫有时是由于污水处理系统产生的诺卡氏菌引起的,此时曝气池也必然存在大量生物泡沫,对于这种泡沫控制措施之一是暂不向消化池投放剩余活性污泥,但根本性的措施是控制污水处理系统内的生物泡沫。

(8)消化系统内的许多管路和阀门为间歇运行,因而冬季应注意防冻,应定期检查消化池及加热管路系统的保温效果;如果不佳,应更换保温材料。因为如果不能有效保温,冬季加热的耗热量会增至很大。很多处理厂由于保温效果不好,热损失很大,导致需热量超过了加热系统的负荷,不能保证要求的消化温度,最终造成消化效果的大大降低。

(9)安全运行。沼气中的甲烷系易燃易爆气体,因而在消化系统运行中尤应注意防爆问题。首先所有电气设备均应采用防爆型,其次严禁人为制造明火,经常对系统进行有效的维护,使沼气不泄露是防止爆炸的根本措施。另外,沼气中含有的 H_2S 能导致中毒,沼气含量大的空间含氧必然少,容易导致窒息。因此在一些值班或操作位置应设置甲烷浓度超标及氧亏报警装置。

2. 运行异常问题的分析与排除

(1)现象一:VFA/ALK 升高,此时说明系统已出现异常,应立即分析原因。如果 VFA/ALK >0.3,则应立即采取控制措施。

其原因及控制对策如下:

①水力超负荷。水力超负荷一般系由于进泥量太大,消化时间缩短,对消化液中的甲烷菌和碱度过度冲刷,导致 VFA/ALK 升高。如不立即采取控制措施,可进而导致产气量降低和沼气中甲烷的含量降低。首先应将投泥量降至正常值,并减少排泥量。如果条件许可,还可将消化池都分污泥回流至一级消化池,补充甲烷菌和碱度的损失。

②有机物投配超负荷。进泥量增大或泥量不变,而含固率或有机分升高时,可导致有机物投配超负荷。水中有机物增加所致时(如大量化粪池污水或污泥进入),应加强上游污染源管理。

③搅拌效果不好。搅拌系统出现故障,未及时排除,搅拌效果不佳,会导致局部 VFA/ALK 积累,使 VFA/ALK 升高。

④温度波动太大。温度波动太大,可降低甲烷菌分解 VFA 的速率,导致 VFA 积累,使 VFA/ALK 升高。温度波动如因进泥量突变所致,则应增加进泥次数,减少每次进泥量,使进泥均匀。如因加热量控制不当所致,则应加强加热系统的控制调节。有时搅拌不均匀,使热量在池内分布不均匀,也会影响甲烷菌的活性,使 VFA/ALK 升高。

⑤存在毒物。甲烷菌中毒以后,分解 VFA 速率下降,导致 VFA/ALK 积累,使 ALK 升高。此时应首先明确毒物的种类,如为重金属类中毒,可加入 Na_2S 降低毒物浓度;如为 S^{2-} 类中毒,可加入铁盐降低 S^2 浓度。解决毒物问题的根本措施是加强上游污染源的管理。

(2)现象二:沼气中的 CO_2 含量升高,但沼气仍能燃烧。

其原因及控制对策如下:

该现象是现象一的继续,其原因及控制措施同现象一。现象一是 VFA/ALK 刚超过 0.3,在一定的时间内,还不至于导致 pH 值下降,还有时间进行原因分析及控制。但现象二是 CO_2 已经开始升高,此时 VFA/ALK 往往已经超过了 0.5,如果原因分析及控制措施不及时,很快导致 pH 值下降,抑制甲烷菌的活性。如果已确认 VFA/ALK >0.5,应立即加人部分碱源,保持混合液的碱度,为寻找原因并采取控制措施提供时间。

(3)现象三:消化液的 pH 值开始下降。

当 pH 值开始下降时,VFA/ALK 往往大于 0.8,沼气中甲烷含量往往在 42%~45% 之间,此时沼气已不能燃烧。该现象出现时,首先应立即向消化液内投入碱源,补充碱度,控制住 pH 值的下降并使之回升;否则如果 pH 值降至 6.0 以下,甲烷菌将全部失去活性,则须放空消化池重新培养消化污泥。其次,应尽快分析产生该现象的原因并采取相应的控制对策,待异常排除之后,可停止加碱。

(4)现象四:产气量降低。

其原因及解决对策如下:

①有机物投配负荷太低。在其他条件正常时,沼气产量与投入的有机物成正比,投入有机物越多,沼气产量越多;反之,投入有机物越少,则沼气产量也越少。出现此种情况,往往是由于浓缩池运行不佳,浓缩效果不好,大量有机固体从浓缩池上清液流失,导致进入消化池的有机物降低。此时可加强对污泥浓缩的工艺控制,保证要求的浓缩效果。

②甲烷菌活性降低。由于某种原因导致甲烷菌活性降低,分解 VFA 速率降低,因而沼气产量也降低。水力超负荷,有机物投配超负荷,温度波动太大,搅拌效果不均匀,存在毒物等因素,均可使甲烷菌活性降低,因而应具体分析原因,采取相应的对策。

(5)现象五:消化池气相出现负压,空气自真空安全阀进入消化池。

其原因及控制对策如下:

①排泥量大于进泥量,使消化池液位降低,产生真空。此时应加强进排泥量的控制,使进排泥量严格相

等,溢流排泥一般不会出现该现象。

②用于沼气搅拌的压缩机的出气管路出现泄露时,也可导致消化池气相出现真空状态,应及时修复管道泄露处。

③加入 $Ca(OH)_2$、NH_4OH、$NaOH$ 等药剂补充碱度,控制 pH 值时,如果投加过量,也可导致负压状态,因此应严格控制该类药剂的投加量。

④一些处理厂用风机或压缩机抽送沼气至较远的使用点,如果抽气量大于产气量,也可导致气相出现真空状态,此时应加强抽气与产气量的调度平衡。

(6)现象六:消化池气相压力增大,自压力安全阀逸入大气。

其原因及控制对策如下:

①产气量大于用气量,而剩余的沼气又无畅通的去向时,可导致消化池气相压力增大,此时应加强运行调度,增大用气量。

②由于某种原因(如水封罐液位太高或不及时排放冷凝水)导致沼气管阻力增大时,可使消化池压力增大。此时应分析沼气管阻力增大的原因,并及时予以排除。

③进泥量大于排泥量,而溢流管又被堵塞,导致消化池液位升高时,可使气相压力增大,此时应加强进排泥量的控制,保持消化池工作液位的稳定。

(7)现象七:消化池排放的上清液含固量升高,水质下降,同时还使排泥浓度降低。

其原因及控制对策如下:

①上清液排放量太大,可导致含固量升高。上清液排放量一般应是相应每次进泥量的 1/4 以下;如果排放太多,则由于排放的不是上清液,而是污泥,因而含固量升高。

②上清液排放太快时,由于排放管内的流速太大,会携带大量的固体颗粒被一起排走,因而含固量升高,所以应缓慢地排放上清液,且排放量不宜太大。

③如果上清液排放口与进泥口距离太近,则进入的污泥会发生短路,不经泥水分离直接排走,因而含固量升高;对于这种情况,应进行改造,使上清液排放口远离进泥口。

(8)现象八:消化液的温度下降,消化效果降低。

其原因及控制对策如下:

①蒸汽或热水量供应不足,导致消化池温度也随之下降。

②投泥次数太少,一次投泥量太大时,可使加热系统超负荷,因加热量不足而导致温度降低,此时应缩短投泥周期,减少每次投泥量。

③混合搅拌不均匀时,会使污泥局部过热,局部由于热量不足而导致温度降低,此时应加强搅拌混合。

5.5　污水厂主要运转设施的运行管理

5.5.1　水泵的运行管理

(1)开车前应细致进行下列检查:

①集水井水位是否过低,格栅或进水口是否堵塞。

②电动机的转向,联轴器的同心度和间隙,各部分螺钉是否松动。

③显示的润滑油是否足够。

④泵及电机周围是否有妨害运转的东西。

⑤进水池是否有水。

⑥如果吸水管上有存水小管时,应检查小管上旋塞阀是否关好。

(2)关闭出水闸门,开启进水闸门。

(3)开车时,人与机器要保持一定的安全距离,开车后应立即开启出水闸门,并密切注意水泵声音、振动等运转情况,发现不正常应马上停车检查。

（4）检查各个仪表工作是否正常、稳定,特别注意电流表是否超过电动机额定电流,异常时应立即停车检查。

（5）水泵流量是否正常,可以根据流量计读数、电流表电流的大小、出水管水流以及集水井水位的变化情况来估计。力求使水泵在其最佳工况下运行。

（6）检查水泵密封件是否发热,滴水是否正常。

（7）注意机组的噪声、振动情况。

（8）注意轴承、泵壳和电机温升,如过高应停车检查。

（9）检查水泵、管道是否漏水,检查各种连接是否松动。

（10）停车前先关出水阀门再停车,这样可减少振动。

（11）停车后把泵及电动机表面的水和油渍擦干净。

5.5.2　鼓风机房运行管理

1. 安全操作

（1）必须在供给润滑油的情况下转动联轴器。

（2）清扫通风廊道、调换空气过滤器的滤网和滤袋时,必须在停机的情况下进行,并采取相应的防尘措施。

（3）操作人员在机器间巡视或工作时,应偏离联轴器。

（4）对使用沼气作为动力的鼓风机,应每班检查一次沼气管道和闸阀是否漏气。

（5）应经常检查冷却、润滑系统是否通畅,温度、压力、流量是否满足要求。

（6）停电后,应关闭进、出气闸阀。

2. 鼓风机房维护保养

（1）通风廊道,应每月检修一次。

（2）帘式过滤器的滤布应每月更换一次。滤袋应三个月更换一次。静电除尘过滤装置应定期清洗、检修。

（3）备用的转子或风机轴应每周旋转120°或180°。

（4）冷却、润滑系统的机械设备及设施应定期检修与清洗。

3. 鼓风机房运行管理

（1）应根据曝气池氧的需要量,调节鼓风机的风量。

（2）风机及水、油冷却系统发生突然断电等不正常现象时,应立即采取措施,确保风机不发生故障。

（3）长期不使用的风机,应关闭进、出闸阀和水冷却系统,将系统内存水放空。

（4）鼓风机的通风廊道内应保持清洁,严禁有任何物品。

（5）离心风机工作时,应有适当措施,防止风机产生喘振。

（6）风机在运行中,操作人员应注意观察风机及电机的油温、油压、风量、电压等,并每小时记录一次。遇到异常情况不能排除时,应立即停机。

5.5.3　污泥脱水房运行管理

1. 污泥脱水房的安全操作

（1）污泥脱水机械带负荷运行前,应空车运转数分钟。

（2）污泥脱水机在运行中,随污泥变化应及时调整控制装置。

（3）在溶药池边工作时,应注意防滑。

（4）在污泥干化场操作时,应采取防滑等安全措施。

（5）操作人员应做好机房内的通风工作。

（6）严禁重载车进入干化场。

2. 日常维护管理

离心脱水机的日常维护管理包括以下内容:

(1)运行中经常检查和观测的项目有油箱的油桶、轴承的油流量、冷却水及油的温度、设备的震动情况、电流读数等,如有异常,立即停车检查。

(2)离心机正常停车时,先停止进泥,继而注入热水或一些溶剂,继续运行 10 min 以后再停车,并在转轴停转后再停止热水的注入,并关闭润滑油系统和冷却系统。当离心机再次启动时,应确保机内冲刷干净彻底。

(3)离心机进泥中,一般不允许大于 0.5 cm 的浮渣进入,也不允许 65 目以上的砂粒进入,因此应加强前级预处理系统对渣砂的去除。

(4)应定期检查离心机的磨损情况,及时更换磨损件。

(5)离心脱水效果受温度影响很大。北方地区冬季泥饼含固量一般可比夏季低 2%~3%,因此冬季应注意增加污泥投药量。

3. 异常问题分析与排除

(1)现象一:分离液混浊,固体回收率降低。

其原因及解决对策如下:

①液环层厚度太薄,应增大厚度。

②进泥量太大,应降低进泥量。

③转速差太大,应将低转速差。

④入流固体超负荷,应降低进泥量。

⑤螺旋输送器磨损严重,应更换。

⑥转鼓转速太低,应增大转速。

(2)现象二:泥饼含固量降低。

其原因及解决对策如下:

①转速差太大,应减小转速差。

②液环层厚度太大,应降低其厚度。

③转鼓转速太低,应增大转速。

④进泥量太大,应减小进泥量。

⑤调质加药过量,应降低干污泥投药量。

(3)现象三:转轴扭矩太大。

其污泥脱水房的维护保养原因及解决对策如下:

①进泥量太大,应降低进泥量。

②入流固体量太大,应降低进泥量。

③转速差太小,应增大转速差。

④浮渣或砂进入离心机,造成缠绕或堵塞,应停车检修,予以清除。

⑤齿轮箱出故障,应及时加油保养。

4. 污泥脱水房的维护保养

(1)投泥泵、投药泵和溶药池停用后,必须用清水冲洗。

(2)冲洗滤布的喷嘴和集水槽应经常清洗或疏通。

(3)皮带运输机应定期检查和维修。

(4)干化场的围墙与围堤应定期进行加固维修,并清通排水管道,检查、维修输泥管道和闸阀。

(5)压缩机和液压系统应定期检修。

计 划 单

课　　程	污水处理			
学习情境二	污水处理厂(站)设计与运行管理		学　时	12
工作任务5	污水处理厂(站)运行管理		学　时	6
计划方式	小组讨论、团结协作共同制订计划			
序　号	实施步骤			使用资源
1				
2				
3				
4				
5				
6				
7				
8				
9				
制订计划说明				
计划评价	班　级		第　组	组长签字	
	教师签字			日　期	
	评语:				

决 策 单

课　程				污水处理			
学习情境二	污水处理厂（站）设计与运行管理				学　时		12
工作任务5	污水处理厂（站）运行管理				学　时		6
方案讨论							
方案对比	组号	方案合理性		实施可操作性	安全性		综合评价
	1						
	2						
	3						
	4						
	5						
	6						
	7						
	8						
	9						
	10						
方案评价	评语：						
班　级		组长签字		教师签字			月　日

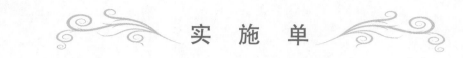

实 施 单

课　　程	污水处理		
学习情境二	污水处理厂(站)设计与运行管理	学　时	12
工作任务5	污水处理厂(站)运行管理	学　时	6
实施方式	小组成员合作;动手实践		
序　号	实施步骤		使用资源
1			
2			
3			
4			
5			
6			
7			
8			
9			
10			
11			
12			

实施说明:

班　级		第　组	组长签字	
教师签字			日　期	
评　语				

作 业 单

课　　程	污水处理		
学习情境二	污水处理厂(站)设计与运行管理	学　时	12
工作任务 5	污水处理厂(站)运行管理	学　时	6
实施方式	小组每个成员独立完成分析污水处理厂(站)运行管理中的异常情况的应对措施		

班　级		第　　组		组长签字	
教师签字				日　　期	
评　语					

检 查 单

课　　程	污水处理			
学习情境二	污水处理厂（站）设计与运行管理		**学　时**	12
工作任务5	污水处理厂（站）运行管理		**学　时**	6
序号	检查项目	检查标准	学生自查	教师检查
1	咨询问题			
2	学习态度			
3	小组讨论			
4	小组展示			
5	工作过程			
6	团结同学			
7	爱护公物			
8	相互配合			
9				
10				
11				
12				

检查评价	班　　级		第　　组	组长签字	
	教师签字			日　　期	
	评语：				

评 价 单

课 程			污水处理			
学习情境二	污水处理厂(站)设计与运行管理				学 时	12
工作任务5	污水处理厂(站)运行管理				学 时	6
评价类别	项 目		子项目	个人评价	组内互评	教师评价
专业能力	资讯 (10%)	搜集信息(5%)				
		引导问题回答(5%)				
		计划 (5%)				
		实施 (20%)				
		检查 (10%)				
		过程 (5%)				
		结果 (10%)				
社会能力		团结协作 (10%)				
		敬业精神 (10%)				
方法能力		计划能力 (10%)				
		决策能力 (10%)				
	班 级		姓 名		学 号	总 评
	教师签字		第 组	组长签字		日 期
评价评语	评语:					

教学反馈单

课 程	污水处理			
学习情境二	污水处理厂(站)设计与运行管理	学 时		12
序 号	调查内容	是	否	理由陈述
1	与传统教学方式比较你认为哪种方式学到的知识更适用?			
2	你对任课教师在本任务的教学满意吗?			
3	针对学习任务你是否学会如何进行资讯?			
4	通过工作学习,你对自己的表现是否满意?			
5	你认为学习任务对你将来的工作有帮助吗?			
6	你知道污水处理厂(站)管理的要求吗?			
7	你了解污水处理厂(站)规划设计需要哪些基础资料吗?			
8	你能够正确设计计算污水、污泥处理的高程吗?			
9	你学会绘制城市污水处理厂(站)平面图和高程图了吗?			
10	你能够独立完成典型污水处理厂(站)的设计吗?			
11	你了解污水处理厂(站)运行管理的内容吗?			
12	你能分析污水处理厂(站)各构筑物水处理异常情况吗?			
13	你能够进行对污水处理厂(站)各构筑物故障分析吗?			
14	你学会对污水处理厂(站)各构筑物日常操作管理维护吗?			
15	你对小组成员之间的合作是否满意?			
16	你认为本情境还应学习哪些方面的内容?(请在下面空白处填写)			

你的意见对改进教学非常重要,请写出你的建议和意见。

被调查人签名		调查时间	

附　　录

附录 A　我国鼓风机产品规格

型号	风量 （m³/min）	风压（9.8 Pa）	电机功率（kW）	型号	风量 （m³/min）	风压（9.8 Pa）	电机功率（kW）
LG5	5	3 500	4.0	LG40	40	3 500	40
		5 000	7.5			5 000	55
LG10	10	3 500	10			7 000	75
		5 000	13	LG60	60	3 500	55
LG15	15	3 500	13			5 000	75
		5 000	17			7 000	115
LG20	20	3 500	17	LG80	80	3 500	75
		5 000	30			5 000	115
LG30	30	3 500	30			7 000	155
		5 000	40				

附录 B　氧在蒸馏水中的溶解度

水温 T（℃）	溶解氧（mg/L）	水温 T（℃）	溶解氧（mg/L）
0	14.62	16	9.95
1	14.23	17	9.74
2	13.84	18	9.54
3	13.48	19	9.35
4	13.13	20	9.17
5	12.80	21	8.99
6	12.48	22	8.83
7	12.17	23	8.63
8	11.87	24	8.53
9	11.59	25	8.38
10	11.33	26	8.22
11	11.08	27	8.07
12	10.83	28	7.92
13	10.60	29	7.77
14	10.37	30	7.63
15	10.15		

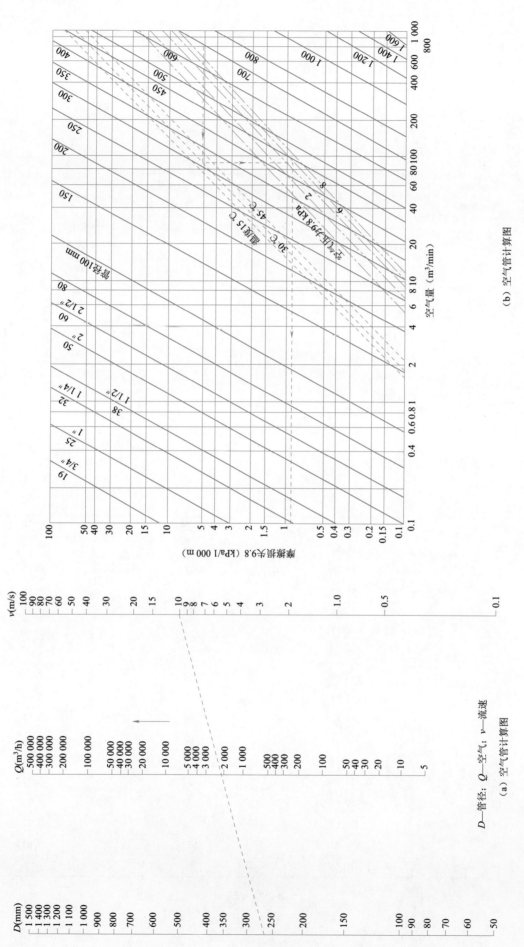

附录 C 空气管道计算图

D—管径；Q—空气；ν—流速

（a）空气管计算图

（b）空气管计算图

参 考 文 献

[1] 张自杰. 排水工程[M]. 北京:中国建筑工业出版社,2000.

[2] 符九龙. 水处理工程[M]. 北京:中国建筑工业出版社,2007.

[3] 吕宏德. 水处理工程技术[M]. 北京:中国建筑工业出版社,2006.

[4] 王燕飞. 水污染控制技术[M]. 北京:化学工业出版社,2001.

[5] 谷峡. 排水工程[M]. 北京:中国建筑工业出版社,1996.

[6] 陈祝林. 给水排水工程技术与案例:水处理工程[M]. 北京:中国建筑工业出版社,2011.

[7] 汪大翠. 水处理新技术及工程设计[M]. 北京:化学工业出版社,2001.

[8] 张自杰. 废水处理理论与设计[M]. 北京:中国建筑工业出版社,2000.

[9] 张希衡. 水污染控制工程[M]. 北京:冶金工业出版社,1993.

[10] 丁亚兰. 国内外废水处理工程设计实例[M]. 北京:化学工业出版社,2000.

[11] 肖锦. 城市污水处理及回用技术[M]. 北京:化学工业出版社,2002.

[12] 任南琪. 厌氧生物技术原理与应用[M]. 北京:化学工业出版社,2004.

[13] 徐亚同. 废水生物处理的运行管理与异常对策[M]. 北京:化学工业出版社,2003.

[14] 吴婉娥. 废水生物处理技术[M]. 北京:化学工业出版社,2004.

[15] 张可方. 小城镇污水处理厂设计与运用管理[M]. 北京:中国建筑工业出版社,2008.